물질과학의 이해

천병수 · 유종수 · 마사키 다까키 공저

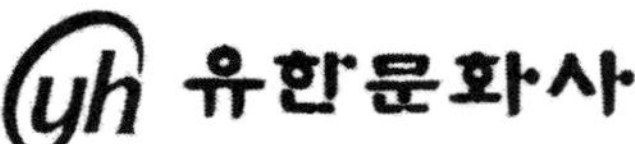

머리말

필자가 ≪물질의 세계와 이해≫를 강단에서 강의를 해오던 중 대학교재로 선택할 책이 없었다는 데서 이 책을 펴내는 동기가 되었다. 서점을 돌아봐도 물질과학을 이해 할 수 있는 교재가 마땅치 않아 몇 년의 강의를 거듭해 오면서 답답한 마음을 가누지 못했다. 몇 년의 고민 끝에 자료를 수집하고 재료과학을 접하면서 용기를 얻어 이 분야에 능력 있으신 교수님의 조언과 원고 일부를 의뢰하여 이번 기회에 대학교재로 쓸 수 있는 책을 펴내게 된 것을 먼저 무한한 영광으로 생각한다.

재료관계의 교육과 연구는 오랜 기간 물리, 화학, 금속, 전기 등 과거로부터의 이학과 공학에 속하는 각 영역 내에서 여러 가지로 독자적으로 이루어져 왔다. 따라서 최근 들어 오래 된 틀을 넘고, 이러한 중간 영역을 뛰어넘어 학제간의 성격을 지닌 학문체계의 확립이 절실하게 되었다. 특히 기술혁신의 시대라고 불리는 오늘날, 재료는 정보, 에너지 등과 더불어 기술혁신을 이루어 나가는 데 일익을 담당하고 있으며, 고도의 기능을 갖춘 신재료의 개발이 절실한 상황에 이르게 되었다.

그러기 위해서는 대학에서 기초과학의 틀을 이해하는 데 중요한 물질간의 올바른 과학적 사고와 지식을 요구하나 기초를 뛰어넘을 수 있는 발판으로의 도약점에서 엉거주춤하는 교육체계만을 이슈로 삼아 재료과학의 틀을 만들려 하는 일조일단의 우리나라의 병폐적 교육체계를 확립하고자 물질간의 구조와 이해를 중점으로 알기 쉽게 학문을 터득할 수 있는 길이 절실한 상황에 이르러 본 저자는 대학에서 사용될 수 있는 교재의 집필을 결심하게 되었다.

본서의 내용은 물질을 화학적으로 이해하는 가운데 재료에 관한 넓은 이론으로부터 응용에까지 또한 제조로부터 측정, 평가 등 여러 분야에서 다루어지는 물질, 금속, 고분자, 세라믹스, 반도체에 이르기까지 다양한 내용을 수록하게 되었다. 당연히 대학 학부학생이 이해할 수 있는 내용이 목표라고 하지만, 연구를 하고 있는 대학원생과 연구자, 신소재 개발에 종사하는 기술자들의 요구에도 부응할 수 있어야 한다고 생각한다. 재료기술의 진보가 눈부신 오늘날, 21세기의 산업기술을 담당할 신재료의 개발이 절실하다.

본서는 물질의 화학적 이해와 재료의 물성을 가능한 직관적으로 이해하도록 기술하였고, 수식의 전개는 기본 식을 중심으로 전개하였다. 단, 기본적인 공식은 풍부히

삽입하여 그것을 이용한 예제도 주어졌기 때문에 이해가 쉽게 잘 되리라 생각된다. 또한 각 장별로 마무리 연습문제, 요약을 두어 알기 쉽게 하였으며, 제1장부터 제3장까지는 물질의 기초를 이해할 수 있는 기초 연습문제와 수식 이해의 트레이닝 코스를, 제4장부터는 난이도 있는 공학적 문제를 다루는 분야로 마지막 장까지 요약과 간단한 예제 문제를 두어 더욱 알기 쉽게 구성되었다. 또한 반도체의 종류 및 성질과 이용에 대해서부터 세라믹스 재료의 특성에 이르기까지 폭넓게 물질과학적 측면에서 논하고 있다.

집필에 있어 원고를 타이핑하는데 힘을 쏟아준 중국 쓰찬 중의약대학에 유학중인 이용민 군에게 감사를 드린다. 또 재료과학 측면에서 원고 작성에 조언을 준 마사끼 교수, 생화학적 측면에서 조언을 주신 유종수 박사 이하 이 책을 집필하는 데 묵묵히 보살펴준 집 지킴이님에게도 감사를 표한다. 또한 이 책을 펴내는 데 있어 흔쾌히 출판을 허락해 주신 유한문화사 천승배 사장님 이하 편집부 여러분에게도 다시 한번 깊은 감사를 표한다.

2010년 4월

저자 천 병 수

차 례

제 1 장 물질의 상태와 재료 / 11

제 2 장 화학결합과 분자 사이에 작용하는 약한 힘 / 39

제 3 장 물질의 상태변화와 고체의 구조 / 71

제 4 장 고체의 전기전도성 / 117

제 5 장 반도체 / 145

제 6 장 유전체 / 171

제 7 장 세라믹스의 유전성과 결정구조 / 189

제 8 장 세라믹스의 센서 / 액튜에이터 특성과 결정구조 / 217

제 1 장

물질의 상태와 재료

1. 물질의 3태와 재료

1.1 현대 사회를 지탱하는 재료

우리는 매우 많은 물질들에 둘러싸여 있어서 오늘날의 풍요로운 생활을 이들 물질과 더불어 공존하며 살 수 있었다. 즉, 물질이란 그림 1-1에 나타낸 바와 같이 주로 순물질과 혹은 혼합물로 구성되었다. 순물질은 100종류 남짓의 원소 중 1종류로 이루어진 단체나 단순 종류의 원소를 말하고, 화학결합에 의해 이루어진 혼합물이 화합물이다. 물질이 인간 사회에 이바지하는 형태로 사용되는 경우에는 재료라고 불리어진다.

이들 많은 물질(재료)을 분류하면 금속, 세라믹스, 고분자로 나뉜다. 이 물질들은 현대 사회를 지탱하는 3대 재료라고도 불린다(그림 1-2). 실제로 우리 주변의 물질(재료)을 검증해 보자. 일반적으로 우리가 생활하는 건물 공간을, 예를 들면 철근콘크리트 빌딩으로 그 골격은 주로 콘크리트(세라믹스)로 굳혀진 철근(금속)으로 되어 있다.

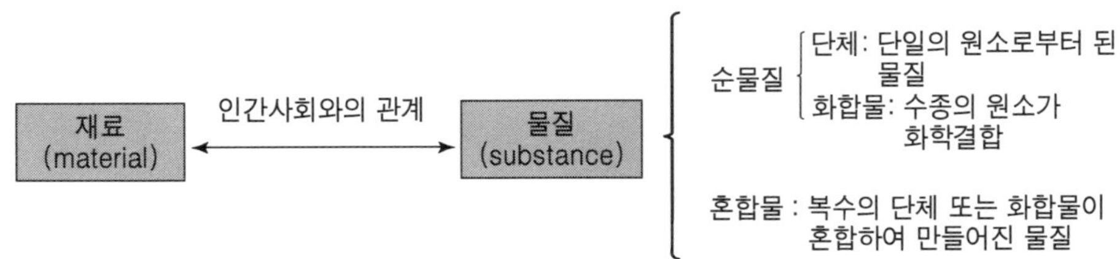

그림 1-1. 물질과 재료

현대사회를 지탱하는 3대 재료

- 금속 —— 철, 동, 알루미늄, 실리콘
- 세라믹스 (유리포함) —— 도자기, 시멘트, 파인세라믹, 유리
- 고분자 —— 폴리에틸렌, 폴리프로필렌, 나일론, 폴리스틸렌

그림 1-2. 현대 사회를 지지하는 3대 재료와 구체적 예

창은 금속으로 된 샤시와 거기에 끼워진 유리로 이루어진다. 건물의 외부나 내부에는 도료(고분자)가 분사되고 있으며, 마루는 플라스틱 타일(고분자)이나 합성섬유(고분자)의 융단으로 덮여 있다. 건물에서 밖을 한번 보라. 매일처럼 이용하는 자동차의 샤시나 엔진, 그리고 구동부의 대부분은 금속으로 이루어졌다.

도로와의 접점인 타이어 또한 고무(고분자)이며, 내장재나 범퍼는 거의 대부분이 플라스틱이나 섬유(고분자)로 이루어졌다. 창은 물론 유리이다. 다시 실내를 바라보면 많은 전기제품이 있다. 그 부품을 형성하고 있는 것은 주로 이 3대 재료이다. 예를 들면 현대 사회의 필수품인 컴퓨터의 두뇌는 실리콘 반도체를 미세가공 기술을 구사해 가공하여 작은 실리콘칩 위에 놀랄 만큼 많은 부품을 조립하고 있다. 나아가 우리가 몸에 두른 의류 또한 천연 또는 합성섬유로 만들어졌고, 우리 몸 자체도 단백질이나 DNA라고 하는 생체 고분자로 이루어진다.

1.2 물질의 변태와 실태

이와 같이 우리 주변에 수많이 존재하는 물질을 우리는 어떠한 형태로 이용하고, 생명과 더불어 매일의 생활을 어떻게 유지하면 좋은 것일까? 우리의 생활에서 가장 가깝고도 중요한 물질로 물이 있다. 물은 1기압 0℃에서 결정화하여 얼음이 되며, 100℃(엄밀하게는 99.947℃)에서 가열되어 수증기가 된다. 그림 1-3에 물의 압력-온도상태도를 나타냈다.

이처럼 물질은 일반적으로 고체·액체·기체의 3태를 취하며, 고체⇌액체의 변화가 일어나는 온도를 융점(응고점), 액체⇌기체의 변화가 일어나는 온도를 기화라고 부른다. 이것은 이미 중학교나 고등학교에서 배웠다. 지금까지 예로 든 재료도 물질의 3태 중의 어떤 상태로 존재하며, 우리는 일상생활에서 그 상태의 성질을 이용하고 있는 것이다.

앞서 언급한 철근 콘크리트 중의 철근은 고체상태의 철의 성질을 재료로서 이용하

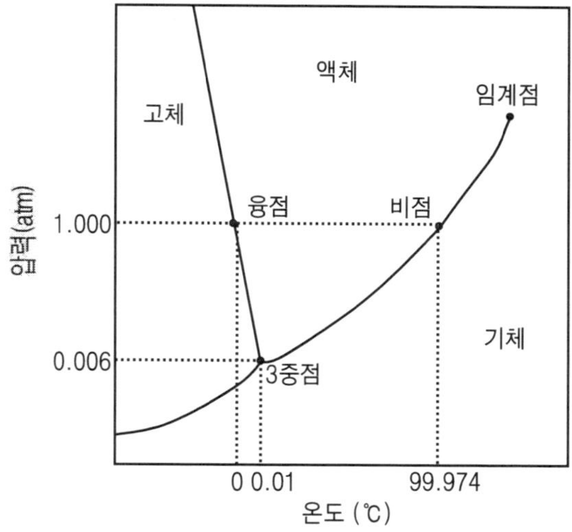

그림 1-3. 상온상압 부근의 물의 압력-온도상태 그림

고 있다. 그러나 여러 물질의 상태 변화(변태)를 보다 자세히 살펴보면, 고체 ⇌ 액체 ⇌ 기체로 변화하는 물질의 3태는 전형적 결정성 고체의 변화로 모든 물질에 해당하는 것은 아니다. 오히려 물질 변태의 전형적인 하나의 예라고 생각하는 편이 좋다. 유리를 예로 들면 유리는 실온 부근에서 고체이나, 이것을 가열해도 융점과 같은 전이열(융해열)을 동반하는 명료한 변화는 보이지 않고 점성의 높은 융액으로 변화한다.

유리의 구조를 면밀하게 조사해 보면, 고체상태의 철이나 얼음처럼 규칙적으로 원자나 분자가 배열되어 있지 않으며, 마치 액체상태의 원자(분자)가 운동(브라운 운동)을 멈추고 동결한 것 같은 구조를 취한다는 것이 알려져 있다. 유리처럼 원자(분자)의 배열에 장거리의 질서(규칙성)가 없는 고체를 비정성 고체(부정형 교체, 유리상 고체라고 부르기도 한다)라고 한다(그림 1-4 a). 한편, 철이나 얼음처럼 원자(분자)의 배열에 규칙성이 있는 고체를 결정성 고체라고 한다(그림 1-4 b).

현대 사회를 지탱하는 3대 재료 중에서 금속이나 유리 이외의 세라믹스는 일반적으로 결정성 고체를 형성하는 경우가 많다. 한편 유리나 고분자는 비정성 고체를 형성하는 경우가 많다. 비정성 고체를 가열하면 고체에서 액체로 변화하는 온도는 유리전이온도 T_g라고 불리며, 결정성 고체가 액체가 되는 온도의 융점 T_m과는 구별된다. 고등학교에서 배운 융점 T_m, 비점 T_b로 변화하는 고체・액체・기체의 3태는 결정성 물질의 전형적인 상태변화의 양식이지만, 여기서 강조하고자 하는 점은 우리가 재료로써 이용하는 물질에는 많은 예외적인 것보다 변화에 의해 변형된다는 것이다.

특히 고체상태로 결정화하지 않는 비정성 고체는 중요한 물질군이다. 또 나중에 상세히 언급하겠지만 같은 물질이라 해도 액체에서의 냉각조건에 따라 결정성 고체를 형성하거나 비정성 고체를 형성하는 경우도 있다. 주로 화학의 관점에서 물질을 합성하고 물질의 성질을 조사하는 자는 결정성 물질뿐만 아니라 비정성 물질을 취급하는 경우가 많다.

특히 생물을 포함하여 자연계를 구성하는 많은 물질은 비정성 물질의 구조가 흐트러졌음에 기인하는 화학적 활성을 이용하고 있다. 그 특성이 자연현상을 지배하고 있다고 해도 과언이 아니다. 또 결정성 고체가 고체상태로 그 결정 구조를 변화시키는 변화도 수많이 확인된다.

여기서 우리의 생명이나 생활을 지지하는 물질과학의 세계에 들어가기에 앞서 다음과 같은 일을 확인하기 바란다. 다시 말하면 물질의 3태는 상태 변화의 극히 일부분의 예이며, 유리, 고분자, 액정 등은 전형적인 상태변화에서 보면 예외적인 것들이지만 매우 중요한 재료라는 점이다.

이 장의 목적은 고등학교까지에서 배운 물질의 3태를 다시 한번 보다 깊이 이해하고, 물질의 3태는 우리를 에워싼 많은 물질의 상태변화의 전형적인 예이며, 실제로는 다양성이 있다는 점을 인식하는 일, 나아가 물질의 구조를 미시적 그리고 거시적 시점에서 다시 보는 일이다.

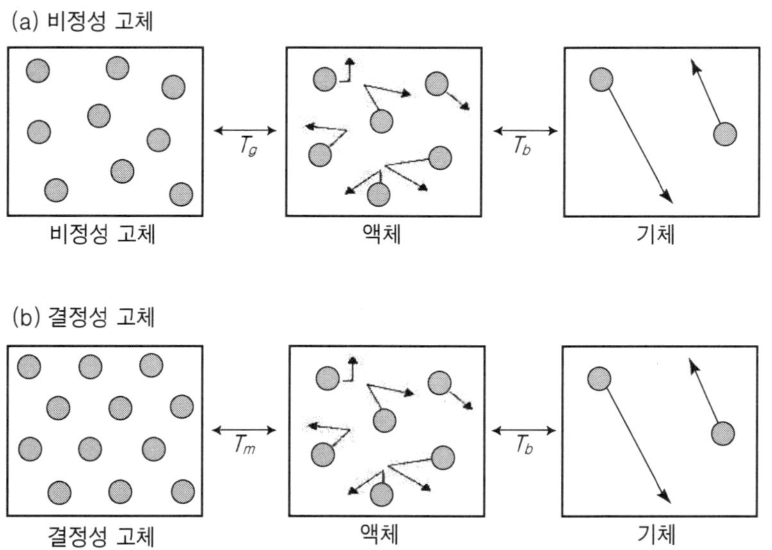

그림 1-4. 물질의 상태변화와 구조변화

2. 결정성 고체의 구조

2.1 결정의 구조

이미 언급한 것처럼 결정성 고체에서는 원자(분자)가 공간적으로 규칙적으로 배열하고 있다. 브라베(A. Bravais)는 원자분자의 배열방법을 자세히 조사하여 14종류의 정열방법으로 분류하였는데, 1848년의 일이다. 이 14종류의 공간격자는 브라베 격자(Bravais lattice)라고 불리며, 모든 절정 구조는 이 중의 어느 하나에 속한다. 표 1-1에 결정의 분류와 브라베 격자의 단위격자(unit lattice, unit cell)의 구조를 나타냈다.

실제의 결정은 이들 단위격자가 되풀이되어 이루어졌다. 결정 구조는 표 1-2에 나타낸 바와 같은 변수로 특징지어진 7종류의 결정계(crystal system)와 단위격자 중의

표 1-1. 결정의 분류와 브라베 격자

분 류 (결정계)	*P* 단순(單純)	*I* 체심(体心)	*F* 면심(面心)	*C* 저심(底心)
① 입방(立方)	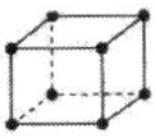	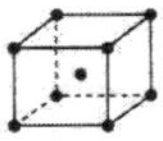	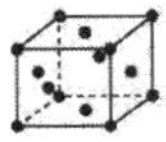	
② 정방(正方)	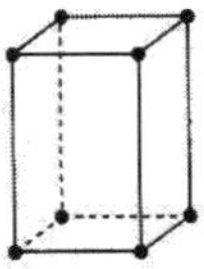	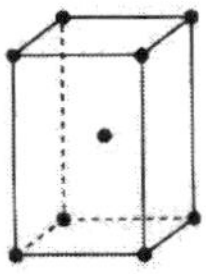		
③ 사방(斜方)	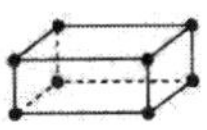	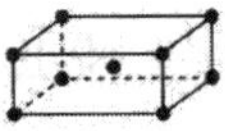	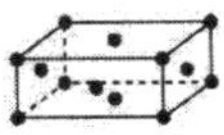	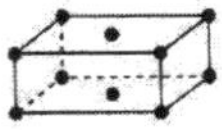
④ 육방(六方)	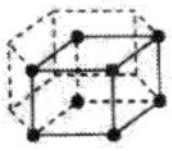			
⑤ 삼방(三方) 또는 능면체 (菱面体)	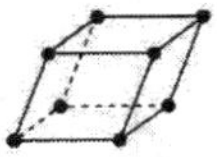			
⑥ 단사(單斜)	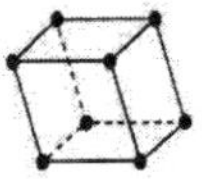			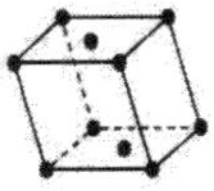
⑦ 삼사(三斜)	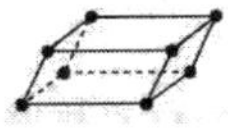			

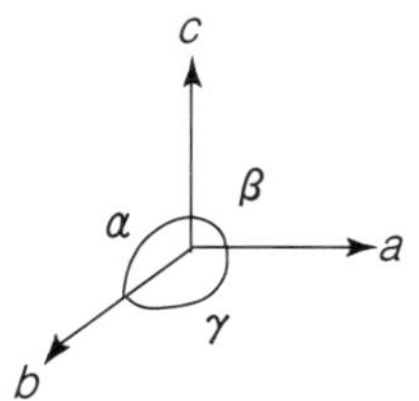

표 1-2. 결정계의 파라메타

결정계	파라메타	특징적 파라메타
① 입방(立方)	$a = b = c$ $\alpha = \beta = \gamma = 90°$	a
② 정방(正方)	$a = b$ $\alpha = \beta = \gamma = 90°$	a, c
③ 사방(斜方)	$\alpha = \beta = \gamma = 90°$	$c < a < b$
④ 육방(六方)	$a = b$ $\alpha = \beta = 90°$ $\gamma = 120°$	a, c
⑤ 삼방(三方)	$a = b = c$ $\alpha = \beta = \gamma (\neq 90°)$	a, α
⑥ 단사(單斜)	$a = \gamma = 90°$	$c < a, b$ $\beta > 90°$
⑦ 삼사(三斜)	—	$c < a < b$ α, β, γ

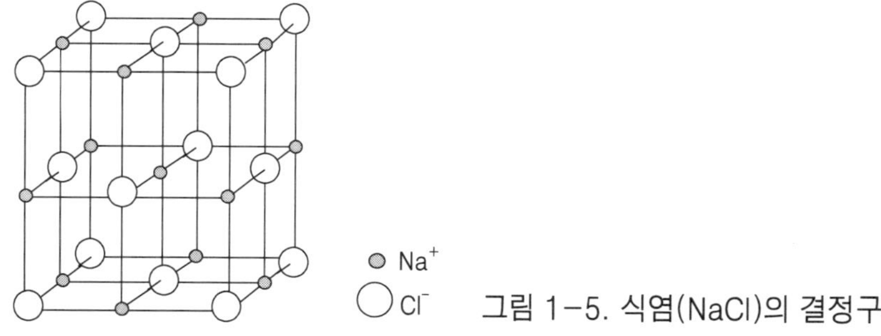

그림 1-5. 식염(NaCl)의 결정구조

격자점(lattice site)의 수와 종류에 따라 분류된다.

예를 들면 결정계가 입방정이며, 격자점이 면심 구조를 갖는 결정은 면심입방격자라고 부르며, 그림 1-5에서 나타낸 바와 같이 소금이 이 결정구조를 갖는다는 것은 잘 알려지고 있다.

2.2 X선 회절

결정성 고체의 결정구조를 조사하는 방법으로서 X선, 전자선 및 중성자선 등의 전자파에 의한 회절현상이 이용된다. 가장 역사가 깊고 또한 범용성이 높은 방법은 X선 회절법이다.

X선이란 1/1000 nm 수십 nm 정도의 짧은 파장을 가진 전자파이다. X선은 진공에서 고전압으로 가속된 전자가 고속으로 금속에 충돌할 때에 발생한다. 그림 1-6에 가속시킨 전자선을 로듐에 맞추었을 때에 발생하는 X선의 스펙터를 나타냈다.

결정에 X선을 입사할 때 나타나는 회절현상은 브래그 분자에 의해 1912년에 해명되었다. 결정에 단색화 된 일정 파장의 X선을 입사하면 원자가 위치하는 격자점을 포함하는 결정의 격자면에서 반사된다고 생각하여 회절현상이 설명되었다. 다시 말하면 그림 1-7처럼 원자(분자)가 나열한 격자면에 X선이 부딪치고 반사하면 한 격자면과 격자면에서의 반사에는 행로차가 생긴다. 지금 파장 λ의 X선이 입사각 θ로 격자면 1과 2에서 반사될 때 격자면 간격을 d라고 하면 행로 차 AB+BC는 $2d \sin\theta$로 표시된다. 이 행로 차가 A의 정수배일 때에 파장의 위상이 일치하여 보강되며, 이 조

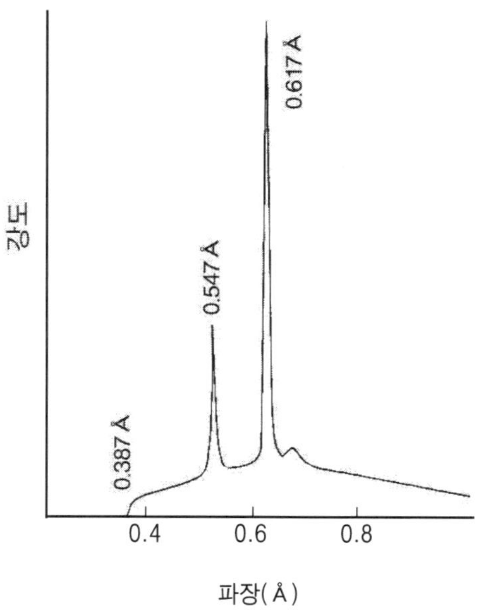

그림 1-6. 로지움에 3 keV의 전자선을 접촉시켜 발생시킨 X선의 스팩톨

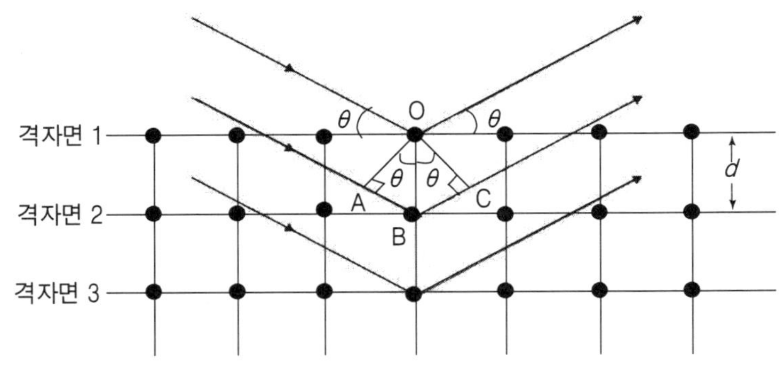

그림 1-7. X선 회절의 원리

건을 벗어나면 약화된다. 즉,

$$2d \sin\theta = n\lambda \tag{1.1}$$

의 조건을 만족하는 입사각 θ 일 때 강한 회절이 일어난다. 여기서 n은 1, 2, 3···· 의 정수로 회절차수라고 불린다. 식 (1.1)은 브래그의 식으로 불리는 중요한 식이다. 이 관계는 다른 격자면 사이에서도 성립하므로 식 (1.1)을 만족하는 반사파끼리는 강한 회절로 나타난다.

그림 1-8에 나타낸 단순한 2차원 결정일지라도 회절현상을 일으키는 격자면은 한 가지인 것은 아니다. 이 그림에서 나타낸 바와 같이 많은 격자면을 취할 수 있기 때문에 각각의 격자면에서의 반사에서 회절이 일어난다. 단결정을 사용한 X선 회절의 측정에서는 결정계나 격자점의 종류 그리고 단위격자를 특징짓는 변수값에 의해 강한 회절이 나타나는 패턴이나 각도가 결정되므로 역으로 그들을 측정하며, 물질의 결정구조를 결정할 수 있다.

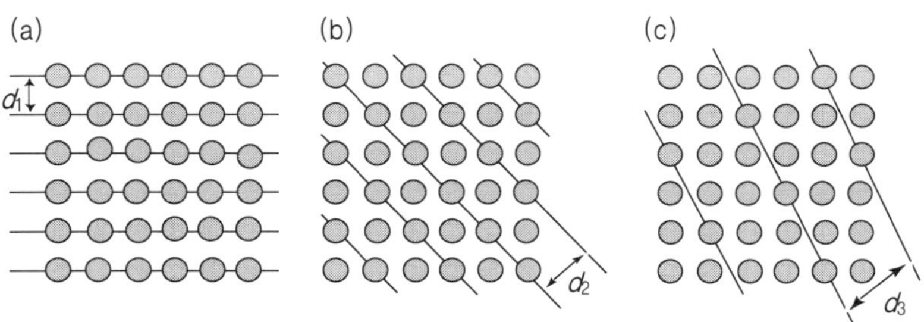

그림 1-8. 가상적 2차원 결정격자의 반사면

실제로는 막대한 수치계산이 필요하지만 컴퓨터의 진보에 따라 현재에는 단시간에 결정구조를 결정할 수 있게 되었다. 또 결정구조가 기지인 물질에 관해서는 강한 회절이 일어나는 θ와 d의 값이 데이터베이스화되어 이것을 대조함으로써 물질을 동정할 수도 있다.

단결정은 표 1-1에 나타낸 바와 같은 단위격자의 구조가 연속한 것이다. 따라서 그 외형은 단위격자의 형태를 반영한다. 예를 들면 그림 1-5에 나타낸 NaCl의 단결정은 단위격자인 입방체의 집합체가 된다.

A(=0.1nm) 크기의 구조가 mm 나아가 cm의 크기까지 연속되고 있다는 점은 경이롭다. 뒤집어 말하면 X선으로 구하는 미크로의 구조가 물질의 마크로의 물성과 이어진다는 것을 나타내고 있다.

NaCl의 경우 단위격자 한 변의 길이는 0.564 nm이며, 이 속에 m조(4개)의 NaCl이 들어있다. 따라서 NaCl의 화학식량을 M, 아보가드로수를 N_A, 밀도를 ρ라고 할 때,

$$N_A = \frac{mM}{\rho a^3} \tag{1.2}$$

의 관계식에 의해 어떤 물질의 화학식량(분자량), 밀도, 결정구조가 기지인 경우, 정확한 아보가드로수를 측정할 수 있다. 또 아보가드로수를 기지로 한 경우에는 X선 회절법에 의해 화학식량(분자량)을 구할 수 있게 된다.

2.3 단결정과 다결정-재료로서의 다결정 고체

결정성 고체는 원자 또는 분자가 규칙적으로 배열하고 있다. 그 배열방법은 브라베 격자로 나타냈듯이 기본적으로는 14종류뿐이다. 과연 고체의 구조는 이렇게 단순한 것일까?

지금까지 설명한 바와 같이 구조가 단순한 고체는 이상적인 경우이며, 우리 주변에는 재료로 이용하는 결정성 고체는 구조가 흐트러진 불완전한 결정이다. 이 불완정성에 대해서는 제3장 5절에서 배우지만, 여기서는 그 중에서도 가장 중요한 다결정 고체에 대해 언급한다.

결정성 고체로 가장 널리 이용되는 재료는 철이다. 철은 다양한 산화철을 포함한 철광석을 용광로에서 고온으로 환원하여 용융상태로 추출한다. 누구나가 틀림없이 텔레비전이나 책에서 붉게 녹은 철이 다양한 형태로 성형되어 가는 모습을 보았을 것이다. 고체상태의 철은 체심입방격자의 구조(표 1-1 참조)를 갖고 격자정수 a=0.28665 nm(20℃)이다.

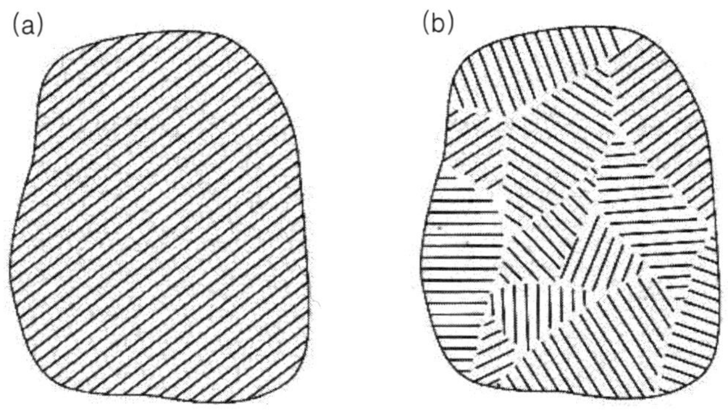

그림 1-9. 단결정상태(a)와 다결정상태(b)의 철

식어서 굳은 철 덩어리는 철의 단결정일까? 액체상태의 철이 식어서 고체가 될 때 융점에서 결정화가 일어난다. 이 결정화가 일어나는 과정에서는 액체상태의 철 전체가 균일하게 결정화하는 것이 아니라 속에 생긴 결정핵을 중심으로 성장해 간다. 이 결정화 과정의 불균일성은 냉장고에서 물을 얼릴 때를 상상해도 쉽게 이해할 수 있을 것이다. 이 결정핵은 아주 특별한 방법을 구사하지 않는 한 액체상태의 철 속에 다수 생겨서 각각의 핵으로부터 결정성장이 시작된다. 그 결정이 식어서 굳은 철은 작은 단결성이 모인 구조가 된다. 이 상태를 다결정이라고 한다(그림 1-9).

다결정을 형성하는 작은 단결정(미결정) 중에서는 체심입방 구조의 방위가 가지런하지만, 각각의 미결정성 사이에서는 방위가 달라서 그 계면은 입계(grain boundary)라고 불린다. 미결정의 크기는 다양한데, 구성 미결정의 배향이 무질서하기 때문에 그들이 집합하여 이루어진 덩어리의 외형은 결정구조와는 관계가 없어진다. 이 단결정과 다결정의 차이를 나타낸 알기 쉬운 예는 얼음설탕과 각설탕일 것이다. 얼음설탕은 설탕의 단결정인 데에 비해 각설탕은 설탕의 미결정을 가압하여 굳힌 다결정으로 비유된다.

철을 예로 다결정을 설명하였는데, 3대 재료의 하나인 금속은 재료로써 사용되는 거의 대부분의 경우 다결정 상태로 이용된다. 다른 3대 재료인 세라믹스도 대표적인 다결정 재료인데, 금속보다도 앞서 예를 든 얼음설탕에 가깝다. 도기를 예로 그 제법 구조를 살펴보자(그림 1-10). 도자기는 금속산화물을 주성분으로 하는 점토(SiO_2, Al_2O_3 등을 주성분으로 하는 미결정이 물에 분산된 것)를 성형하고 이것을 고온으로 소결하여 만든다. 이 소결과정에서 미결정의 성장이나 치밀화가 일어나 만들어진 도자기는 전형적인 다결정체이다.

실제로는 결정성 고체가 단결정으로써 이용되는 예는 매우 적다. 주로 보석과 LSI

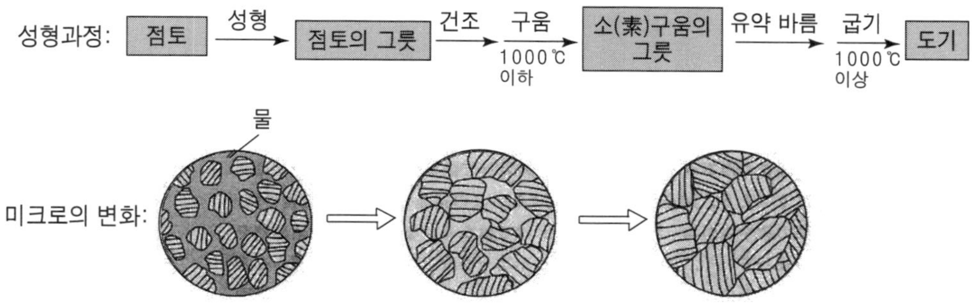

그림 1-10. 도기를 예로 한 세라믹스의 성형방법

(대규모 집적회로)용의 실리콘 정도이다. 이는 역으로 말하면 재료로써 이동될 만한 큰 단결정을 만드는 일이 매우 어렵다는 것을 말하고 있다. 보석은 자연이 매우 긴 시간에 걸쳐 만든 단결정이다. 루비, 사파이어 등은 투명하고, 적색이나 청색으로 빛나는 보석은 대표적인 세라믹스의 주성분과 같은 Al_2O_3로 이루어진다. 탄소로 만들어진 다이아몬드가 비싼 까닭은 그 커다란 단결정이 아름답다는 점뿐만 아니라 매우 희소하기 때문이다.

고성능 LSI에 사용하는 고순도 실리콘 단결정을 만들기 위해서는 수많은 노력과

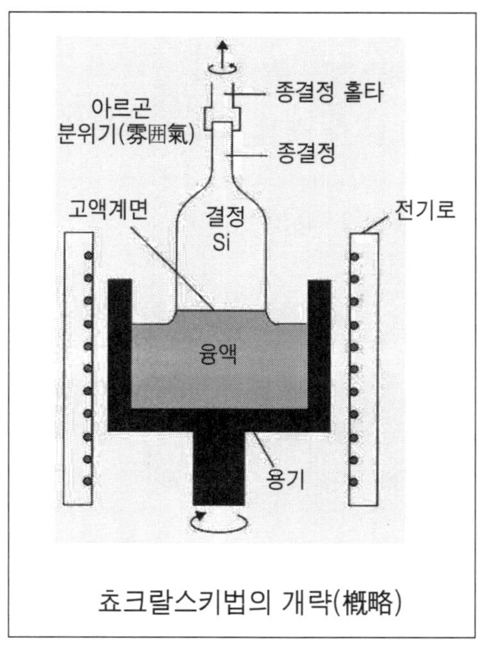

쵸크랄스키법의 개략(概略)

고생을 했다는 점은 잘 알려진 사실이다. 다결정체 중의 입계의 존재는 물론 고체의 역학적 성질이나 전기적 성질에 영향을 미친다. 불순물이 입계에 집중하고 있다는 점도 종종 인정된다. 다결정체의 성질에는 결정의 성질뿐만 아니라 입계의 성질이 지배적으로 작용하는 경우도 많아서 이에 대한 제어가 다결정체의 특성향상이나 물성 조절에 매우 중요한 역할을 하고 있다.

3. 비정성 고체

3.1 비정성 고체의 생성과 구조

결정성 고체에 X선을 입사시키면 그 격자 간격에 따라 브래그의 회절조건을 만족하는 입사 X선에 대해 명확한 회절을 일으킨다. 한편, 유리 등의 비정성 고체(무정형 고체, 유리상 고체)에 X선을 쪼여도 희미한 회절(할로우라고 불린다)만 나타난다. 이 이유는 비정성 고체 중의 원자(분자)에 단거리의 질서성은 있지만, 결정성 고체에서 볼 수 있는 장거리의 질서가 없기 때문이다.

비정성 고체의 구조는 그림 1-11에 나타냈듯이 액체와 비슷하다. 그러나 액체의 특징인 원자(분자)의 운동(브라운 운동)은 동결되어 그 구조는 액체구조의 순간적인 일시 정지상태라고 생각할 수 있다. 또 결정성을 갖는 물질일지라도 그 미결정의 크기가 매우 작은 경우에는 결정성임을 인정할 수 없게 된다.

어떠한 물질이 비정성 고체를 형성하는 것일까? 원리적으로는 모든 물질이 비정성 고체를 형성할 수 있지만, 특히 다음과 같은 물질이나 조건하에서 비정성 고체를 형성하기 쉽다.

① 액체상태의 점성률이 비교적 높고, 결정화 속도가 느린 물질

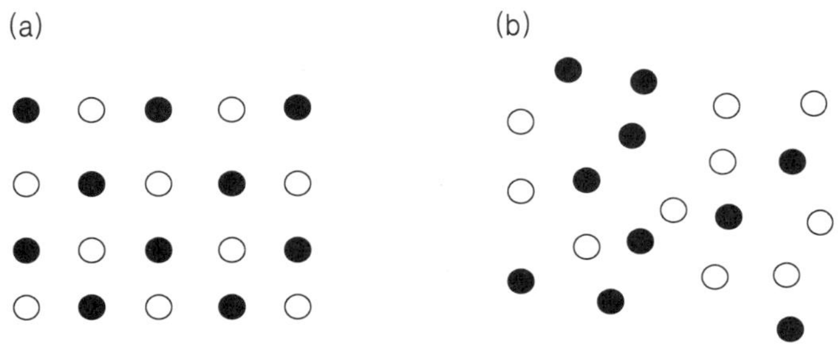

그림 1-11. 결정성 고체(a)와 비정성 고체(b)의 구조

② 구조적으로 결정화하기 어려운 물질
③ 액체의 결정화 속도보다 빠른 냉각으로 고체화된 경우

예를 들면 무기물질인 경우 유리는 유기물질로 글리세린 등이 매우 비결정화하기 쉬운데, 이는 ①의 이유에서이다. 또 고분자 등은 용융(액체) 상태의 점성률이 높다는 점과 아울러 ②에서처럼 구조적인 요인도 첨가된다. 다음 고분자는 유기유리라고 불리는 폴리메타크릴산 메틸(PMMA)이다.

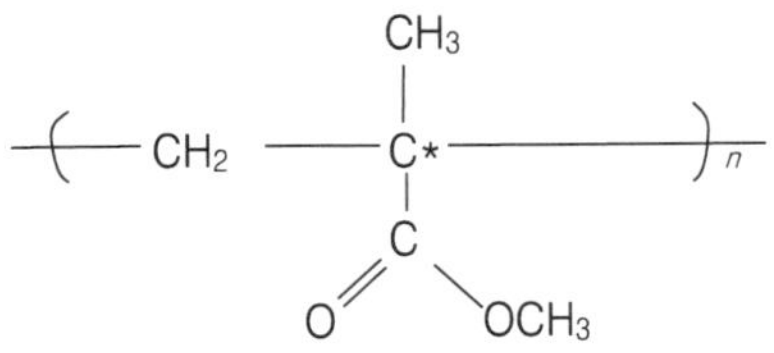

$$-\!\!\left(\!-CH_2-\overset{\displaystyle CH_3}{\overset{|}{\underset{\underset{\displaystyle O\!\!=\!\!C-OCH_3}{|}}{C^*}}}-\right)_{\!n}\!\!-$$

통상 이 고분자의 중합도 n은 수백에서 수천 정도의 값이다. 이 PMMA 주쇄 중의 에스텔기가 직결한 탄소는 단백질을 만들고 있는 α-아미노산 중의 탄소와 마찬가지로 광학활성(부제) 탄소라고 생각해도 된다.

만일 이 PMMA의 단위의 구조가 모두 D체 혹은 L체인 경우에는 결정성 고분자가 될 수 있다. 그러나 실제로 우리가 사용하는 많은 PMMA는 라디컬 중합으로 합성되어 광학활성탄소 주위의 구조는 D체와 L체가 불규칙적으로 나열되고 있다(이러한 고분자를 어택틱 고분자라고 한다).

따라서 이 PMMA는 구조적으로 결정화되기 어려우며, 비정성 고체가 된다. 안경의 플라스틱 렌즈의 다수는 이 PMMA로 만들어지며, 가볍고 또한 투명도가 높은 렌즈로서 사용된다.

③의 대표적인 예는 실리콘 반도체이다. 컴퓨터의 CPU나 메모리 등에 많이 사용되는 실리콘은 앞서도 언급하였듯이 단결정 실리콘인데, 커다란 면적을 갖는 것을 만들기는 어렵다. 그러나 실리콘 고체를 태양전지 등에 응용하는 경우에는 넓은 면적의 실리콘이 필요하게 된다.

이러한 경우에 사용되는 것이 아몰포스(amorphous) 실리콘이다. 한번은 들었을 법한 말일 것이다 아몰포스란 영어로 비결정질(부정형)을 의미하며, a(없다)와 morphous(형태가 있다)의 복합어이다. 이 아몰포스 실리콘은 용융(액체) 상태의 실리콘을 아주 급속하게 냉각하여 만든다. 그 냉각속도는 일반적으로 10초, 5초 이상이다.

다음으로 비정성 고체가 형성되는 과정을 보다 상세하게 살펴보자. 일반적으로 액체상태로부터 물질을 냉각하여 융점 T_m에 도달하면 액체 중에 결정핵이 생성된다. 온도가 저하함에 따라 결정화 속도는 상승하고 결정핵의 크기도 증대한다. 그러나 동

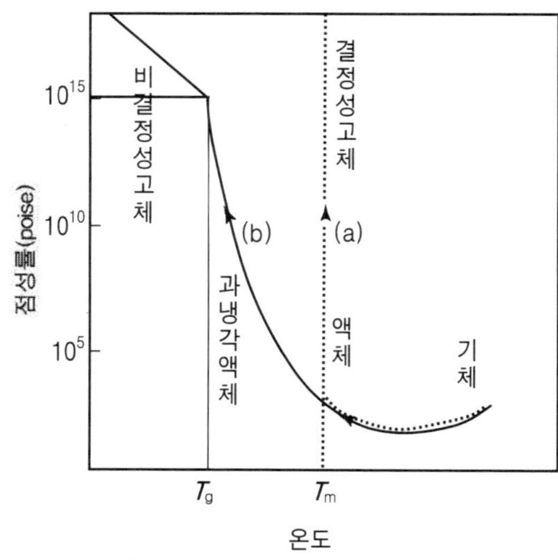

그림 1-12. 물질의 점성률과 온도변화
(a) 물질의 온도를 천천히 내리는 경우
(b) 급속히 내리는 경우 1poise=0.1Pa s

시에 액체의 점성률도 현저하게 증대하여 결정화 속도를 저하시킨다.

더욱 온도를 저하시키면 결정화가 실질적으로는 불가능해진다. 그림 1-12에 물질의 점성률의 온도변화를 나타냈다. 그림 중의 (a)는 물질의 온도를 천천히 내린 경우의 결과이다. 이 경우 T_m 이하에서 물질은 모두 결정성 고체가 되어 액체의 점성률은 T_m에서 갑자기 발산된다.

한편 (b)는 물질의 온도를 급속하게 내린 경우의 점성률 변화를 나타내고 있다. 이 경우 T_m 이하에서도 물질은 결정화되지 못하고 과냉각 액체가 된다. 이 과냉각 액체의 점성률은 T_m 이하에서 현저하게 증대하여 그 점성률이 10^{10} Poise 이상이 되면 원자(분자)의 실질적인 운동은 동결되어 유리화한다고 생각되고 있다. 유리화(비정성 고체화)하는 데에 필요한 냉각속도는 결성화의 용이성과 냉각과정의 액체의 점성률에 의존한다. 만일 결정화가 느리고 또한 액체의 점성률이 높은 경우에는 쉽게 유리를 형성한다.

이것은 앞서 언급한 바와 같이 무기유리나 고분자의 경우에 해당한다. 한편, 단순한 액체에서는 결정화가 쉬워서 T_m에서의 점성률도 낮다. 금속이나 금속합금, 앞서 설명한 실리콘과 같은 반도체가 이에 상당한다. 비정성 고체의 구조에 대해서는 아몰포스 실리콘이나 아몰포스 케르마늄이라는 반도체로 상세하게 조사되어 있다. 그림 1-13에 실리콘 결정과 아몰포스 실리콘의 구조를 나타냈다.

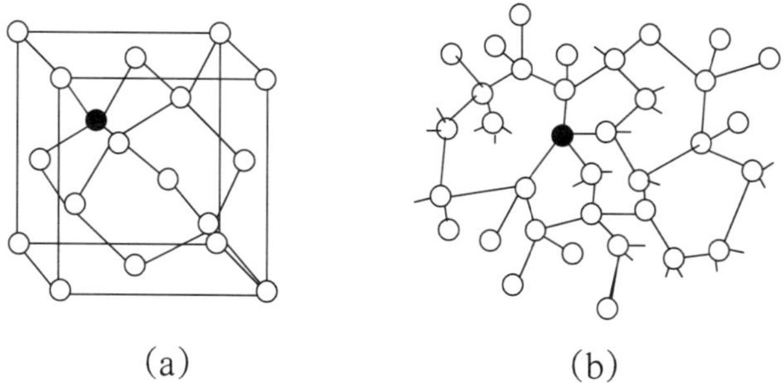

그림 1-13. (a) 다이아몬드 구조를 가진 실리콘 결정 중의 원자배열
(b) 아몰포스 실리콘 중의 원자배열

(a)의 입방체 1면의 길이는 단위격자에 상당하다. a=0.54307 nm

실리콘 결정을 결정과 비교하면 어떤 원자를 중심으로 한 경우의 가장 가까운 원자, 두 번째로 가까운 원자와의 거리 정도까지는 유사하지만, 그 결합각은 왜곡되어 있다. 나아가 멀리 떨어진 원자가 되면 결정성 고체에서 볼 수 있는 거리의 주기성이 없어진다. 이것이 비정성 고체로 「단거리의 질서성은 어느 정도 있지만, 장거리의 질서가 없는」 이유이다. 비정성 고체나 액체는 결정성 고체의 구조에서처럼 그 차이는 동경분포함수의 차이로 잘 나타낼 수 있다.

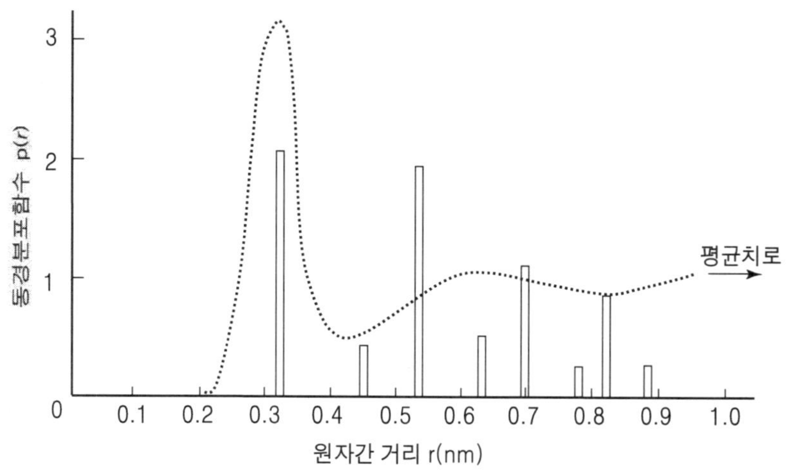

그림 1-14. 수은에 있어서 결정과 액체의 동경분포함수의 비교

········ 액체의 수은(종축은 평균치가 1이 되도록 규격화)

——— 결정고체의 수은(종축은 임의단위)

그림 1-14에 액체상태의 수은과 수은 결정의 동경분포함수의 차이를 나타냈다. 동경분포함수란 임의의 원자(분자)를 중심으로 한 동심구(同心球)에 인접하는 두 개의 구(球) 사이에 낀 체적이 같아지도록 그릴 때 그 체적 중에 들어있는 원자 수에 비례하는 분포함수이다. 다시 말하면 임의의 원자(분자)로부터의 거리에 대한 물질의 평균 밀도를 나타낸다고 생각할 수 있다.

결정성 고체에서의 분포함수는 원리적으로는 무한하게 주기성이 진척되게 된다. 한편 비정성 고체는 단거리에서는 결정성 고체와 유사한 분포함수가 되지만, 결정성과 비교하면 훨씬 폭넓고, 게다가 1nm를 넘으면 균일한 밀도에 점점 가까워진다. 그림 1-14의 예는 액체 수은의 구조에 대한 것인데, 비정성 고체에서도 많은 변화가 된다.

3.2 결정성 고체와 비정성 고체의 상태변화

동일 물질일지라도 고체화 되는 방법의 차이에 따라 결정성 고체가 되기도 하고, 비정성 고체가 되기도 한다. 이것은 실리콘을 예로 3.1항에서 나타냈다. 압전소자로서 사용되는 수정도, 고급 광학기기와 렌즈, 분광학용의 셀에 사용되는 석영유리도 동일 물질(SiO_2)가 결정성 고체(수정)이나 비정성 고체(석영유리)가 된 예이다. 그 2차원 구조물을 그림 1-15에 나타냈다.

수정은 전형적인 육방정의 물질이다. 수정의 단결정이 육각형 구조란 것을 본 적이 있을 것이다. 이것은 단결정이기 때문에 원자 수준의 배열이 거시적인 형태에 반영된 까닭이다. 이미 동일 물질이 결정성 고체 또는 비정성 고체로 변화할 때의 점성률 변화의 차이를 나타냈다(그림 1-12). 다른 물질 변화에는 어떠한 차이가 나타나는 것일까? 그림 1-16에 액체에서 고체로 변화할 때의 비용(밀도의 역수) 변화의 전형적인

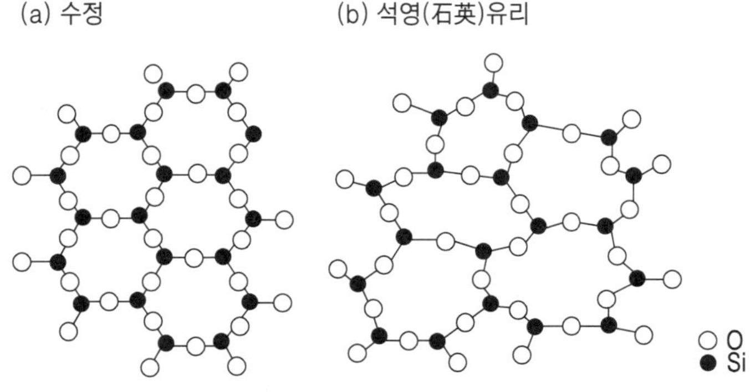

그림 1-15. SiO_2의 2차원 모델

Si는 4가의 결합수를 가지지만, 2차원 모델을 위해 3가로서 표시함.

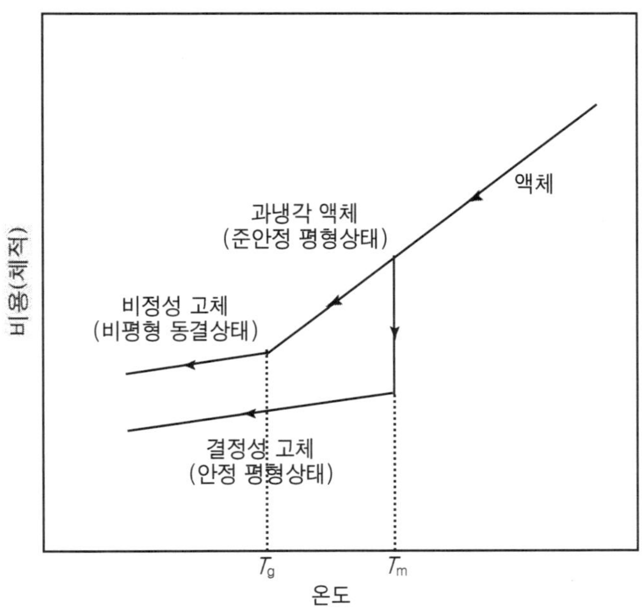

그림 1-16. 물질이 액체로부터 고체로 변화할 때의 비용(比容)의 온도변화

예를 나타내었다. 결정성 고체가 되는 경우, 물 등은 액체보다 고체가 밀도가 높기 때문에 T_m에서 불연속적이므로 비용은 저하된다.

액체상태차 결정성 고체의 온도-비용 곡선의 기울기의 차이는 열팽창계수의 차이에 기인한다. 액체를 그 결정화의 속도보다 빨리 냉각하면 T_m에서도 결정화되지 못하고 과냉각 액체가 되어 그 점성률이 온도저하 차와 함께 현저하게 상승한다. 그래서 분자운동이 T_g에서 동결하여 비결정성 고체를 형성한다. T_g에서의 비용은 연속적으로 변화하지만, 그 기울기가 변화한다. T_g와 T_m의 온도를 비교하면 반드시 T_g는 T_m보다 온도가 낮아진다는 점을 이해할 수 있다. 무기 및 유기물질(고분자도 포함)에서

$$\frac{1}{2} < \frac{T_g}{T_m} < \frac{2}{3} \text{(온도와 절대온도)} \tag{1.3}$$

의 관계가 정립한다는 사실이 확인되고 있다. 또 고체상태의 비용은 반드시 비정성 고체 쪽이 크다. 이것은 그림 1-17에서도 이해할 수 있듯이 비정성 고체에서는 원자(분자) 배열의 불규칙성에서 유래하는 원자(분자) 수준의 격간(자유체적)을 갖기 때문이다. 물질이 갖는 에너지(깁스에너지, 자세한 설명은 제3장 2절에서 배운다)에도 결정성 고체와 비정성 고체는 차이가 있다.

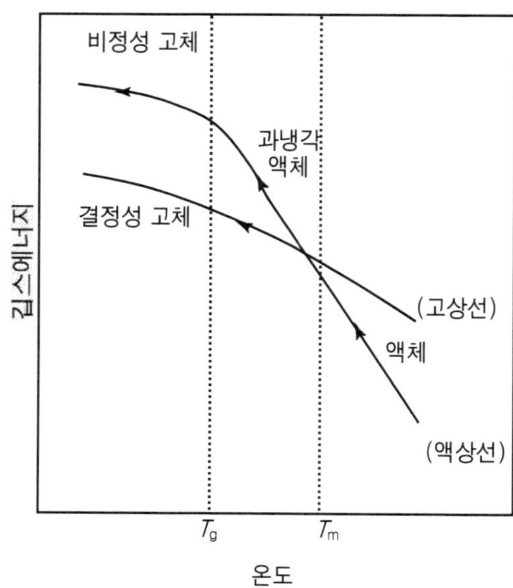

그림 1-17. 물질이 가진 에너지(깁스에너지)의 온도변화
고체상태 또는 액체의 상태에서 표시한다.

그림 1-17에 액체가 결정성 고체 및 비정성 고체가 될 때의 물질의 깁스에너지 변화를 나타냈다. 결정성 고체와 비교하면 과냉각 액체 및 비정성 고체 쪽이 깁스에너지가 크다. 깁스에너지가 최소가 될 때 물질은 평형상태이므로 T_m 이하의 온도에서는 결정성 고체가 안정적인 평형상태(안정상)이라고 할 수 있다. 이에 대해 과냉각 액체나 비정성 고체상태는 각각 준안정 평형상태 및 비평형 동결상태라고 할 수 있다.

우리가 결정성 고체와 비교할 때보다 불안정한 비정성 고체를 재료(예를 들면 유리나 고분자 재료)로 사용할 수 있는 까닭은 무엇인가? 그것은 비정성 고체가 보다 안정한 결정성 고체에 도달할 때 필요한 시간(완화시간이라 불린다)이 우리가 생활하는 환경(기온, 압력)에서는 인간이 사는 시간보다 충분히 길기 때문이다. 예를 들면 고대의 유리 장식품이 화재 등에 의해 불투명화 되는 실투현상이 알려지고 있다. 이것은 온도 상승에 의해 완화시간이 짧아져서 보다 안정한 결정성 고체상으로 이행했기 때문이다.

3.3 결정성 고체와 비정성 고체의 미시적 그리고 거시적 구조

비정성 고체는 제법 커다란 구조물일지라도 투명한 것이 많다. 커다란 빌딩의 통창

표 1-3. 결정성 고체와 비정성 고체의 구조

	미시적 구조 (nm 스케일)	거시적 구조 (0.1μm 이상)
결정성 고체	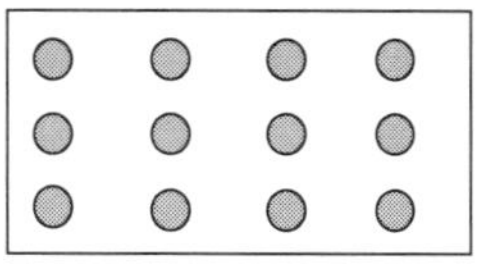	  단결정 다결정
비정성 고체	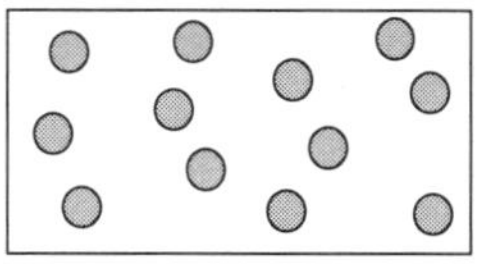	

유리, 수족관의 거대 수조 등을 상기하시기 바란다. 물질이 투명한지의 여부는 빛의 흡수, 반사, 산란의 정도에 따라 결정된다.

빛의 흡수나 반사는 물질의 에너지 상태와 관계하는 경우가 많다. 예를 들면 금속이 불투명한 것은 반사 때문이며, 탄소계의 재료가 검은 것은 빛의 흡수 때문이다. 한편, 산란은 물질의 집합상태에 크게 영향을 받는다. 얼음설탕은 투명하지만 각설탕은 백색 불투명이다. 각설탕이 불투명한 까닭은 미결정이 불규칙적으로 집합하고 있어서 빛이 산란되기 때문이다. 일반적으로 단결정일 때는 투명해도 다결정체가 되면 불투명하게 된다. 많은 세라믹스가 불투명한 까닭은 주로 이 빛의 산란에 의한다.

재료로서 사용하는 많은 결정성 고체가 다결정체임을 생각하면, 커다란 재료로 투명한 것은 비정성 고체일 가능성이 높다. 다시 말하면 표 1-3에 나타냈듯이 결정성 고체는 nm 크기에서는 원자(분자)가 규칙적으로 배열한 결정 구조를 갖지만, 이것이 실제로 우리 눈에 보이는 크기가 되면 이 규칙 구조가 연속된 것은 단결정의 경우만이다. 다결정체에서는 입계가 존재하고 불균일하다. 한편 비정성 고체의 경우에는 미시적으로는 원자(분자) 배열에 규칙성은 없지만, 이 구조는 커다란 구조물이 된 경우에도 균일하게 유지되고 있다.

4. 고체나 액체에서 볼 수 있는 상태변화의 다양성

4.1 고체의 상전이

결정성 고체가 융점 이하에서 그 결정 구조를 변화시키는 경우가 있다. 그 예로 유

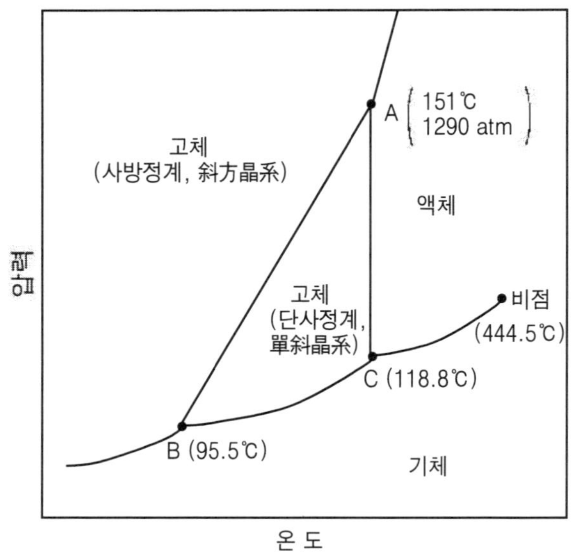

그림 1-18. 유황의 상태 그림

황의 상태도를 그림 1-18에 나타냈다. 1기압 부근에서 유황의 온도를 상승시켜 가면 하나의 결정성 고체에 2개 이상의 결정계에 속하는 것이 포함되면 이것을 다형이라고 한다. 물에 관해서도 고압 영역에서 얼음의 다형이 있다는 사실이 알려지고 있다.

사방정계(斜方晶系, α 유황)에서 단사정계(單斜晶系, β 유황)으로 고체상태로 상전이를 일으켜 결정구조를 변화시킨다. 결정구조가 변화하기 위해서는 원자(분자)의 재배열이 일어나야 한다. 고체가 상전이 하는 것은 고체상태로도 원자(분자)가 재배열하여 구조를 변화시키기 때문이다.

4.2 액정

액체에는 유동성이 있으며, 일반적으로 등방성(等方性)이 있다. 그러나 어떤 종류의 물질에서는 유동성을 가지면서 그 구조에 이방성(異方性, 이질성)이 나타난다. 이것을 액정이라고 한다. 액정은 액체와 결정의 중간적 상태란 의미이지만, 오히려 액정은 질서를 가진 액체라고 해야 할 것이다. 액정상태를 나타내는 물질은 일반적으로 유기화합물이며, 분자 형상으로는 가늘고 긴 막대형 분자인 경우가 많다.

액정상태는 물질을 가열 혹은 냉각시키는 과정에서 고체(결정성 고체)와 액체(등방성 액체) 사이에 반드시 나타난다(그림 1-19).

액정을 그 분자배열에 따라 나누면 네마틱 액정, 스멕틱 액정, 콜레스테릭 액정의

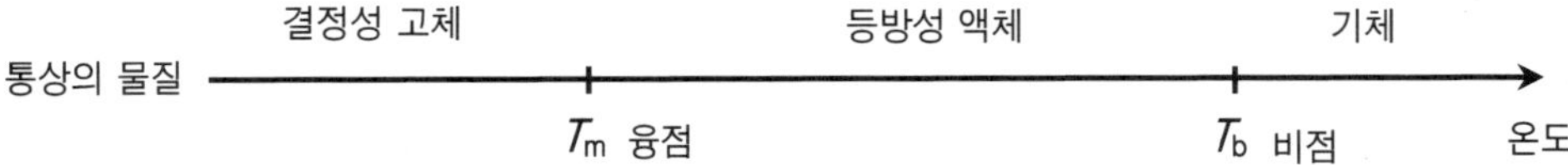

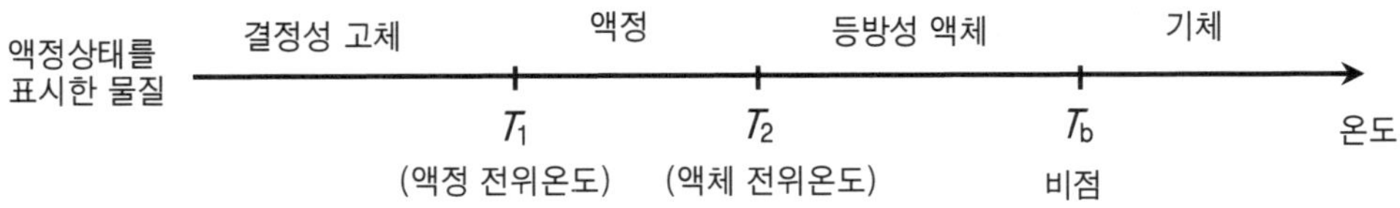

그림 1-19. 통상의 물질과 액정상태를 표시한 물질의 상변화

3가지로 분류된다. 네마틱(nematic)의 어원은 그리이스어이며, 「실 모양」이란 의미를 갖는다. 박막으로 했을 때 실 모양의 조직이 관찰되는 경우가 있어서 이 이름이 붙여졌다. 액정상태에서 외관은 탁하지만 유동성은 제법 높다. 그 구조는 그림 1-20(b)에 나타낸 바와 같으며, 결정이 융해하여 분자의 중심에 관해 장거리의 질서는 소실되지만, 분자의 방향성에 관한 질서(배향)가 유지된 상태이다.

통상의 결정에서 등방성 액체로 변화하는 물질에서는 중심과 배향의 질서가 융해에 의해 동시에 소실되지만, 네마틱 액정에서는 액정 전이온도에서 중심에 관한 질서가 소실되어 등방성 액체 전이온도에서 배향에 관한 질서가 각각 독립적으로 소실되어 간다. 액정상태의 배향은 자발적이며, 분자의 형태나 분자 사이의 힘에 유래하고 있다.

대표적인 물질로는 다음에 보이는 *p*-메톡시한질리덴-*p*-부틸아닐린(MBBA)이며, 액정 전이온도는 20℃, 액체 전이온도는 41℃이다.

$$CH_3-O-C_6H_4-CH=N-C_6H_4-(CH_2)_3-CH_3$$

스멕틱(smectic) 액정의 스멕틱이란 그리이스어로 「비누상태」를 의미하는 말이 어원이다. 통상 탁한 점성이 높은 상태를 나타낸다. 스멕틱 액정에서는 배향의 질서는 네마틱상과 유사하지만, 분자의 질서가 보다 높고 층상으로 배열하고 있다(그림 1-20 c). 단지 층 내에서의 분자는 일정 주기로 배열된 것은 아니다. 따라서 동일 물질의 액정상 사이에서 전이가 있을 때는 스멕틱 액정은 층 구조 안의 분자배열의 상위 등

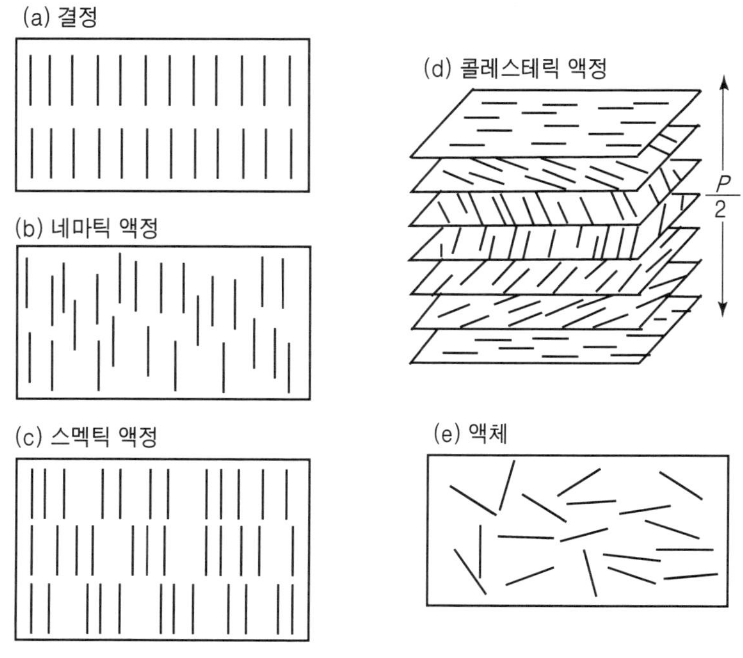

그림 1-20. 결정, 액정 또는 액체의 구조

으로 더 자세하게 분류된다. 스멕틱의 어원이 비누 상태란 의미를 갖는 데에서도 알 수 있듯이 양친매성을 갖는 계면활성제, 즉 비누분자의 짙은 용액 등에서 곧잘 볼 수 있다. 대표적인 스멕틱 액정을 형성하는 분자의 한 예는 올레인산 암모늄으로 114~120℃ 사이에서 스멕틱상을 나타낸다.

$$CH_3-(CH_2)_7-CH{=}CH-(CH_2)_7-C\begin{matrix}{=}O\\ \diagdown O^-\end{matrix}\quad NH_4^+$$

한편, 콜레스테릭상은 미소 영역에서 네마틱상과 같은 배열을 하고 있지만, 그 배향의 분자 축은 일정한 거리 P(콜레스테릭 피치라 불린다)를 두고 360° 회전하고 있다(그림 1-20). 콜레스테릭상을 형성하는 분자에 특징적인 점은 부제탄소를 갖는 광학활성(키랄)의 화합물이란 점이다. 원래 콜레스테롤 유도체로 콜레스테릭 액정이 처음 발견된 까닭에 콜레스테릭상이라고 명명되었다. 예를 들면 콜레스테롤의 에스틸인 다음의 물질군에는 콜레스테릭 액정상을 나타내는 화합물이 많다.

액정상태를 형성하는 물질은 이상에서 언급한 액정구조에 의한 분류 이외로 분류

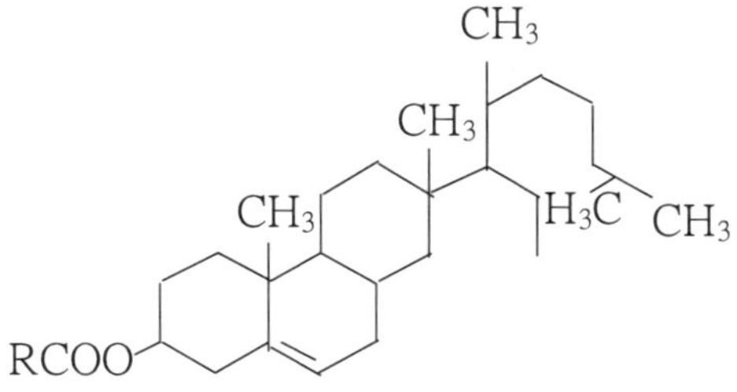

되는 경우도 있다. 액정상태는 액정 형성물질(혹은 그 혼합물)의 온도변화로 나타날 뿐만 아니라 어느 종류의 유기물질의 짙은 용액에서도 나타난다. 앞에서 언급한 비누 분자의 짙은 용액에서 볼 수 있는 스apr틱 액정이 그 대표적인 예이다. 이러한 용액 상태의 액정을 용액액정 혹은 리오트로픽(lyotropic) 액정이라 부른다.

한편, 액정형성 순물질(혹은 그 혼합물)이 온도 변화로 액정상태를 형성하는 경우에는 열액정 또는 서머트로픽(thermotropic) 액정이라 불린다. 결정상태의 규칙 구조를 열로 흐트러뜨린 것이 열액정, 용매로 흐트러뜨린 것이 용액액정이다. 따라서 용액액정의 상변화는 용액의 농도와 온도란 양자의 변화에 의해 일어난다. 단, 동일 물질이 열액정이 되거나 용액액정이 되는 예는 일부의 비누분자를 제외하면 적다.

현재 액정이란 말을 듣고 누구나가 맨 처음에 상기하는 것은 액정 디스플레이일 것이다. 이 장치는 액정의 전기광학 효과에 의한 광학적 성질 변화를 이용한 것이다. 다시 말하면 액정에 전장을 가하면 액정분자의 배열이 변화하여 액정의 광산란, 광간섭, 선광성, 광투과성 등의 광학적 성질이 변화하는 점을 표시로 이용한 것이다. 표시용으로 사용되는 액정은 모두 열액정이다.

최근의 표시기술의 진보는 눈부셔서 풀 컬러의 액정 디스플레이를 갖춘 퍼스널 컴퓨터나 벽걸이 텔레비전 등이 시판되고 있다. 한편, 용액액정의 이용은 열액정과 비교하면 뒤지고 있지만, 생체조직의 구조(예를 들면 세포막 등)와의 관련에서 흥미를 자아내고 있다.

4.3 고무

고무줄을 당기면 10배 이상 늘어나지만, 힘을 빼면 원상태로 되돌아간다. 이처럼 크게 변형하는데다가 탄성적으로 형태를 회복하는 물질은 고무 외에 찾을 수 없다. 금속으로 만든 용수철도 힘을 가하면 늘어나고, 빼면 원상태가 되지만 재료인 금속의 변형은 아주 적다. 고무는 고체일까, 액체일까? 적어도 물질 3태의 범주에 단순히 들어가는 물질은 아닌 것 같다. 고분자 물질의 온도 변화에 따른 상태 변화를 우선 설명하고 나서 고무가 무엇인가를 생각하기로 하자.

많은 고분자 물질은 비정성 고체를 형성한다. 3.1항에서 설명한 PMMA를 상기하기 바란다. 고분자와 지금까지 언급해온 저분자 물질에 대해 비정성 고체상태와 액체상태를 모식적으로 비교한 것이 그림 1-21이다. 고분자에서는 반복단위를 하나의 원으로 표시하고 있다. 고분자에는 기체상태가 존재하지 않는다. 기체가 되기 전에 분해해버리기 때문이다. 단순한 비정성 물질과 고분자의 가장 큰 차이점은 그림 중의 원이 공유결합으로 연결되었느냐의 여부이다.

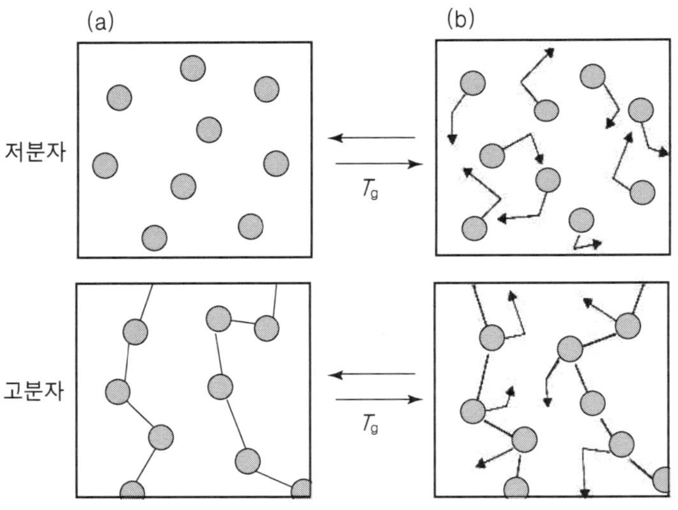

그림 1-21. 저분자와 고분자의 비정성 고체상태(a)와 액체상태(b)

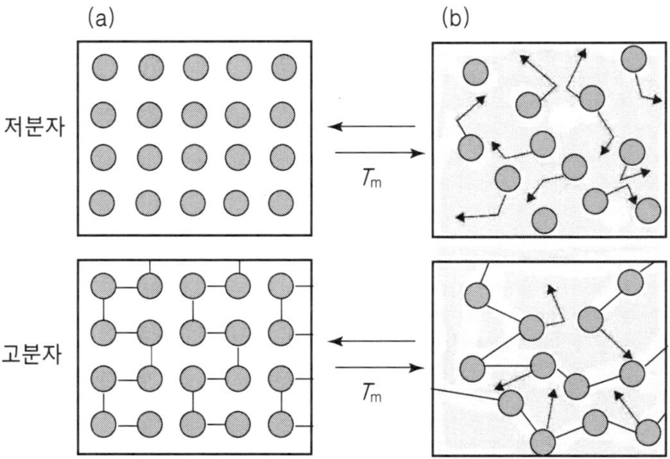

그림 1-22. 저분자와 고분자의 결정성 고체상태(a)와 액체상태(b)

저분자계에서는 각각의 원자(분자)가 공유결합으로 연결되지 않았으므로 T_g 이하의 온도에서 액체 구조가 동결된 원자(분자)가 T_g 이상의 온도에서 브라운 운동을 개시하여 유동하게 된다. 한편, 고분자계에서도 유리상태에서는 고분자쇄의 움직임이 동결되어 T_g 이상이 되면 고분자쇄는 움직이기 시작한다. 이때 저분자계와 크게 다른 점은 고분자계에서는 한 줄의 쇄의 중심은 변화하지 않지만, 각각의 원은 움직일 수 있다는 점이다. 이것을 미크로 브라운 운동이라고 한다(그림 1-22).

물론 고분자쇄의 중심의 위치가 변화하는 운동(이것을 마크로 브라운 운동이라고 한다)도 가능하다. 통상 온도를 올려서 T_g가 되면 미크로 브라운 운동을 개시하고, 그 뒤 온도를 더욱 높이면 마크로 브라운 운동도 일어나 고분자가 유동하게 된다. 고분자에는 비접성의 고분자만이 아니라 결정성의 고분자도 존재한다. 결정성의 고분자와 저분자의 융점 T_m의 상태 변화의 모식도를 그림 1-22에 나타냈다.

결정성의 고분자도 T_m 이상에서 미크로 브라운 운동과 마크로 브라운 운동을 개시한다. 고분자 화합물의 경우, 실제로는 100% 결정정의 고체는 존재하지 않으며, 다소 비정성 부분을 포함하고 있다. 그러나 미크로 브라운 운동이 일어날 수 있다는 점이 저분자 물질과의 결정적인 차이이다. 액체상태의 저분자 물질의 경우도 원자(분자)는 브라운 운동을 하고 있지만, 그것은 말하자면 마크로 브라운 운동이다. 이 미크로 브라운 운동이란 원자 수준에서 볼 때 어떤 현상인 것일까? 그림 1-23에 그 모식도를 나타냈다.

고분자는 모노머가 많이 연결하여 이루어진 매우 긴 분자인데, T_g 이상 혹은 T_m 이상의 액체상태의 고분자에서는 분자쇄가 완전히 펴진 구조를 하고 있는 것이 아니다. 그것은 원자와 원자의 결합이 많은 경우에 단결합이며, 그 결합의 회전에 의해 무수의 다른 형태로 변할 수 있기 때문이다.

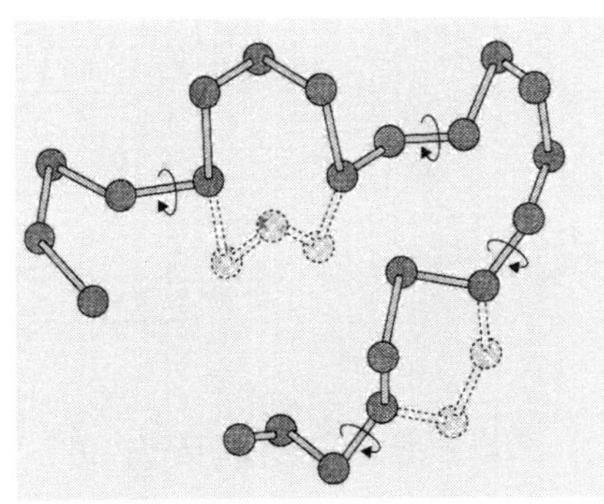

그림 1-23. 단결합의 회전에 의해 생긴 미크로 브라운 운동

이 결합의 회전에 의한 분자쇄의 변화는 고분자쇄의 중심의 위치가 변화하지 않고서도 가능하다. 이 미크로 브파운 운동이란 열운동 때문에 T_g 혹은 T_m 이상의 고분자쇄는 움직이지 않는 쇄에서 활기 있게 형태가 변하는 살아 있는 쇄가 된다. 각각의 쇄의 형태는 다르고, 한 줄의 쇄의 형태도 시시각각으로 변화하지만, 평균적인 형태는 긴 실을 만 것과 같은 실뭉치 상태가 된다. 단 그 실은 '죽은' 실이 아니라 늘 움직이는 실이다.

이 실뭉치의 양 끝 사이의 거리(이것은 실 뭉치의 직경에 비례한다는 사실이 알려지고 있다)는 이 미크로 브라운 운동에 의하여 완전히 펴진 길이에 비해 매우 작아지며, 고분자 중의 모노머의 반복 단위의 수(조합도라고 한다)의 제곱근에 반비례한다. 다시 말하면 완전히 펴진 쇄의 길이와 비교하여 중합도 10^2의 고분자에서는 1/10, 중합도 10^4인 고분자에서는 1/100 정도로 추측되고 있는 셈이다.

다시 한번 출발점으로 되돌아가 고무란 무엇인가를 생각해 보자. 고무란 T_g 혹은 T_m 이상의 고분자를 3차원적으로 가교한 3차원 망목 구조를 갖는 물질이다(그림 1-24). 보다 상세하게 말하면 미크로 브라운 운동은 활발하지만, 가교에 의해 마크로 브라운 운동을 할 수 없게 된 고분자 망목체이다. 즉 「액체의 분자 운동성을 갖는 고체」라고 생각할 수 있다. 그렇다면 왜 고무를 자체 길이의 10배나 되는 길이로 늘릴 수 있는 것일까? 그것은 자연적인 상태로 쇄가 수축되어 있기 때문이다. 고무를 늘리는 일은 고분자쇄의 결합을 빙글빙글 회전시켜 보다 늘어난 쇄가 되게 하는 일과 대

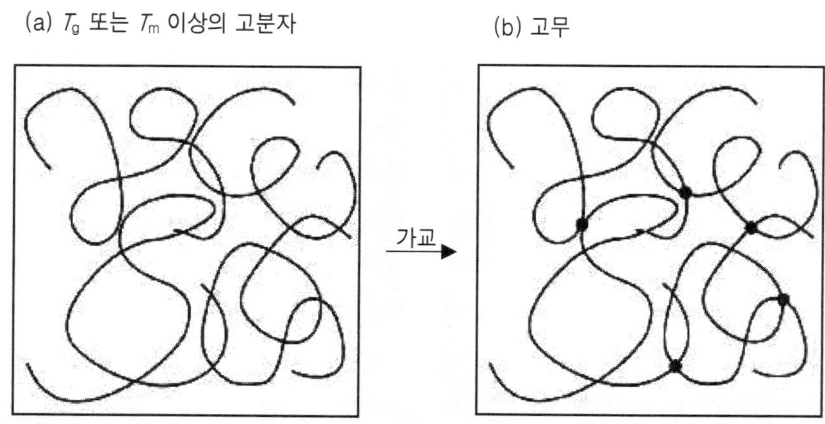

그림 1-24. 고무는 무엇인가?

고무는 T_g 또는 T_m 이상의 고분자를 3차원적으로 가교한 3차원 망목구조를 가진 물질로 되어 있다.

응하고 있다. 힘을 빼면 원래 상태로 되돌아오는 것은 쇄의 열운동 때문에 수축된 구조 쪽이 안정적이기 때문이다. 이것을 한 줄로 손을 잡은 아이들에게 비유해 보자.

양 끝의 아이는 조금 떨어진 2개의 기둥을 붙잡고 있다. 아이들은 활발하게 움직이려고 하므로 기둥 사이의 거리가 아이들의 팔이 곧바로 옆으로 완전히 펼쳐진 상태에서는 기둥 안쪽을 향해 강한 힘이 작용한다. 반대로 기둥 사이의 거리가 너무 가까우면 아이들의 움직임은 답답해져서 기둥에는 바깥을 향한 힘이 작용하게 된다. 다시 말하면 기둥 사이의 거리에는 적당한 길이가 있으며, 이것은 아이들의 인원수의 평방근에 비례하게 된다. 이것이 고무의 수축된(평형의) 상태이다 고무를 늘린다는 일은 기둥(가교점이라고 생각해도 된다) 사이의 거리를 외력으로 하는 것에 상당한다. 그러나 외력을 제거하면 아이들은 다시 제멋대로 움직이려고 하므로 원래 길이로 수축하게 된다.

고무가 갖는 이러한 흥미로운 성질은 엔트로피 탄성이라고 불리며, 고무가 가교구조를 갖는 점, 그 고분자쇄가 미크로 브라운 운동을 하고 있다는 점에 기인하고 있다. 우리가 사용할 수 있는 고무도 남극이나 북극에 가져가면 사용할 수 없게 될지도 모른다. 왜냐하면 외계의 온도가 그 고분자의 T_g 혹은 T_m보다 어느 정도 높을 때에 고무탄성이 나타나기 때문이다. 거기서는 보다 낮은 T_g 혹은 T_m의 고분자만이 고무로 사용될 수 있다.

연 습 문 제

(1) 결정성 고체의 구조를 해석하는 유력한 수단으로 X선 회절법이 있다. $\lambda = 5.89 \times 10^{-9}$cm의 X선을 사용하자 Na와 Cl 원자간 거리에 대응하는 1차 회절선이 $\theta = 6.017°$에 나타났다. NaCl 단위격자의 한 변의 길이를 구하라. 또 NaCl의 비용을 0.462 cm^3g^{-1}, Na와 Cl의 원자량을 각각 23, 35.5라고 할 때, 아보가드로수를 구하시오.

[NaCl 당위격자 한 변의 길이 : 0.562nm, 아보가드로수 : 6.09×10^{23}]

(2) 어떤 물질을 액체상태에서 냉각해 가면 그 냉각방법에 따라 2종류의 고체, 즉 결정성 고체 및 비정성 고체를 부여하였다. 이 2종류의 고체를 구별하는 방법을 서술하시오.

(3) 동일 물질이 액체에서 결정성 고체와 비정성 고체로 변화할 때의 비용 변화의 차이를 도시하고, 각각의 상태를 특징짓는 온도 및 온도 범위에 대해 설명하시오.

(4) 동일 물질이 결정성 고체와 비정성 고체를 부여하는 예를 드시오. 그 냉각과정의 어떠한 차이에 의해 2종류의 고체를 주는가? 또 어느 상태가 보다 안정상태인가?

(5) 결정성 고체와 비정성 고체의 미시적 구조(0.1~10 nm 수준의 원자, 분자의 배치)와 이들을 재료로 사용하였을 때의 거시적 구조(100 nm 이상의 영역에서의 균질성 등)의 차이를 비교하시오.

(6) 재료로서 사용되는 전형적인 결정성 고체와 비정성 고체의 예를 드시오.

(7) 고체의 물(얼음)의 증기압은 -10℃에서 2.8×10^{-3} atm이다. 0.01℃에서 3중점에 도달하고, 거기서는 6.0×10^{-3} atm의 증기압을 갖는다. 이들 사실과 1 atm에서의 융점과 비점에서 물의 상태도의 개략을 나타내시오.

(8) (7)의 상태도를 사용하여 -1℃에서의 얼음끼리를 강하게 밀어붙이면 달라붙는 현상을 설명하시오.

(9) 액정이나 가교고무는 물질의 3태란 관점에서 보면 특수한 물질이다. 각각의 상태에 대해 설명하시오.

제 2 장

화학결합과 분자 사이에 작용하는 약한 힘

1. 물질의 성립

물질은 원소 혹은 원소의 조합(분자)으로 이루어진다. 원소는 물질을 구성하는 기본적인 성분이다. 또 원소의 특징 혹은 성질을 갖는 입자는 원자라고 불린다. 산소원자라는 입자는 우리 주변에 다수 존재하여 산소분자, 물, 설탕, 생체를 구성하는 단백질이나 핵산 등의 형태로 존재하고 있다. 그러나 존재 형태가 달라도 산소원자로서의 공통성을 갖는다. 그러한 산소원자가 갖는 성질의 공통성을 산소원소란 개념으로 나타내고 있다.

다음으로 우리 주위에 존재하는 물질의 결합에 대해 살펴보자. 기체의 산소는 산소간의 결합으로 이루어졌으며, 이산화탄소는 탄소와 산소의 결합, 소금은 나트륨과 염소의 결합, 다이아몬드는 탄소간의 결합, 동은 동원자간의 결합으로 이루어졌다. 이들 결합은 모두 화학결합이다. 그러나 이들 물질은 전혀 다른 성질을 나타낸다. 상온에서는 산소분자나 이산화탄소는 기체로 행세하며, 소금, 다이아몬드, 동은 고체로 존재하고 있다. 소금은 물에 바로 녹지만, 다이아몬드나 동은 녹지 않는다. 동은 광택이나 우수한 도전성(導電性)과 연성(延性)을 갖지만 그 밖의 물질에 이러한 성질은 없다.

이들 성질의 차이는 왜 생기는 것일까? 그 답은 화학결합의 차이이다. 산소분자나 이산화탄소분자는 공유결합, 다이아몬드는 탄소원자와 탄소원자로 이루어진 공유결합의 망목구조, 소금은 이온결합, 동은 금속결합으로 만들어진 물질이다. 같은 공유결합성을 갖는 분자성의 물질일지라도 상온상압에서 산소나 이산화탄소는 기체지만, 물은 액체란 형태로 존재한다. 또 우리가 커피나 홍차를 마실 때 사용하는 설탕은 물에 녹지만, 기름은 녹지 않는다. 물고기가 물 속에서 자유자재로 헤엄치는 것은 공기 좋은 산소가 물에 용해하였기 때문이다.

그렇다면 왜 물질은 어느 때는 액체, 어느 때는 고체, 그리고 어느 때는 기체로서 존재하는 것일까? 무엇이 물질의 용해현상을 결정하는 것일까? 그 원인은 물질을 구성하는 분자간의 상호작용에 있다. 분자간의 힘이 크면 이 물질은 액체 혹은 고체로서 존재한다. 또 용해과정에서 용질분자와 용매분자의 상호작용의 힘이 크면 용질은 잘 녹는다. 반대로 그 힘이 적어지면 용해할 수 있는 용질의 양은 적어진다.

산소분자 간의 상호작용보다 물분자끼리의 작용이 강하기 때문에 상온상압에서는 산소가 기체, 물이 액체가 되고 있다. 설탕이 물에 잘 용해되는 것은 설탕 등의 용질분자와 물분자 사이의 상호작용이 있기 때문이다. 이처럼 물질의 상태나 용해성은 분자 간에 작용하는 힘에 의해 결정된다.

생체의 중요한 기능을 유지할 때도 분자 간에 작용하는 힘이 중요한 역할을 하고 있다. 생물의 유전정보를 기억하는 유전자가 그 기능을 발휘하기 위해서는 DNA가 이중나선 구조를 취해야 한다. 이 구조는 DNA를 구성하는 핵산 염기간의 상호작용에 의존한다. 또 우리 몸속의 화학적인 그 기능에도 단백질을 구성하는 아미노산 반응물을 관장하는 단백질 사이에 작용하는 분자간의 힘이 깊이 관여하고 있다.

지금까지 설명한 바와 같이 다양한 물질의 성질을 이해하여 보다 효과적으로 이용하기 위해서는 물질을 구성하는 원소의 화학결합력과 분자간력를 아는 일이 불가결하다. 이 장의 목적은 원자 안에서의 전자 배치에 관한 기본적 지식을 토대로 하여 물질의 화학결합력과 분자 사이에 작용하는 약한 힘의 본질을 배워서 화학물질의 구성이나 성질에 관한 기본원리를 이해하는 데에 있다.

2. 원자의 구조와 원소주기율

2.1 원자의 구조

현재의 원자에 관한 생각은 19세기 초, 달톤(J. Dalton)이 원자설을 제출한 때부터 시작되었다고 한다. 현재의 원자설의 요점은 다음과 같다.

① 모든 물질은 원자라고 불리는 단위입자로 구성된다.

② 어떤 하나의 원소의 원자는 같은 질량 혹은 원소에 고유한 평균적인 질량을 갖는다. 다른 원소의 원자는 평균적 질량도 다르다.

③ 화학반응에서 원자는 그 이상 분해되지 않는 하나의 것으로서 결합하거나 해리

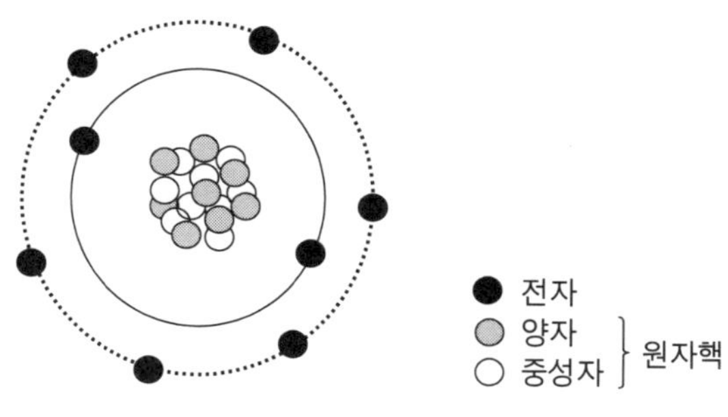

그림 2-1. 원자의 개념

하거나 위치를 바꾸거나 한다.

④ 원자가 다른 원자와 화합할 경우 통상은 간단한 정수비를 취한다.

원자의 크기는 거의 1억분의 1센티미터(10^{-8}cm=10^{-10}m=1Å)이며, 원자핵과 전자로 구성된다. 이 크기를 이해하기 위해서 그림 2-1에 우주에 존재하는 물질이나 생물의 크기를 대수 크기로 나타냈다. 그림 2-1에 나타낸 바와 같이 원자핵은 원자의 중핵을 이루는 입자로, 전자는 원자핵 주위를 날아다니고 있는 부전하를 띤 소립자이다.

원자핵은 정(正)의 전기를 띤 양자와 전기를 띠지 않은 중성자로 이루어진다. 양자의 수는 전자의 수와 같고, 원자는 전체로는 전기를 띠지 않는다. 원자핵 중의 양자수를 원자번호라고 하며, 각 원소의 원자에 의해 결정되고 있다. 양자 하나와 중성자 하나의 질량은 거의 같지만, 전자 한 개의 질량은 그 약 1/1840이다. 따라서 원자 한 개의 질량은 원자핵 중의 양자와 중성자 수의 합에 의해 거의 결정된다. 이 합을 질량수라고 한다. 예를 들면 질량수가 16인 산소원자는 원자번호가 8이기 때문에 원자핵 중의 양자수와 그 주위의 전자수가 각각 8개이며, 중성자수는 8개가 된다.

2.2 원자 내의 전자배치

원자에서 원자핵 주위의 전자가 어떠한 규칙에 따라 배치되는지를 아는 일은 원자의 화학반응, 화합능력, 또 분자내 원자의 공간적 위치를 파악하는 중요한 단서가 된다. 1911년, 러더포드(E. Rutherford)는 원자핵의 크기와 밀도를 확정지은 유명한 실험을 행하였다. 그 결과를 토대로 그들은 전자는 원자핵의 인력을 받으면서 그것을 중심으로 궤도운동하고 있다고 생각하였다. 이는 마치 태양계의 혹성이 태양 주위를 궤도운동 하는 듯한 이미지이다(그림 2-1). 그것을 실증하는 최초의 실마리가 된 것은 여기한 원자의 발광에 대한 연구였다.

원소가 불꽃 중에서 가열되거나(불꽃반응) 방전관 안에서 전기적으로 여기(勵起)하면 그 원소 특유의 색을 지닌 빛이 난다. 예를 들면 저압의 기체 네온을 넣은 방전관(네온사인)은 적색의 빛을 발하고, 나트륨 증기는 황색, 순은 증기는 청록색의 빛을 발한다. 물질의 색은 발광의 파장에 의해 결정되므로 원소 특유의 파장을 지닌 발광을 볼 수 있다는 점을 이해할 수 있다.

아인슈타인(A. Einstein)의 광양자론에 의하면 빛은 파동과 입자의 2중성을 지녔다. 다시 말하면 광자는 입자파라고 부를 만한 것이다. 이 빛에 관한 양자론적 설명이 실마리가 되어 원자 스펙터의 연구에서 원자 안의 전자배치 이론으로 전개되어 갔던 것이다. 1913년 보어(N. Bohr)는 양자가설을 사용하여 수소원자에 관한 러더포드의 모형과 수소원자의 에너지 준위에 관한 생각을 정리하여 다음과 같은 가설을 세웠다.

① 전자는 정해진 몇 개의 궤도에만 존재할 수 있다.
② 각기 불연속적인 궤도에 존재하는 전자가 다른 에너지를 가짐으로써 원자의 에너지 준위가 나타난다.
③ 전자가 하나의 에너지 준위(궤도)에서 다른 준위로 이동할 때, 광자가 방출되거나 흡수된다. 광자의 에너지는 천이가 일어난 준위의 전자 에너지의 차이다.

하나의 수소원자의 스펙터는 원자의 에너지 준위 사이의 전자천이에 의해 생긴다(그림 2-2). 이 그림에서 (a)의 수평선은 에너지 준위, 화살표는 준위 사이의 전자천이를 나타내고 있다. 이 천이에 의해 광자가 방출되어 (b)의 스펙터선으로서 관찰된다. 러더포드-보어 이론을 많은 원자 스펙터의 해석에 사용하기 위해 다수의 에너지 준위를 생각해야 할 필요가 생겼다. 그래서 주에너지 준위 n은 s, p, d, f의 기호로

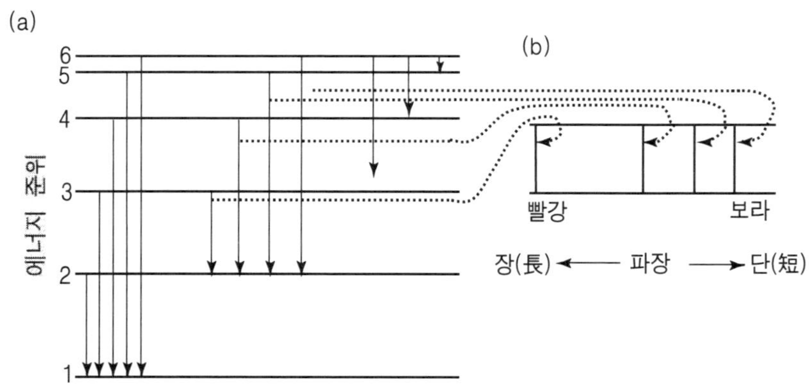

그림 2-2. 수소의 가시(可視) 스펙터의 기원

표시되는 일련의 궤도로 구성된다고 러더포드-보어의 원자모형은 수정되었다(그림 2-3). 최종적으로는 원자 안의 전자 에너지 상태를 다음과 같은 한 무리의 원자량으로 기술하게 되었다.

① 주에너지 준위(각)는 주양자수 *n*에 의해 표시된다.
② 각 주각 안에는 몇 개의 궤도가 있으며, s, p, d, f 등으로 불리고 방위 양자수(0~n-1의 정수)로 표시된다.
③ 각 궤도에는 몇 개의 궤도 에너지 준위가 있으며, 자기양자수 *m*(-*l*~*l*의 정수)으로 표시된다. 단, 강한 전상에 놓이지 않는다면 이들은 동일 에너지 상태를 갖는다.
④ 각 궤도 안에서는 전자는 서로 반대되는 방향의 스핑의 어느 하나를 취하며, 스핑 양자수 s(±1/2)로 표시된다.

이상은 현재의 원자 안의 전자배치에 관한 이론이다. 앙자론적 검토로 1925년 파울리(W. Pauli)는 원자 안의 어떤 2개의 전자도 4개의 양자수가 완전히 같은 상태로는 배치할 수 없다는 점을 제창하였다. 이것은 파울리의 배타원리라고 불린다.

전자는 원자핵 주위에 위에서 언급한 규칙에 따라 배치되며, 끊임없이 날아다니고 있다. 그 동적인 모습을 나타내기 위해 전자구름이란 개념이 사용된다. 어떤 주어진 궤도에 전자가 존재할 최대의 확률 영역은 그 궤도(전자구름)의 형상으로 표시된다. s궤도와 p궤도의 형상을 살펴보면 s궤도(방위 양자수가 0인 상태)는 모두 구상이다.

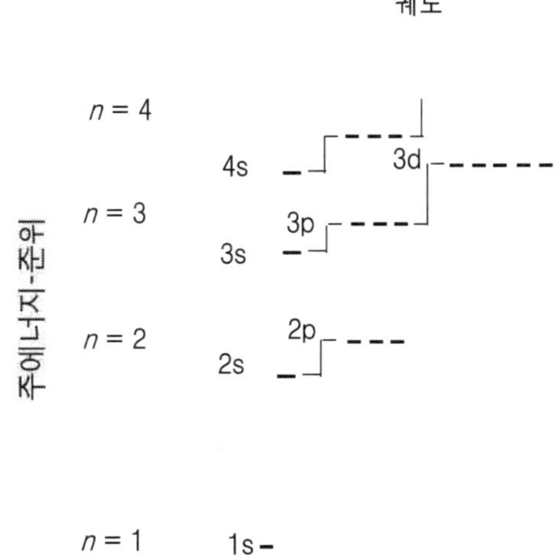

그림 2-3. 원자번호 1부터 36까지의 원소의 궤도

p궤도(방위 양자수가 1인 상태)는 서로 반대되는 달걀형으로, 주양자수가 같은 3개의 p궤도는 서로 직각을 형성하고 있다. 파울리의 배타원리에 의해 각 궤도는 1개 또는 2개의 전자를 포함할 수 있는데, 3개 이상은 있을 수 없다. 그렇다면 원소의 원자 안에서의 전자배치의 모형을 구체적으로 살펴보자. 원자는 일반적으로 최저의 에너지 상태(기저상태)에 있으며, 전자는 파울리의 배타의 원리에 의해 허용되는 최저의 에너지 준위를 차지하고 있다.

기저상태에 놓인 원자 안의 전자배치를 표 2-1에 나타냈다. 표에서 알 수 있듯이 전자는 에너지 준위가 낮은 궤도부터 채워진다. 다시 말하면 우선 최저의 1s궤도에 최대 2개까지 배치되고, 3개째 이상은 그 다음 최저 에너지 준위인 2s궤도, 그리고 2p, 3s, 3p‥‥궤도 순으로 채워진다. 같은 에너지 준위 n에서는 s궤도는 하나뿐이며, 허용전자수가 2개, p궤도는 3개(p_x, p_y, p_z)로 허용전자수가 6개, d궤도는 5개로 허용전자수가 10개이다. 파울리의 배타원리에 따라 동일 궤도에는 최대 2개의 서로 반대인 스핑(⇅으로 표시한다)으로 채워질 수 있다. 같은 에너지 준위의 제도에 전자가

표 2-1. 원자번호 1부터 18까지의 원소의 전자배치

원 소	원자번호	전자배치						
H	1	$1s^1$						
He	2	$1s^2$						
Li	3	$1s^2$	$2s^1$					
Be	4	$1s^2$	$2s^2$					
B	5	$1s^2$	$2s^2$	$2p_x^1$				
C	6	$1s^2$	$2s^2$	$2p_x^1$	$2p_y^1$			
N	7	$1s^2$	$2s^2$	$2p_x^1$	$2p_y^1$	$2p_z^1$		
O	8	$1s^2$	$2s^2$	$2p_x^2$	$2p_y^1$	$2p_z^1$		
F	9	$1s^2$	$2s^2$	$2p_x^2$	$2p_y^2$	$2p_z^1$		
Ne	10	$1s^2$	$2s^2$	$2p_x^2$	$2p_y^2$	$2p_z^2$		
Na	11	$1s^2$	$2s^2$	$2p^6$	$3s^1$			
Mg	12	$1s^2$	$2s^2$	$2p^6$	$3s^2$			
Al	13	$1s^2$	$2s^2$	$2p^6$	$3s^2$	$3p_x^1$		
Si	14	$1s^2$	$2s^2$	$2p^6$	$3s^2$	$3p_x^1$	$3p_y^1$	
P	15	$1s^2$	$2s^2$	$2p^6$	$3s^2$	$3p_x^1$	$3p_y^1$	$3p_z^1$
S	16	$1s^2$	$2s^2$	$2p^6$	$3s^2$	$3p_x^2$	$3p_y^1$	$3p_z^1$
Cl	17	$1s^2$	$2s^2$	$2p^6$	$3s^2$	$3p_x^2$	$3p_y^2$	$3p_z^1$
Ar	18	$1s^2$	$2s^2$	$2p^6$	$3s^2$	$3p_x^2$	$3p_y^2$	$3p_z^2$

채워질 경우 전자는 가능한 한 별개의 궤도에서 같은 스핑의 방향을 유지하려고 한다. 이들 원자 간의 전자를 채우는 법칙은 훈트(Hund)의 규칙이라 불린다.

표 2-1을 다시 보자. 예를 들면 가장 가벼운 원소인 수소에는 1개의 전자가 뒤이은 원소인 헬륨에는 2개의 전자가 있으며, 최저인 1s궤도에 파울리의 배타원리를 따라 배치되어 있다. 리튬원자는 3개의 전자를 가지며, ls궤도에 2개, 나머지 한 개는 2s궤도에 들어간다. 탄소는 6개의 전자를 가지며, 1s와 2s에 2개씩 그리고 훈트의 규칙을 따라 $2p_x$차 $2p_y$에 1개씩 들어간다. 마찬가지로 질소원자는 2p궤도에 있는 3개의 전자가 $2p_x$, $2p_y$, $2p_z$에 각각 한 개씩 들어가게 된다.

2.3 이온화 에너지와 원소주기율

앞에서 설명한 원자 안의 전자배치 이론에 관한 다른 증거로서 이온화 에너지와 원소의 주기성을 들 수 있다. 기체상태의 원자로부터 전자를 제거할 때 필요한 에너지를 이온화 에너지라고 한다. 특히 중성원자로부터 최초의 한 개의 전자를 제거하는

표 2-2. 이온화 에너지(kJ mol^{-1})

원 소	제1	제2	제3	제4	제5	제6	제7	제8
H	1310							
He	2372	5247						
Li	519	7293	11807					
Be	900	1757	14841					
B	799	2423	3657	25011	32815			
C	1088	2351	4615	6142	37811	47028		
N	1360	2858	4590	7464	9439	48785	64015	
O	1314	3385	5318	7452	10979	13263	70961	
F	1682	3372	6042	8406	11016	15088	17757	
Ne	2071							
Na	494	4561						
Mg	736	1448	7728					
Al	577	1816	2745	11573				
Si	787	1577	3230	4351	16058			
P	1059	1895	2908	4954	6272			
S	1000	2255	3381	4561	6987	8452		
Cl	1251	2297	3849	5251	6540	9339	10970	
Ar	1515							
K	418	3067						
Ca	590	1146	4937					

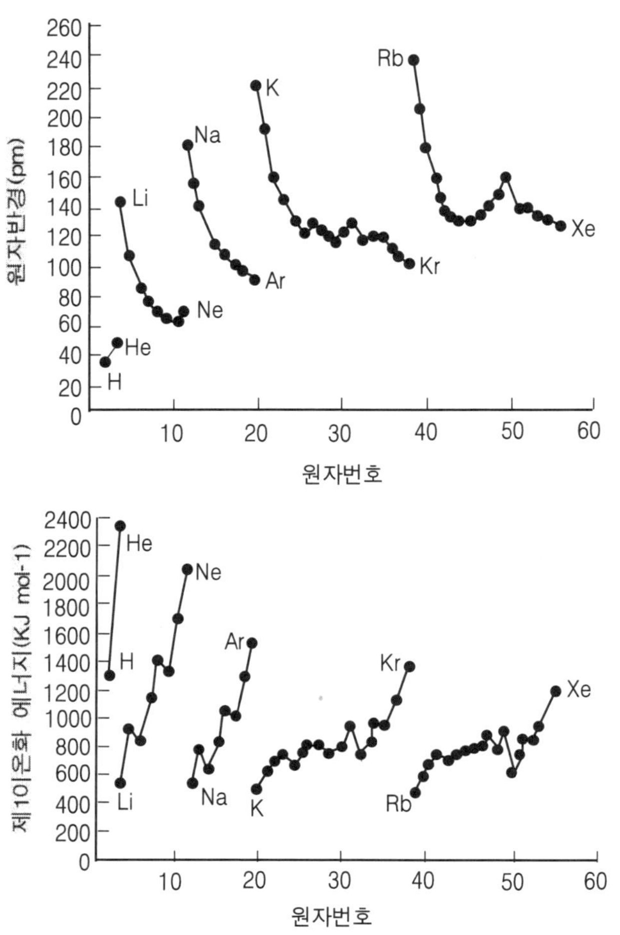

그림 2-4. 원자의 크기와 제1이온화 에너지의 원자번호에 의한 주기적 변화

데에 필요한 최소의 에너지를 제1이온화 에너지, 뒤이어 그 이온에서 2개째의 전자를 제거하는 데에 필요한 최소의 에너지를 제2이온화 에너지라고 한다. 마찬가지로 제3, 제4, …이온화 에너지 등을 얻게 된다.

표 2-2는 원자번호가 1에서 20까지의 원소에 대한 이온화 에너지를 정리한 것이다. 표에서 알 수 있듯이 리튬원자인 경우 제1이온화 에너지와 제2이온화 에너지 사이에 커다란 차이가 존재한다. 이러한 이온화 에너지의 단층을 각 원소에 대해 단계적인 선으로 표시한다. 표에 나타냈듯이 같은 원자 안에서 높은 에너지 준위에 놓인 전자를 제거하기란 간단하며, 낮은 에너지 준위에 놓인 전자를 제거할 때는 높은 에너지가 필요하다.

예를 들면 나트륨에서 아르곤까지의 원소에 대해 3s궤도 및 3p궤도에서 제1, 제2, 제3, …의 전자를 제거하는 편이 2s, 2p 준위에서 제거하기보다 비교적 쉽다는 점을 알 수 있다. 표의 이온화 에너지의 결과는 원자 안의 전자배치에서의 예측과 일치하고 있다. 원소번호의 증가와 더불어 원자 안의 전자배치는 주기적으로 변화하며, 이것은 원소의 주기율과도 일치하고 있다. 원소의 물리적 성질 및 화학적 성질이 원자번호에 대해 주기적으로 변화는 사실을 확인하여 그것을 토대로 원소의 주기표를 작성한 이는 멘델리브(D. Mendeleev)와 모즐리(H. G. J, Moseley)이었다.

수평방향은 족(族), 수직방향은 주기(周期)를 표시하듯이 각 원소를 원자번호에 따라 나열하면 원소의 주기표가 된다. 원자 안의 전자배치도 원소의 주기성에 대응하여 주기적으로 변한다. 각 주기의 원소는 최외각에 존재하는 1개의 전자부터 시작하여 제도의 허용전자수까지 전자가 배치되는 희가스류에서 끝난다. 또 각 족의 원소에 대해서는 원자의 가전자 배치는 같지만, 주에너지 준위는 주기마다 높아진다.

금속이나 비금속, 반응성, 밀도라는 원소의 성질의 대부분이 원자 안의 전자배치, 이온화 에너지, 원자의 크기와 관련된다. 이온화 에너지에 대해서는 원자의 크기가 강한 영향을 미치고 있다. 원자가 작으면 전자가 원자핵의 인력을 강하게 받고, 이온화 에너지는 크다. 그림 2-4는 원자 크기와 원자번호, 제1이온화 에너지와 원자번호의 관계를 각기 표시하고 있다. 둘 다 원자번호의 증가에 따라 주기적으로 변화한다.

3. 공유결합

3.1 공유결합이란 무엇인가?

각 원자 안의 전자배치에서 가장 높은 에너지 준위(최외각)에 존재하는 전자를 그 원자의 가전자라고 부른다. 그림 2-5에 나타낸 바와 같이 2개의 1s 전자(가전자)를 갖는 헬륨원자끼리는 충돌해도 반응하지 않지만, 1개의 1s전자(가전자)를 갖는 수소인 경우 원자끼리 반응하여 수소분자를 생성한다. 또 네온원자처럼 가전자를 2s 및 2p의 허용전자수인 8개를 갖는 경우에는 매우 안정적이어서 반응성을 나타내지 않지만, 불소원자의 경우는 가전자가 2s와 2p에 7개가 있어서, 2개의 불소원자가 화합하여 불소분자를 생성한다.

산소원자의 가전자는 2s와 2p에 6개로, 하나의 산소원자와 2개의 수소원자가 화합하여 물을 생성한다. 이러한 많은 예에 대해 조사한 결과로부터 원자의 화합성에 관한 다음과 같은 법칙을 얻고 화합물 내의 원자비나 원자의 반응성을 잘 설명할 수 있게 되었다.

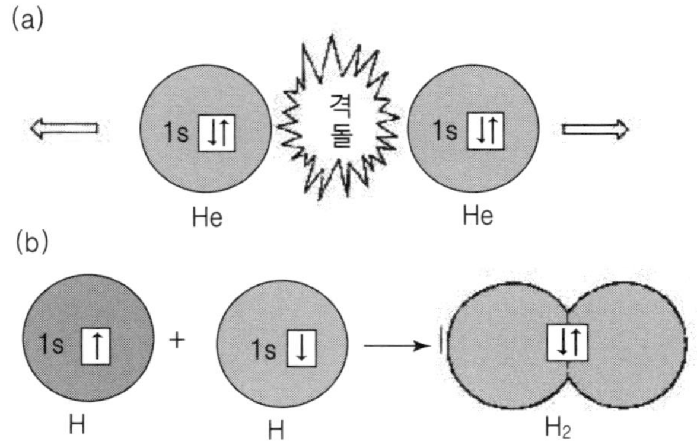

그림 2-5. 원자의 격돌에 의한 반응의 유무(有無) 모양

① 어떤 원소가 다른 원소와 화합할 때의 원자비는 원자의 부대(不對) 가전자 수에 좌우된다. 즉, 부대 가전자는 원자들이 결합하거나 이온이 될 때에 중요한 작용을 한다.

② 원자들이 화합할 때 희가스의 전자배치가 될 수 있는 구조를 서로 취하게 된다. 이것은 희가스의 전자배치 구조가 매우 안정적이기 때문이다.

위에서 말한 수소분자나 불소분자처럼 2개의 원자 사이에서 1개의 전자를 포함하는 각각의 궤도가 겹칠 때 강한 상호작용이 두 원자 사이에 생겨 전자가 서로 반대되는 스핑을 갖기 때문에 원자 사이에 인력, 즉 결합력이 생긴다.

원자들이 부대(不對) 가전자를 서로 제공하여 희가스의 전자배치 구조를 취하는 결합을 공유결합이라고 부르고 있다. 공유결합에서는 원자 안의 부대 가전자 모두가 다른 원자의 가전자와 쌍을 이루어 희가스의 2 혹은 8전자배치가 만족될 때까지 화합이 일어나는 것이다.

수소원자와 염소원자는 서로 가전자를 1개씩 제공하여 전자쌍을 이루기 때문에 생성되는 염화수소의 두 원자비는 1:1이다. 또 질소원자 안에는 3개의 부대 가전자가 있으며, 각각 1개의 부대 가전자를 갖는 수소원자와 결합할 때 그 두 원자비는 1:3이다. 이처럼 원자 사이의 부대 가전자의 공유로 화합물 안의 원자비는 결정된다. 수소처럼 전자쌍이 1개 공유되는 경우는 1중 혹은 단결합, 이산화탄소처럼 전자쌍이 2개 공유되는 경우는 이중결합, 질소분자 중의 질소원자처럼 전자쌍이 3개 공유되는 경우는 삼중결합이라고 한다.

표 2-3. 공유결합 에너지와 결합거리의 예

결 합	결합에너지(KJ mol^{-1})	결합거리(nm)
H-H	431	0.075
H-O (물에 있어서)	460	0.096
H-C (탄화수소에 있어서)	410	0.109
H-N (암모니아에 있어서)	389	0.101
I-I	146	0.266
F-F	151	0.142
H-F	565	0.092
H-I	297	0.162
N≡N	941 (3개의 결합합계)	0.110
N=N	418 (2개의 결합합계)	0.123
N - N	159	0.147
C-C	343	0.154

3.2 공유결합 에너지

원자가 공유결합하여 존재하는 경우는 따로따로 놓인 상태보다 낮은 에너지 배치가 되어 안정적인 상태가 된다. 이는 공유결합이 형성되면 에너지가 방출되어 결합한 원자는 단독의 원자일 때보다 낮은 포텐셜 에너지를 갖게 되기 때문이다.

공유결합하는 원자의 원자핵 사이의 거리를 공유결합거리라고 한다. 공유결합하는 원자들을 따로따로 분리할 때 필요로 하는 에너지를 공유결합 에너지라고 한다. 이 값은 원자가 공유결합을 형성할 때에 방출하는 에너지 값과 같다. 원자들이 공유결합하였을 때의 안정성은 공유결합 에너지 값에 반영된다.

표 2-3에 공유결합 에너지와 공유결합거리의 예를 나타냈다. 삼중결합, 이중결합, 일중결합 순으로 결합에너지는 감소하며, 결합거리는 증대한다.

3.3 분자의 형태를 결정짓는 공유결합의 방향성과 혼성궤도

표 2-4는 몇 개의 화합물 분자의 형태와 결합각을 정리한 것이다. 결합각이란 화학

표 2-4. 간단한 분자의 형태와 결합각의 예

분 자	형 태	결합각
물	O, H H	104.5°
황화수소(H_2S)	S, H H	92.2°
셀렌화수소(H_2Se)	Se, H H	91°
테르화수소(H_2Te)	Te, H H	89.5°
암모니아(NH_3)	N, H H H	106.75°
호스핀(PH_3)	P, H H H	91.6°
스치빈(SbH_3)	Sb, H H H	91.5°
3불화질소(NF_3)	N, F F F	102.2°
메탄(CH_4)	H, C, H H H	109.5°
이산화탄소(CO_2)	O=C=O	180°

결합한 임의의 3원자를 X-Y-Z이라고 할 때, 결합 X-Y와 Y-Z가 이루는 각도를 말한다. 예를 들면 H_2O의 결합각은 104.5°, 메탄의 결합각은 109.5°, CO_2의 결합각은 180°이다.

그러면 이들 분자가 다른 형태와 결합각을 갖는 이유는 무엇인가? 우선 H_2S, H_2Se, H_2Te의 경우 결합각은 약 90°이다. S, Se, Te 원자 내의 전자배치는 어느 것이나 전자를 1개만 가지는 최외각의 p궤도가 2개 있다. 이들 궤도는 2개의 수소원자의 1s궤도와 겹쳐져서 결합을 형성한다. 2개의 p궤도는 서로 직교하므로 이들의 공유결합 분자는 직각을 형성하는 삼각형 구조가 된다(그림 2-6 a). 그러나 H_20는 뒤에서 언급하듯이 산소원자가 동족의 다른 원자보다 훨씬 작기 때문에 수소원자 사이의 반발력이 커져서 그 영향으로 결합각이 커졌다.

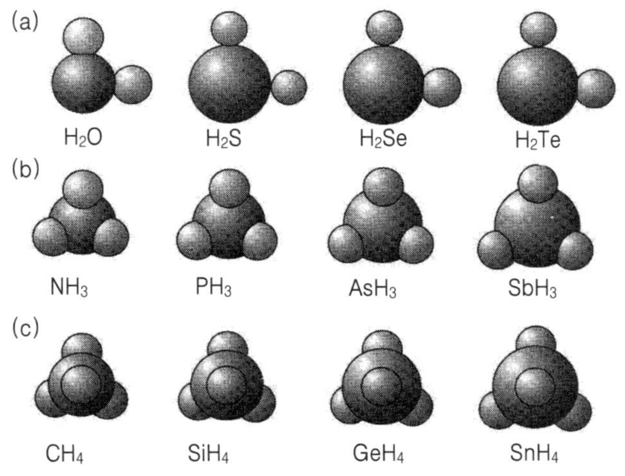

그림 2-6. 서로 다른 분자의 형태
(a) 삼각형 분자
(b) 질소족 원소의 수소화물이 나타낸 삼각추형 분자
(c) 탄소족 원소의 수소화물이 나타낸 사면체형 분자

질소족 원소와 수소의 공유결합 화합물은 그림 2-6(b)처럼 질소족 원소의 원자는 반만 채워진 3개의 최외각 p궤도를 사용하고 있다. 이들 궤도는 모두 서로 직각을 이루고 있기 때문에 분자의 형태는 질소족 원자가 정점에, 3개의 수소원자가 밑면의 각 꼭지점에 위치하는 삼각추이다. 표 2-4에 나타낸 바와 같이 암모니아 이외의 분자는 거의 90°의 결합각을 형성하고 있다

물분자의 경우와 마찬가지로 암모니아 분자의 결합각이 90°보다 큰 까닭은 원자가 작기 때문이다. 그러나 중심원자가 4개의 다른 원자와 공유결합하는 메탄과 같은 분자의 형태를 설명하기 위해서는 원자궤도의 혼성이란 혼성궤도 개념을 도입해야 한다. 메탄은 4개의 C-H 공유 단결합으로 이루어졌으며, 각 결합에너지와 결합거리는 같다. 이들 결합에서는 탄소원자가 1개의 궤도와 3개의 p궤도를 사용하여 4개의 공유단결합을 형성한다. 그러나 탄소원자에 훈트의 규칙에 따라 전자를 배치할 때의 부대가전자는 2p궤도의 2개이다. 이 모순을 설명하기 위해서 4개의 원자궤도가 혼성하여 4개의 새로운 궤도가 생성된다고 생각한다.

이러한 혼성궤도는 sp^3혼성궤도라고 불린다. 그림 2-7처럼 새로운 혼성궤도는 s궤도 1개와 p궤도 3개의 비율로 이루어졌으며, 이 4개의 혼성궤도는 중심원자(메탄일 경우 탄소원자)에서 정사면체의 정점을 향하여 배향한다. 이들 혼성궤도에 서로 반대되는 스핑의 전자가 2개씩 들어가 수소와 탄소원자는 둘 다 안정적인 희가스의 전자

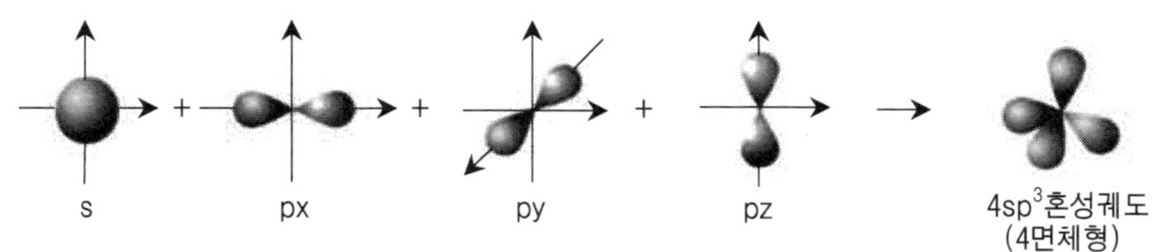

그림 2-7. sp^3 혼성궤도의 형성

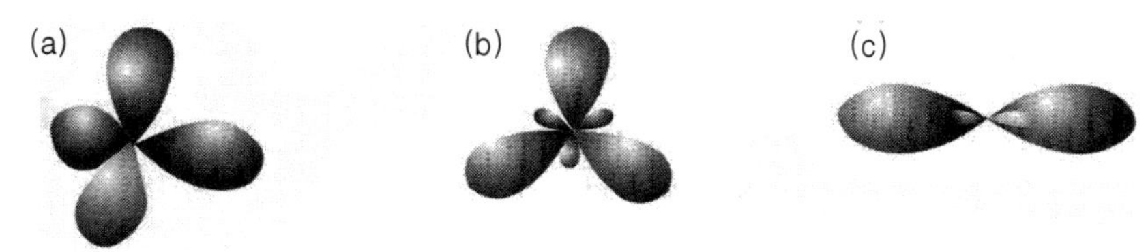

그림 2-8. 혼성궤도의 형태
(a) sp^3혼성궤도, (b) sp^2혼성궤도, (c) sp혼성궤도

배치 구조가 된다. 이 sp^3혼성궤도에 의해 메탄 이외의 정사면체 구조인 암모늄이온이나 황산이온의 결합 방향성도 마찬가지로 설명할 수 있다.

sp^3혼성궤도 이외에도 그림 2-8처럼 sp^2와 sp 혼성궤도도 가정할 수 있다. 1개의 s궤도는 2개의 p궤도와 혼합하여 sp^2혼성궤도, 1개의 p궤도와 혼합하여 sp혼성궤도가 각각 형성된다. 그림처럼 sp^2혼성궤도는 동일 평면 안에 있으며, 서로 120°의 각도를 이루어 배향하고 있다. BX_3형의 붕소화합물인 경우 평면삼각형으로 결합각은 약 120°로, 그 결합은 sp^2혼성궤도를 사용하고 있다. 또 sp혼성궤도는 직선으로 서로 180°의 각도를 형성하고 있다. BeX_2형의 베릴륨화합물이나 CO_2는 직선상 분자로 sp 혼성궤도를 사용하고 있음이 분명하다.

3.4 σ결합과 π결합

에틸렌이나 아세틸렌처럼 두 원자 사이에 이중결합이나 삼중결합이 형성된 유기화합물이 많다. 다중결합은 그림 2-9처럼 그 1개의 결합은 원자궤도가 수직방향에서 겹치고, 다른 결합은 원자궤도가 측면에서 겹친다. 전자를 σ(시그마)결합, 후자를 π(파이)결합이라고 부른다. 그림 2-9에 σ 결합과 π 결합을 갖는 다중결합분자의 모양

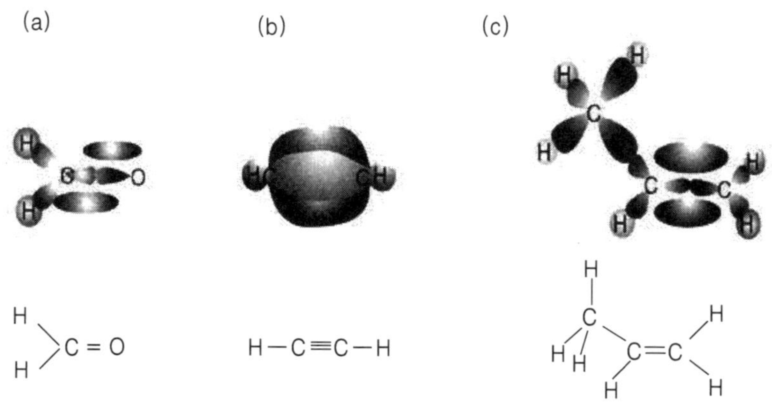

2-9. π결합을 가진 화합물과 그 구조
(a) 포름알데히드, (b) 아세틸렌, (c) 프로필렌

을 나타냈다. 포름알데히드 분자는 평면구조를 지니고, 탄소원자에 다른 세 원자가 결합한다는 점에서 탄소원자는 sp^2혼성궤도를 사용하여 2개의 수소원자와 1개의 산소원자 사이에 3개의 σ 결합을 형성하고 있음을 나타내고 있다.

탄소원자의 4번째의 혼성하지 않는 p궤도는 산소원자의 2p궤도의 하나와 겹쳐서 π 결합을 형성하고 있다. 산소원자는 다른 1개의 2p궤도를 사용하여 탄소원자의 1개의 혼성궤도와 σ 결합을 형성한다. 또 수소원자도 s궤도를 사용하여 탄소원자의 다른 2개의 sp^2혼성궤도와 σ 결합을 형성하고 있다. 한편, 아세틸렌과 같은 삼중결합을 갖는 분자는 탄소가 sp혼성궤도를 사용하여 탄소원자 사이의 σ 결합과 탄소와 수소원자 사이의 σ 결합을 형성하여 직선형의 분자가 되고 있다.

3.5 전기음성도에 의한 공유결합의 판정

원자와 원자가 결합하여 공유결합성 화합물이나 이온성 화합물을 형성한다. 이러한 다른 결합 패턴을 결정하는 것은 원자의 전기음성도이다. 전기음성도란 화합물 중에서 결합한 원자가 갖는 전자를 끌어당기는 능력을 가리킨다. 원자와 원자의 결합에는 각각의 가전자가 관계하므로 전기음성도는 원자가 결합 형성에 기여하는 전자에 미치는 인력의 척도라고도 정의할 수 있다.

예를 들면 산소원자와 수소원자를 생각해보자. 산소원자와 수소원자의 가전자수는 각각 6개와 1개이다. 다시 말하면 각각의 원자의 유효 핵과 전하는 +6과 +1이다. 산소원자와 수소원자가 결합할 때에 산소원자는 수소원자보다 공유전자에 대한 인력이 크다고 상상할 수 있다. 즉, 산소원자의 전기음성도는 수소원자의 그것보다 크다.

각 원자의 전기음성도의 수치는 폴링그(L. C. Pauling)에 의해 다음과 같이 주어졌다. A원자와 B원자가 결합한다고 하자. A-A, B-B 및 A-B의 단결합에너지를 각각 E_{AA}, E_{BB}와 E_{AB}로 표시한다. E_{AB}는 E_{AA}와 E_{BB}의 기하평균보다 크다. 즉, $\Delta = E_{AB} - (E_{AA} + E_{BB})/2$의 값과 같다. 이것은 이온결합성의 기여로 A-B결합은 각각의 원자의 공유결합보다 안정화하고 있기 때문이다.

폴링그는 두 원자의 전기음성도를 χ_A, χ_B라고 할 때, $\Delta = (\chi_A - \chi_B)^2$의 관계를 많은 결합에 대해 되도록 만족시키도록 각 원소의 전기음성도 χ를 구하였다. 그 결과를 표 2-5에 정리하였다. 그 밖의 원소는 0 ~ 4.0 사이에 들어간다. 표에서도 알 수 있듯이 원자의 전기음성도도 원소주기표 속에서 규칙성을 갖는다. 다시 말하면 왼쪽에서 오른쪽, 아래에서 위로 가면 전기음성도가 차차 커진다.

일반적으로 2개의 원소에 대해 전기음성도 값의 차이가 1.7보다 크면 그 두 원소

표 2-5. 각 원소의 전기음성도

H																
2.1																
Li	Be											B	C	N	O	F
1.0	1.5											2.0	2.5	3.0	3.5	4.0
Na	Mg											Al	Si	P	S	Cl
0.9	1.2											1.5	1.8	2.1	2.5	3.0
K	Ca	Sc	Ti	V	Cr	Mn	Fe	Co	Ni	Cu	Zn	Ga	Ge	As	Se	Br
0.8	1.0	1.3	1.5	1.6	1.6	1.5	1.8	1.8	1.8	1.9	1.6	1.8	1.8	2.0	2.4	2.8
Rb	Sr	Y	Zr	Nb	Mo	Tc	Ru	Ro	Pd	Ag	Cd	In	Sn	Sb	Te	I
0.8	1.0	1.2	1.4	1.6	1.8	1.9	2.2	2.2	2.2	1.9	1.7	1.7	1.8	1.9	2.1	2.5
Cs	Ba		Hf	Ta	W	Re	Os	Ir	Pt	Au	Hg	Tl	Pb	Pb	Po	At
0.7	0.9	1.1~1.2	1.3	1.5	1.7	1.9	2.2	2.2	2.2	2.4	1.9	1.8	1.8	1.8	2.0	2.2
Fr	Ra															
0.7	0.9	1.1~1.7														

사이에 이온결합성 화합물이 형성된다. 그 차이가 1.7보다 작을 때는 두 원소는 공유결합성 화합물을 형성한다. 이처럼 원자의 전기음성도 값을 사용하여 두 원소 사이의 결합 패턴을 예측할 수 있다.

3.6 쌍극자 모멘트

공유결합성 물질의 두 개의 원자 사이의 전기음성도의 차이가 0일 때 그 결합은 무극성 공유결합이며, 0이 아닐 때는 극성 공유결합이다. 공유결합을 형성하는 두 원자 사이의 전기음성도의 차이가 0이 아니라는 것은 물분자 중의 0-H결합을 예로 든다면 산소원자가 수소원자에 비해 전자를 보다 강하게 끌어당긴다는 것을 의미한다. 그 결과 산소원자 쪽으로 보다 많은 부전하가 존재하게 된다.

분자는 전체로서는 전기 중성이기 때문에 수소원자 쪽에 정전하가 존재한다. 마치 정(正)과 부(負)의 두 극을 갖는 결합이 형성되는 것과 같은 결합을 극성 공유결합이라고 한다. 이러한 정과 부의 극성을 나타내기 위해서 원자 위에 δ^+와 δ^-의 기호를 사용한다(그림 2-10).

일반적으로 어떤 분자(A-B) 안의 전자밀도의 쏠림에 기인하는 편중을 (영구) 쌍극자라고 한다. 한편, 무극성 공유결합의 경우 각 원자는 원자에 대한 인력이 같기 때문에 정전하와 부전하의 분포에 불균일성이 없어서 결합은 무극성이 된다.

분자의 극정은 실험적으로는 쌍극자 모멘트라고 하는 양으로 평가된다. 쌍극자 모멘트는 쌍극자의 한 끝의 전하의 크기와 두 전하 사이의 거리의 곱으로 표시되며(그림 2-10), 그 기호는 μ이고, 단위는 C・m이다. 예를 들면 염화수소의 쌍극자 모멘트는 1.109×10^{-20} esu・m(1 esu = 3.336×10^{-10})이다. 화합물을 구성하는 원자가 2개 이상인 경우 분자 전체의 쌍극자 모멘트(분자 모멘트)는 분자를 구성하는 각 결합에 유래하는 쌍극자 모멘트(결합 모멘트)의 벡터의 합이 된다.

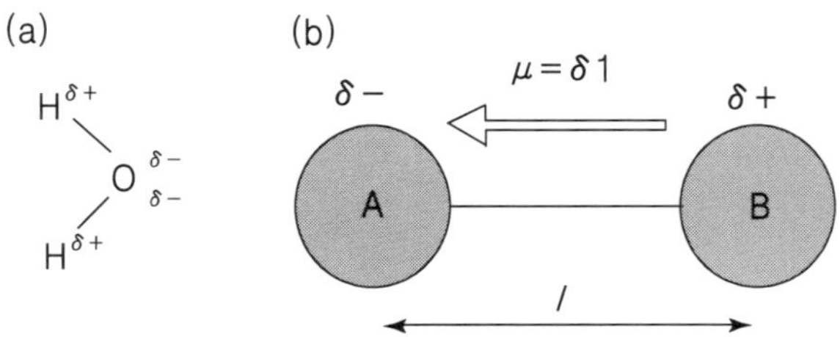

그림 2-10. 분자의 극성 표시(a)와 쌍극자 모멘트(b)

표 2-6 분자의 쌍극자 모멘트

분 자	화학식	쌍극자 모멘트	분 자	화학식	쌍극자 모멘트
아르곤	Ar	0	메탄	CH_4	0
수소	H_2	0	에타놀	C_2H_5OH	1.69
물	H_2O	1.854	아세톤	CH_3COCH_3	2.88
암모니아	NH_3	1.471	에텔	$C_2H_5OC_2H_5$	1.15
염화수소	HCl	1.109	초산	CH_3CO_2H	1.70
이산화탄소	CO_2	0	벤젠	C_6H_6	0
요소화칼륨	KI	11.05	니트로벤젠	$C_6H_5NO_2$	4.22

표 2-6에서 몇몇 분자의 쌍극자 모멘트의 값을 정리하였다. 극성 분자인 아세톤이나 물은 높은 값을 갖는다. 이산화탄소는 3원자로 이루어진 직선 분자로, 탄소를 중심으로 하여 산소원자가 양 끝에 대칭적으로 배치되므로 쌍극자 모멘트가 0으로 무극성이다.

3.7 망목구조의 공유결합성 물질

공유결합을 갖는 메탄, 물, 이산화탄소나 수소가스 등의 작은 분자의 물질은 우리 주변에 셀 수 없을 만큼 존재한다. 그들과 동시에 다이아몬드나 이산화규소(석영)와 같은 망목구조를 취하는 거대분자의 공유결합성 물질도 존재한다. 작은 분자의 공유

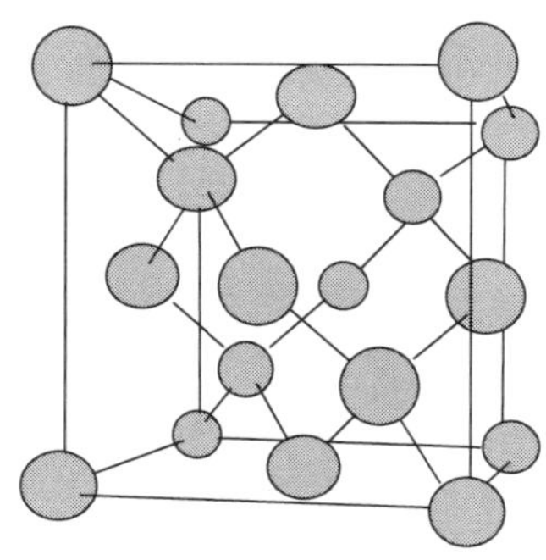

그림 2-11. 다이아몬드의 결정구조

결합성 고체물질은 연하고 융점이 낮다. 이에 대해 망목구조의 공유결합성 물질을 파괴하기 위해서는 막대한 에너지가 필요하기 때문에 이러한 종류의 물질은 단단하고 또한 융점이 높다. 앞에서 설명한 바와 같이 탄소는 다른 원자와 공유결합 할 때 sp^3 이란 혼성궤도를 형성하여 정사면체의 구조를 취한다.

다이아몬드는 1개의 탄소원자 주위에 4개의 탄소원자가 입체적으로 공유결합하여 형성된 거대한 망목상의 분자이다(그림 2-11).

4. 이온결합

4.1 이온

전하를 띤 원자, 분자 및 그들의 집단을 이온이라고 하며, 정전하를 갖는 양이온과 부전하를 갖는 음이온이 있다. 중성원자로부터 전자가 빠지면 양이온이 되고, 전자를 받으면 음이온이 된다. 원소의 양이온 및 음이온이 되기 쉬운 정도는 각각의 이온화 에너지와 전자친화력으로 표시된다.

4.2 양이온으로의 변화

기체상태의 중성원자가 전자를 잃고 양이온이 되기 위해서 필요한 에너지를 이온화 에너지라고 한다. 이것은 이미 앞에서 언급하였다. 이온화 에너지가 높은 것일수록 양이온이 되기 어렵고, 낮은 것일수록 양이온이 되기 쉽다고 할 수 있다. 그림 2-6에서 알 수 있듯이 Li, Na, K, Rb와 같은 알칼리금속은 1가의 양이온이 되기 쉽다.

4.3 음이온으로의 변화

기체원자가 전자를 받아들여 음이온으로 변화할 때, 방출 혹은 흡수되는 에너지를 전자친화력이라고 한다. 이 경우도 1개의 전자를 받을 때의 에너지를 제1 전자친화력이라고 한다. 제1 전자친화력과 원자량과의 관계를 그림으로 나타내면 그림 2-12처럼 매우 찌그러진 톱날 모양이 된다. F, Cl, Br이란 원자(할로겐)는 전자를 부여받아 음이온화 하여 많은 에너지를 방출한다. 이들 원자는 매우 음이온이 되기 쉬운 성질을 가졌다. 반대로 He, Ne, Ar 등 희가스의 음이온화는 에너지의 흡수가 일어나 음이온화 하기 어렵다는 것을 알 수 있다. 대강의 경향으로는 다음과 같이 말할 수 있다. 희가스를 예외로 하고 같은 추기에서는 원자번호가 증가함에 따라 전자친화력은 커진다. 단 H, Li, Na, K 등의 1족 원소는 전자를 받아들여 최외각의 s궤도에 2개의 전자가 충족되므로 예상보다 큰 전자친화력을 나타낸다.

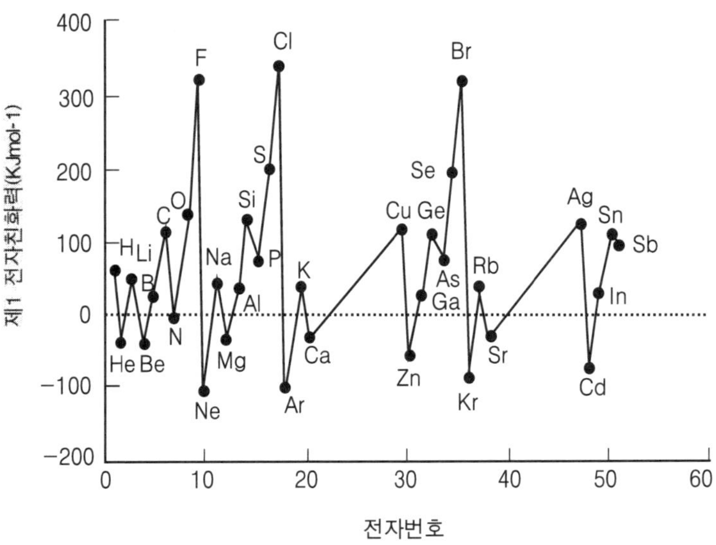

그림 2-12. 제1 전자친화력의 변화

4.4 이온결합이란 무엇인가?

양이온과 음이온의 정전인력에 의한 결합을 이온결합이라고 한다. 상대원자의 제도에서 전자를 빼앗아 자기 제도에 편입해버리는 데에 기인하는 결합이며, 이러한 전자는 두 원자 사이에서 공유되지 않는다. 이러한 가전자의 이동에 유래하는 정전인력이 결합을 유지한다는 생각은 실은 고전적인 이온결합에 대한 것으로, 실제로는 이온결합하는 원자 사이에서 전자의 완전한 수수(주고받기)는 일어나지 않는다. 어디까지나 가전자는 결합한 두 원자 사이에서 공유되고 있으며, 기본적으로는 공유결합과 마찬가지이다. 가전자가 어느 편의 원자에 보다 강하게 끌어당겨진 경우를 이온결합이라고 하며, 그다지 전자가 편중(국재)되지 않은 경우를 공유결합이라고 하는 것이다.

4.5 결합에너지와 이온결합성

원자 사이의 정전적 상호작용은 결합에너지를 높인다. 각각의 원자에는 고유의 전기음성도가 있으며, 엄밀하게는 이종 원자 사이의 공유결합에는 모두 이온결합성이 잠재되어 있다. 그러나 일반적으로는 전기음성도의 차이가 1.7 이상이면 이온결합의 범위에 속한다고 하며, 그 이하를 공유결합이라고 생각한다.

이온결합성의 정도를 백분율로 추산하는 방법도 있다.

$$\text{이온결합성 (\%)} = 1 - \exp\{-0.25\,(\chi_A - \chi_B)^2\} \qquad (2.1)$$

이 식에 따르면 예를 들어 할로겐화 수소(HF, HC1, HBr, HI)의 이온결합성은 각각 54.7%, 20.6%, 13.4%, 5.2%가 된다.

4.6 이온결정

이온결정이란 이온성 화합물이 고체상태로 구성하는 결정구조를 가리키며, 반대 전하를 갖는 이온 사이의 인력이 최대, 같은 전하의 이온 사이의 반발력이 최소가 되는 격자배열을 취한다. 이온결정은 일반적으로 전기전도성이 낮고 융점이 높으며, 단단하지만 취약하다는 물성을 가지며, 물을 위시한 극정 용매에 녹기 쉽다는 특징이 있다. NaCl은 가장 친근한 이온결정이며, 위에서 언급한 성질을 다 만족하고 있다.

NaCl 고체는 Na^+이온과 Cl^-이온이 정전적 상호작용으로 서로 끌어당기고 있다. 소금의 결정 중에 NaCl이란 분자는 존재하지 않으며, 고체 전체를 하나의 거대분자로 볼 수 있다.

5. 금속결합

5.1 자유전자

공유결합이란 인접한 원자의 최외각 전자의 궤도가 겹쳐서 형성되는 전자쌍을 원자 사이에서 공유하는 결합으로 이온결합은 거기에 더하여 이온 사이의 정전적 상호작용이 가미된 것이다. 이에 대해 금속결합은 전자궤도의 중첩에 의해 형성된다는 점에서는 공유결합이나 이온결합과 같지만, 전자는 인접한 원자 사이에서만 공유되는 것이 아니라 결합을 형성하는 모든 원자에 공유되고 있다는 점에서 다르다(그림 2-13). 금속결합의 가전자는 매운 넓은 범위를 움직일 수 있기 때문에(고도로 비국재화하고 있기 때문에) 자유전자라고 불린다.

금속이 되는 원소의 전기음성도는 어느 정도 낮아야 한다. 원자핵으로부터의 속박이 약한 전자만이 자유전자가 될 수 있기 때문이다. 자유전자는 금속에 높은 도전성을 부여함과 동시에 특유한 금속광택을 부여하고 있다.

5.2 금속광택

금속광택은 이른 바 자유전자의 색이다. 빛은 전자의 운동과 밀접한 관계가 있다. 금속광택도 전자를 매개로 한 빛의 거동에 기인하다. 단 공유결합이나 이온결합 때

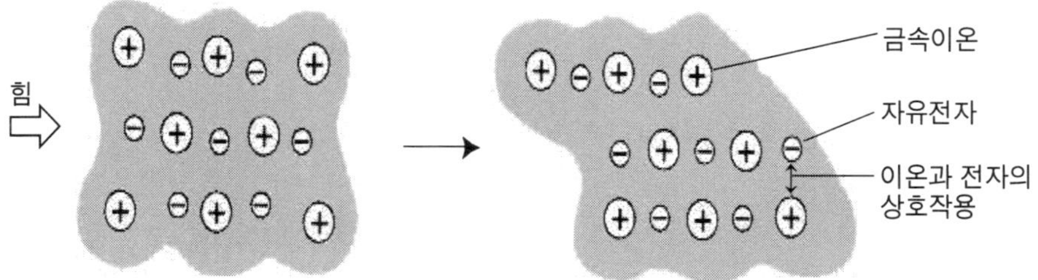

그림 2-13. 금속구조와 그 변화
힘이 작용하면 변형은 되어도 용이하게 흩어지지 않고
강한 전기적 상호작용이 일으키기 위함이다.

관여하는 전자와 달리 자유전자는 매우 많은 운동상태를 취할 수 있으므로 거의 모든 빛을 흡수하고, 아주 조금 에너지가 높은 궤도로 여기(勵起)된다.

여기(勵起)된 전자는 곧 원래 궤도(기저상태)에 돌아간다. 이때 흡수한 빛과 같은 파장의 빛을 발산하는 것이다. 그래서 모든 빛을 반사시킬 수 있다. 참고로 유리는 거의 빛을 흡수하지 않기 때문에 투명하게 보인다. 왜냐하면 이들 고체를 구성하는 전자의 여기(勵起)에는 높은 에너지가 필요하므로 가시광이 갖는 에너지 정도로는 어림도 없으며, 전자가 돌아보는 일 없이 통과하기 때문이다.

5.3 도전성과 전열성

자유전자는 금속 내를 이동할 수 있으므로 도전성을 갖게 함과 동시에 열도 전달한다. 금속이온의 열에 의한 운동이 자유전자를 매개로 하여 떨어진 곳에 있는 금속이온으로도 전달되어 열전도가 일어난다. 전압을 가하면 금속선이 발열하는 이유는 전압에 의한 전자의 운동에너지가 금속이온의 운동을 일으키기 때문이다.

더욱 높은 전압을 가하면 금속선은 열만 아니라 빛도 발하게 된다. 이 성질을 이용한 것이 전구이다. 이 경우 자유전자는 전압에 의해 빛을 발할 만큼 여기(勵起)되고 있다. 금속을 데운 상태로 전류를 흘리면 찰 때보다 저항이 커진다. 이는 열에 의하여 금속이온의 파동이 격렬하게 되어 자유전자의 이동을 방해하기 때문이다. 이처럼 자유전자는 전압이나 열과 같은 낮은 에너지의 변동도 받아들일 수 있다.

5.4 금속의 유연성

금속결합의 자유전자는 금속이온의 집합 전체에서 공유되고 있어서 어떤 자유전자가 어느 원자에서 유래하는지를 특정할 수 없다. 금속은 연성과 전성을 갖는다. 이는 금속원자 사이의 결합에는 비록 거리에 대한 제약이 있다 할지라도 상대 원자에 대한 규제가 없기 때문에 그림 2-13처럼 가해진 힘에 응하여 금속이온의 배열을 바꿀 수 있기 때문이다.

5.5 결합에너지

금속을 형성하는 결합의 강도는 응집에너지란 지표로 표시된다. 이 값이 클수록 강한 금속결합이며, 보다 단단한 금속 고체가 된다. 예를 들면 가전자 수가 1의 K는 91 $kJmol^{-1}$이며, 2가의 Ca는 176 $kJmol^{-1}$, 3가의 Ga은 269 $kJmol^{-1}$이 된다. 즉 가전자 수가 증가하면 응집에너지는 커진다. 천이금속의 경우에는 내각의 d궤도의 전자도 금속결합에 관여하므로 더 큰 응집에너지를 나타낸다.

6. 분자 사이에 작용하는 약한 힘

6.1 분자간력이란 무엇인가?

공유결합, 이온결합, 금속결합은 전자의 공유나 수수에 의한 원자 간의 강한 결합으로 화학결합이라고 불린다. 그러나 이들 결합만으로는 물이 얼음이 되고, 이산화탄소가 드라이아이스가 되며, 질소가 액체가 되는 현상도 설명할 수 없다. 이들 현상을 설명하기 위해서는 전자의 공유나 수수를 동반하지 않는 분자 사이의 인력을 상정할 필요가 있다. 그 인력을 분자간력(分子間力)이라고 한다.

공유결합이나 이온결합의 에너지는 수백 $kJmol^{-1}$임에 대해 분자간력은 수~수십 $kJmol^{-1}$ 정도의 약한 상호작용이다. 물을 100℃로 가열하여도 O-H 사이의 결합은 도저히 끊을 수 없지만, 물분자 사이의 분자간력은 해소할 수 있다. 그래서 물은 분자구조를 유지한 채로 수증기가 된다. 플라스틱을 데우면 연해지는 것도 분자간력이 약해졌기 때문이다.

6.2 분자간력의 종류

분자간력에는 몇 가지 종류가 있다. 분자간력은 표 2-7처럼 분류된다. 상호작용은 표의 위에서 아래로 갈수록 약해진다. 표 중의 쌍극자란 영구쌍극자를 가리킨다. 반데르왈스력은 런던분산력이라고도 불리며, 순간쌍극자란 매우 약한 쌍극자 모멘트가 그 원동력이 되고 있다.

유기쌍극자란 영구쌍극자를 갖는 분자나 이온의 영향으로 인접하는 분자에 생기는

표 2-7. 분자간력의 종류

분자간력의 형태	상호작용의 강약
이온쌍극자	강함
쌍극자-쌍극자(수소결합)	조금 강함
이온돌기쌍극자	약함
쌍극자-돌기쌍극자	아주 약함
반데르왈스 힘	아주 약함

2차적인 쌍극자를 가리킨다. 분자간력은 다양한 쌍극자와 이온이 초래하는 상호작용이다. 쌍극자-쌍극자 상호작용의 대표적인 예가 수소결합이다. 많은 분자 사이에서는 복수의 다른 분자간력이 동시에 작용하고 있다. 유일하게 희가스에서는 반데르왈스력만이 분자간력으로서 작용하고 있다. 따라서 희가스의 비등점은 매우 낮은 온도가 된다.

6.3 유기쌍극자와 순간쌍극자

영구쌍극자를 갖지 않는 무극성 분자가 쌍극자를 전혀 생성하지 않는 것은 아니다. 이온과 같은 대전입자에 희가스와 같은 무극성 분자가 접근하면 정전기력의 영향으로 무극성 분자(이 경우는 원자)의 전자구름에 쏠림이 발생한다. 이때 무극성 분자는 쌍극자 모멘트를 일으키고 있으며, 이것을 유기쌍극자라고 한다. 유기쌍극자는 대전입자만이 아니라 극성분자가 갖는 쌍극자 모멘트의 영향으로도 생긴다.

무극성 분자가 단독으로 존재하는 상황에서도 실은 어떤 종류의 쌍극자 모멘트가 생기고 있다. 그것은 궤도 상의전자가 늘 균일한 분포를 하는 것이 아니라는 사실을 토대로 한 쌍극자로, 순간쌍극자라고 불린다. 예를 들면 헬륨의 궤도에는 2개의 전자가 공존하는데, 이들 전자가 늘 원자핵을 원점으로 하여 대칭적인 위치에 존재한다고 단정할 수는 없다. 원자핵의 양전하와 궤도 위를 운동하는 전자의 음전하에 의하여 순간적으로 생기므로 순간쌍극자라고 불린다.

6.4 이온-쌍극자 상호작용

NaCl 등의 이온결정이 물에 용해되는 것은 주로 이온-쌍극자 상호작용에 의한다.

Na^+나 Cl^-와 같은 이온의 주위에 있는 극성분자(물분자)는 이온에 의한 정전기력의 영향을 받아서 이온과 반대되는 전하를 띤 부분이 끌어당겨진다. 이 끌어당겨지는 힘을 이온-쌍극자 상호작용이라고 하며, 이온과 쌍극자의 거리의 제곱에 반비례하며, 그 힘은 약해진다. 따라서 이온 가까이에 있는 분자만이 작용을 받는다.

공유결합성이 높아지거나 이온 사이의 결합에너지가 각 이온과 물 사이에 생기는 이온-쌍극자 상호작용보다 제법큰 분자인 경우에는 물에 녹기 어려워진다. AgCl이나 B_aS0_4 등이 각각의 대표적인 예이다.

6.5 쌍극자-쌍극자 상호작용

쌍극자-쌍극자 상호작용이란 극성분자 사이에 생기는 정전적 인력을 가리킨다. 이온-쌍극자 상호작용보다도 거리에 민감하고, 에너지도 낮은 것이 일반적이다. 또 쌍극자 모멘트가 큰 분자들이 강한 상호작용을 일으키는 것도 쉽게 이해할 수 있을 것이다. 극성분자가 수소를 포함하는 경우의 쌍극자-쌍극자 상호작용을 다른 쌍극자-쌍극자 상호작용과 구별하여 수소결합이라고 부른다.

6.6 수소결합

수소결합이란 불소, 산소, 질소 등의 전기음성도가 높은 원자를 X, Y라고 했을 때,

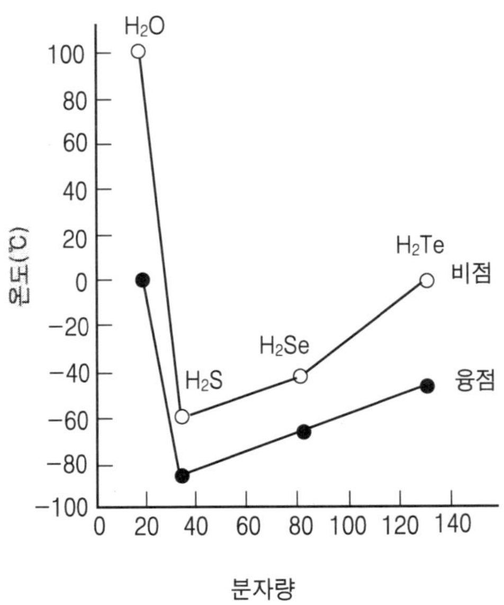

그림 2-14. 6족 원소의 수소화합물의 융점과 비등점

-X-H…Y-로 표시되는 상호작용이다. X와 Y는 같은 원소이거나 이종의 원소일 수 있다. 물분자들의 쌍극자-쌍극자 상호작용은 수소결합의 전형적인 예이다. 물은 각각의 분자가 서로 속박하는 일없이 자유롭게 운동하는 것처럼 생각되지만, 실은 수소결합에 의해 서로 끌어당기고 있다. 이러한 강한 상호작용은 물의 비등점이 높다는 점에서도 나타나고 있다.

일반적으로 액체의 비등점은 분자량이 커짐에 따라 높아진다. 0과 같은 6족 원소의 수소화합물의 비등점을 비교하면 그림 2-14와 같다. H_2S, H_2Se, H_2Te에 대해서는 분자량의 증대와 더불어 비등점이 상승한다. 그러나 가장 분자량이 작은 H_2O는 수소결합의 영향으로 이상적으로 높은 비등점을 나타내고 있다. 또 단백질이 특정 입체구조를 유지하여 고도의 기능을 발현하는 것도 아미드결합(펩티드결합) 사이의 -NH…0=C<인 수소결합이 중요한 역할을 하고 있다.

6.7 이온-유기쌍극자 상호작용과 쌍극자-유기쌍극자 상호작용

비극성 분자에 이온이나 극성 분자가 접근하면 전장의 영향을 받아서 쌍극자가 생긴다. 이러한 이온이나 쌍극자에 의해서 비극성 분자에 유도되는 쌍극자를 유기쌍극자라고 한다. 무기쌍극자는 생겨도 미약하기 때문에 상호작용도 매우 약하다.

6.8 반데르왈스력

무극정 분자에도 존재하는 순간쌍극자 사이의 상호작용에 토대를 둔 분자간력을 반데르왈스력이라고 한다. 이 힘은 모든 분자 사이에 반드시 작용하고 있다. 단, 거리에 대해서는 매우 민감하여 결합에너지는 분자 사이의 거리의 6승에 반비례하여 감소한다. 메탄이나 수소분자나 희가스라고 하는 무극성 분자(원자)가 액체나 고체가 될 수 있는 것은 반데르왈스력 덕택이다. 그러나 이 힘은 매우 약하기 때문에 이들 물질의 융점이나 비등점은 제법 낮은 은도가 된다.

반데르왈스력은 분자(원자) 안에서의 전자의 쏠림에 기인하므로 전자수가 많아질수록 상호작용은 강해진다. 따라서 분자량이 큰 분자일수록 커다란 반데르왈스력을 발생한다.

7. 물의 과학

7.1 물의 특이성

물은 우리 생물에게 매우 흔한 존재이다. 그러나 화학적인 견지에서는 분자량에 비

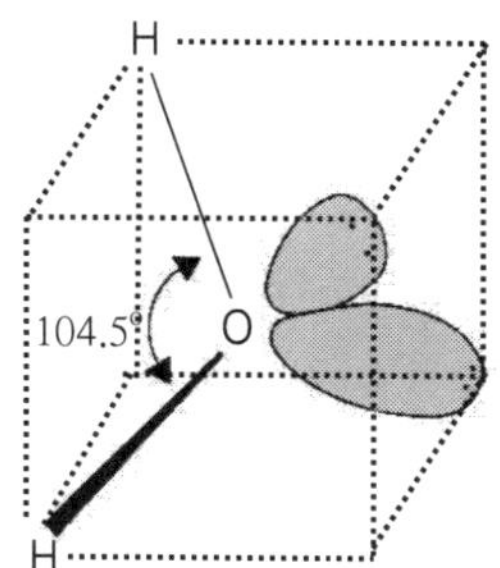

그림 2-15. 물의 분자구조(sp^3혼성)

해서 강력한 수소결합을 현성하는 특이한 성질을 가진 물질이다. O는 2s×2, $2p_x$×2, $2p_y$×1, $2p_z$×1의 전자배치를 지니고 직교하는 2개의 2p전자가 가전자가 된다. 이들 2개의 가전자의 궤도는 서로 직교하므로 H의 1s전자와 공유될 때 H-O-H 사이의 각도는 90°가 되어야 할 것이다. 그러나 실제의 각도는 104.5°이다. 이는 수소원자 사이의 반발에 의한다고 생각할 수 있다.

또 가전자가 sp^3 혼성을 이루어 정사면체 구조를 갖는 등가인 4개의 궤도(sp^3혼성 궤도)를 만들고 있다고 생각할 수도 있다. 혼성궤도 중 2개의 궤도에는 고립한 0의 전자쌍이 수용되고 있으며, 나머지 2개에는 H의 1s 전자가 공유되고 있다. 더욱이 고립전자쌍 사이의 반발력의 영향으로 H-O-H 사이의 각도는 원래의 109.5°(정사면체의 정점 사이의 각도)보다도 약간 좁아지고 있다(그림 2-15).

7.2 얼음의 구조

물분자는 인접하는 문자의 H…O 사이에 수소결합에 의한 상호작용이 작용하여 결정이 된 경우에는 정사면체 구조를 취한다(그림 2-16). 결정 중에서 수소결합의 거리

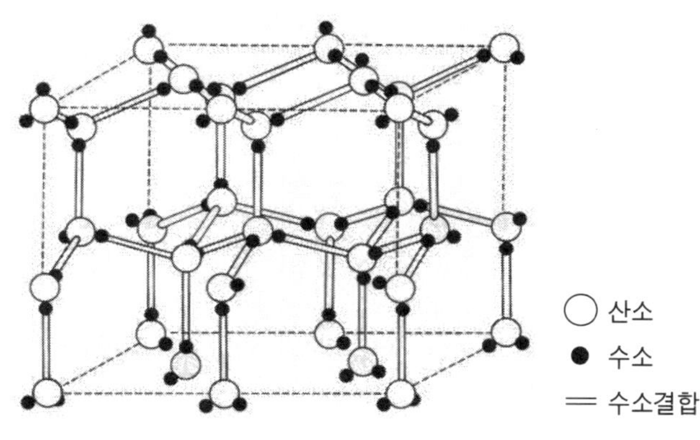

그림 2-16. 얼음의 결정구조

는 공유결합의 거리의 약 2배로 간격이 많은 결정이다. 오히려 분자가 보다 무질서한 상태인 액체 쪽이 분자 사이의 거리가 짧다. 그래서 얼음 쪽이 물보다 밀도가 낮아서 물에 뜨는 것이다.

압력을 가하면 얼음이 녹는 것도 밀도 차에서 유래한다. 빙상에서 스케이트가 잘 미끄러지는 것은 밀도가 역전한 덕택이다. 이 사실은 그림 1-3에 나타낸 물의 상태도에서도 설명할 수 있으므로 각자 생각해 보시기 바란다. 참고로 대부분의 물질은 온도가 내려감에 따라 비중이 커져서 고체는 액체보다도 큰 밀도를 갖는다.

7.3 물의 구조

일반적인 액체의 비중이 온도 상승에 따라 작아지는 것은 열에너지에 의한 분자운동의 활발화로 분자간력의 효과가 약해져서 분자 사이의 거리가 커지기 때문이다. 확실히 물도 4℃에서 100℃에서는 온도 상승에 따라 비중이 감소한다(표 2-8). 그러나 0℃(액체)에서 4℃까지는 반대로 온도 상승에 따라서 비중이 커지는 경향을 보인다.

표 2-8. 물과 얼음의 비중

	얼음	물		
온도 (℃)	0	0	4	100
비 중	0.915	0.999	1.000	0.958

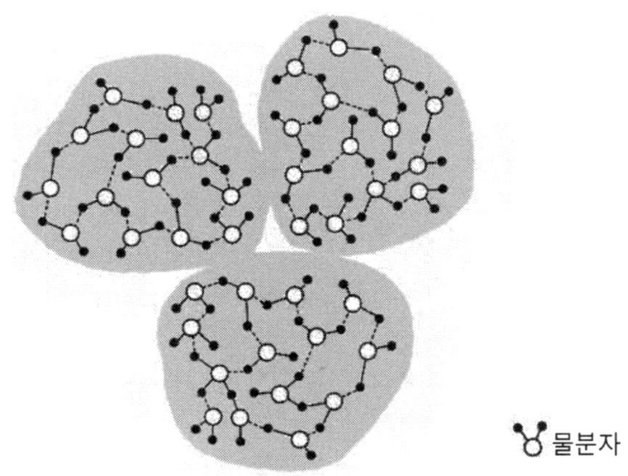

그림 2-17. 물의 크라스타 구조

더욱이 같은 0℃에서도 얼음이 되면 비중은 급격하게 작아진다.

물분자는 수소결합으로 집단(크라스타)를 형성하고 있다(그림 2-17). 크라스타는 결정구조에 가까운 간격이 많은 질서 있는 분자배열을 하고 있다. 0~4℃의 영역에서 물의 비중 변화의 경향이 역전하는 것은 간격이 많은 결정구들의 비율의 상승에 따른 체적 팽창 경향이 분자운동의 저하에 의한 수축효과를 상회하기 때문이다.

7.4 소수성 상호작용

물은 분자들이 수소결합에 의한 네트워크에 의해 온화하게 결합된 상태이므로 물에 용해하는 물질은 그 네트워크에 참가할 수 있는 극성을 가져야 한다. 이온성 물질이나 OH기 등의 친수기가 풍부한 물질은 그 대표적인 예이다. 반대로 극성을 갖지 않는 탄화수소 등의 비극성 물질은 네트워크에 참가할 수 없어서 물에 대한 용해성은 매우 낮다. 그래서 녹기 어려운 물질은 물중에서 덩어리가 되려고 한다.

따라서 물과 기름은 별개의 층을 형성하고 서로 섞이지 않는다. 이처럼 물과 서로 어울리지 않는 성질을 소수성이라고 하며, 그것들이 집합하려는 경향을 소수성 상호작용이라고 한다. 비극성 분자 사이에 작용하는 상호작용은 거의 반데르왈스력 뿐이며, 결코 강한 상호작용은 아니다. 소수성 상호작용은 오히려 물이 수소결합을 형성할 수 없는 물질을 배제하고자 한 결과라고 생각해야 할 것이다. 계면활성제가 세정작용을 나타내는 것도 소수성 상호작용에 의해 미셀을 형성하기 때문이다.

연 습 문 제

(1) 다음 혼합물을 성분으로 나누는 방법을 한 가지씩 드시오.

i) 설탕과 모래의 혼합물

ii) 모래와 물의 혼합물

iii) 아세톤과 물의 혼합물

iv) 철 찌꺼기와 모래의 혼합물

(2) 다음 물음에 답하시오.

i) 양자 15개와 중성자 16개를 갖는 원자의 원자번호, 질량수 및 원소기호를 표시하시오. [원자번호 15. 질량수 31. 원소기호 P]

ii) 파울리의 배타율과 훈트의 규칙을 설명하시오.

iii) 다음 원소의 중성원자에 대해 궤도그림과 전자배치를 그리시오.

a) 인, b) 염소, c) 나트륨, d) 산소

[a) $1s^2 2s^2 2p^6 3s^2 3p^3$. b) $1s^2 2s^2 2p^6 3s^2 3p^5$. c) $1s^2 2s^2 2p^6 3s^1$. d) $1s^2 2s^2 2p^4$]

(3) 원자가 화학결합으로 결합하여 직접 집합하고 있는 물질의 예를 3종류의 화학결합에 대해 드시오. 또 화학결합으로 생성된 분자가 분자간력에 의해 집합하는 물질의 예를 그 주된 분자 사이의 2종류에 대해 드시오. 이들 화학결합 및 분자간력의 전형적인 결합에너지는 어느 정도인가?

(4) 다음 분자의 각각의 결합에 관여하는 전자궤도가 무엇인지를 알 수 있도록 결합의 모양을 도시하시오. 또 각각의 결합은 σ 결합인가? π 결합인가?

0=C=0, H–O–H, N=N

(5) 에탄, 에틸렌(에텐), 아세틸렌(에틴)을 구성하는 탄소의 혼성궤도의 차이를 알 수 있도록 이들 분자의 결합 모양을 도시하시오.

(6) 다음 화합물의 어느 원소가 보다 양성이고, 어느 것이 음성인지를 표시하시오. 또 이들 화합물을 이온결합성 화합물, 극성 공유결합성 화합물, 비극성 공유결합성 화합물로 분류하시오.

a) MgO, b) NO, c) OF_2, d) NH_3, e) CH_4, f) IBr, g) HBr,

h) CCl_4, i) PbS.

[a) Mg 양성, O 음성. b) N 양성, O 음성. c) O 양성, F 음성. d) H 양성, N 음성. e) H 양성, C 음성. f) I 양성, Br 음성. g) H 양성, Br 음성. h) C 양성, Cl 음성. i) Pb 양성, S 음성.

이온결합성 화합물: MgO, PbS. 극성 공유결합성 화합물: NO, OF_2, NH_3, IBr, HBr. 비극성 공유결합성 화합물: CH_4, CCl_4]

(7) H_2O에서 H-O-H의 결합각이 104.5°임에 대해 H_2S의 H-S-H의 결합각은 92.2°이다. 이 차이를 설명하시오.

(8) CO_2는 무극성 분자(쌍극자 모멘트 = 0)임에 대해 SO_2는 극성분자(쌍극자 모멘트 = 5.45×10^{-30}C · m)이다. 이 차이를 설명하시오.

(9) 2원자 분자 AB의 결합에너지는 AA 및 BB란 2원자 분자의 결합에너지의 평균값보다 항상 크다. 이 사실을 어떻게 생각하면 좋은가?

(10) 메탄과 암모니아의 물에 대한 용해성이 현저하게 다른 이유를 설명하시오.

(11) 철을 가열하면 유동성이 높아짐과 더불어 빛을 발하게 되는 까닭은 무엇인가?

(12) 설탕을 프라이팬으로 달구면 액상화 하다가 마침내 타고 만다. 왜 기화하지 않고 이러한 변화가 일어나는가를 설명하시오.

(13) 스파클링 와인과 맥주는 둘 다 발효로 생긴 이산화탄소에 의해 발포한다. 스파클링 와인의 거품은 기액계면에 달하면 곧 사라지는 데에 대해 맥주의 거품은 안정적이다. 그 이유를 생각하시오.

제 3 장

물질의 상태변화와 고체의 구조

실용화된 부품이나 재료의 제조는 물질의 상태변화나 화학변화를 교묘하게 이용하여 행해진다. 그래서 물질의 상태변화나 화학변화에 관한 기호적인 지식을 익혀 두는 일은 매우 중요하다. 이러한 변화는 모두 열역학적인 평형에서 유래한다. 이러한 생각을 토대로 작성되고 이용되는 것이 평형상태도(equilibrium phase diagram)이다.

또 모든 물질은 제한된 100 수 종류의 원소로 이루어진다. 이들 원소는 어떤 법칙으로 조합되어 수많은 단체 혹은 화합물을 형성한다. 이들 중 압도적으로 많은 부기재료는 원자 혹은 이온이 규칙적으로 나열된 결정으로 이루어졌다.

이 장에서는 전반에서 상태변화를, 후반에서는 고체의 구조를 학습한다.

1. 상률과 상태도

평형상태의 물질은 금속원소, 비금속원소, 혹은 그들의 화합물로 이루어 진상을 포함한다. 평형상태도란 물질 혹은 물질군이 놓인 환경에서 열역학적으로 평형에 도달하였을 때 어떠한 상태로 존재하는가를 나타낸 것이다. 그래서 상태도는 물질의 안정성을 그림으로 나타냄으로써 재료연구의 지도로서의 역할을 수행하고 있다.

1.1 상률

물리・화학변화가 열역학적으로 가능한지의 여부는 자유에너지(3.2절 참조)의 변화로 판단할 수 있다. 이 보편성을 가진 원리에 기초하여 공존하는 상・조성 및 온도・압력 등의 상태변화를 일정한 관계식으로 도출한 것이 깁스의 상률(Gibbs phase rule)이라 불리는 것으로 다음 식으로 표시된다.

$$F = C + 2 - P \qquad (3.1)$$

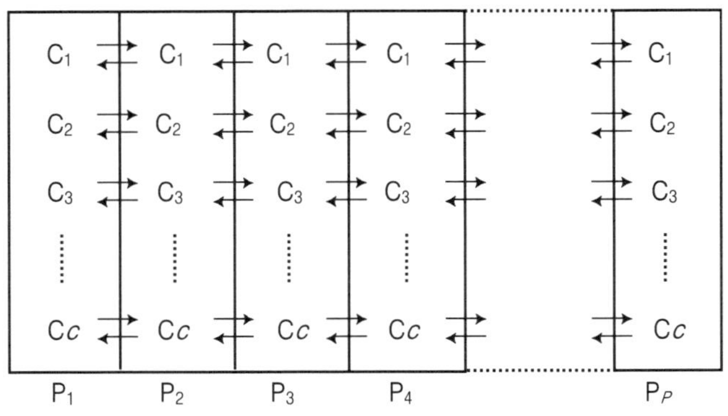

그림 3-1. C개의 성분과 P개의 상으로부터 된 계(系)

여기서 P는 상의 수, F는 계(system)의 자유도로 상(phase)의 수를 변화시키지 않고 자유롭게 변화시킬 수 있는 독립변수의 수를 가리킨다. 또 C는 성분의 수이다.

구체적으로 깁스의 상률을 유도해 보자. 그림 3-1에 나타냈듯이 C개의 성분과 P개의 상으로 이루어진 계를 생각한다. 각 상의 농도를 정량적으로 결정하기 위해서는 $C-1$개의 농도 항이 필요하다. 계에는 P개의 상이 있으므로 이러한 성분변수는 $P(C-1)$개가 존재하게 된다. 여기에 온도차 압력이 더 필요하므로 변수는 $P(C-1)+2$개가 된다. 한편 평형상태에서는 다른 상 사이의 동일정분에는 평형이 성립되므로 C개의 성분에서는 $C(P-1)$개의 평형식이 성립한다.

이상에서 자유도의 수 F, 즉 임의로 조정할 수 있는 강도변수의 수는 다음과 같다. 다시 말하면 깁스의 상률이 된다.

$$\begin{aligned} F &= P(C-1)+2-C(P-1) \\ &= C+2-P \end{aligned} \tag{3.1}$$

1.2 1성분계 상태도

가장 간단한 상태도가 1성분계 상태도이다. 이 경우 $C=1$이므로 $F=3-P$라고 쓸 수 있다. 그림 3-2의 물의 상태도에서 얼음, 물, 수증기가 각각 독립적으로 존재하는 상태에서는 $P=1$이므로 $F=2$이다. 이 사실은 단일 상 안에서 온도와 압력을 자유롭게 변화시킬 수 있다는 것을 의미한다. 그림 중의 실선 위에서는 $P=2$가 되어 2상이 공존하므로 자유도 F는 1이 된다. 다시 말하면 온도를 정하면 압력이 정해지고, 압력을 정하면 온도가 자동적으로 결정된다. 선 AO, BO, CO를 각각 증기압곡선(vapor pressure curve), 승화압곡선(sublimation curve), 융해곡선(melting curve)라고 한다.

그림 중의 점 O에서는 고체, 액체, 증기의 3상이 공존하므로 $F=0$이 된다. 이 점은 3중점이라고 불리며, 온도 0.01℃, 압력 0.006 atm에 고정되어 있다.

1성분계 상태도의 또 하나의 중요한 예로서, 그림 3-3에 탄소의 상태도를 나타냈

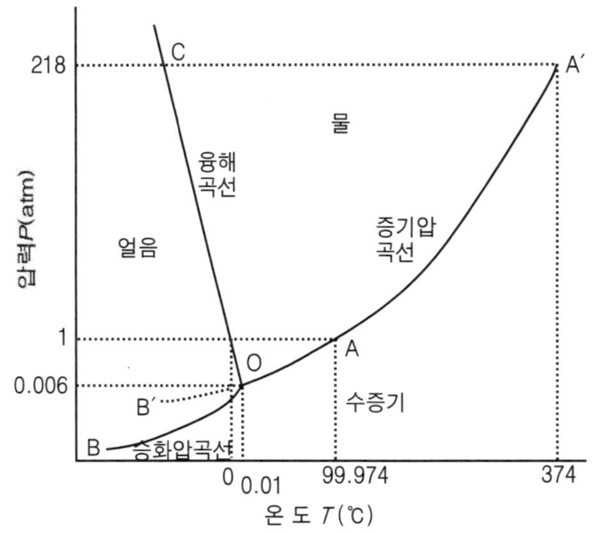

그림 3-2. 물의 상태 그림

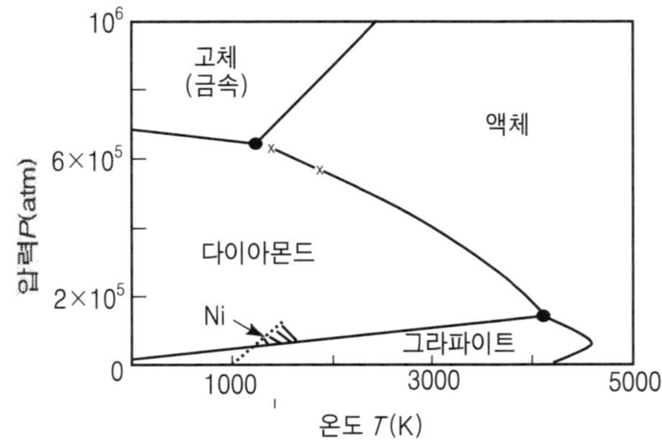

그림 3-3. 탄소의 상태 그림

탄소는 니켈에 녹을 때 이것을 촉매로서 이용하여도 꽤 낮은 압력에서 다이아몬드를 합성할 수 있다.

다. 이 경우는 구성성분이 탄소 1성분뿐이다. 단단한 다이아몬드도 도전성(導電性)을 나타내는 흑연(graphite)도 그리고 배기가스 중에 존재하여 문제가 되고 있는 매연도 탄소인데, 원자배열이 달라서 다른 상을 이루고 있다. 이 상태도에서 다이아몬드는 실온에서는 안정적인 상으로서 존재할 수 없다는 것을 알 수 있다.

2. 상태의 열역학적 변화

2.1 평형상태도와 열역학적 변화

열역학에 따르면 엔탈피를 H=U+PV(U : 내부 에너지, P : 압력, V : 체적)로 규정하고 온도를 변화시켰을 때 생기는 에너지 변화를 나타내는 엔트로피 S를 규정하면, 어떤 온도에서 깁스의 자유에너지는 G=H-TS로 주어진다. 평형상태도에서 안정화합물을 취할 경우의 기본적인 규칙은 다음과 같다.

① 자유에너지 G는 같은 조성의 화합물이 취할 수 있는 모든 상태 중에서 가장 낮은 값이어야 한다.

② 내부 에너지 U는 고체에서는 압력에 의해 거의 변화를 받지 않으므로 G의 값은 거의 U에 의해 결정된다.

③ A와 B의 2성분계에서 양자의 안정적인 결합이 이루어지면 중간 조성에서 엔트

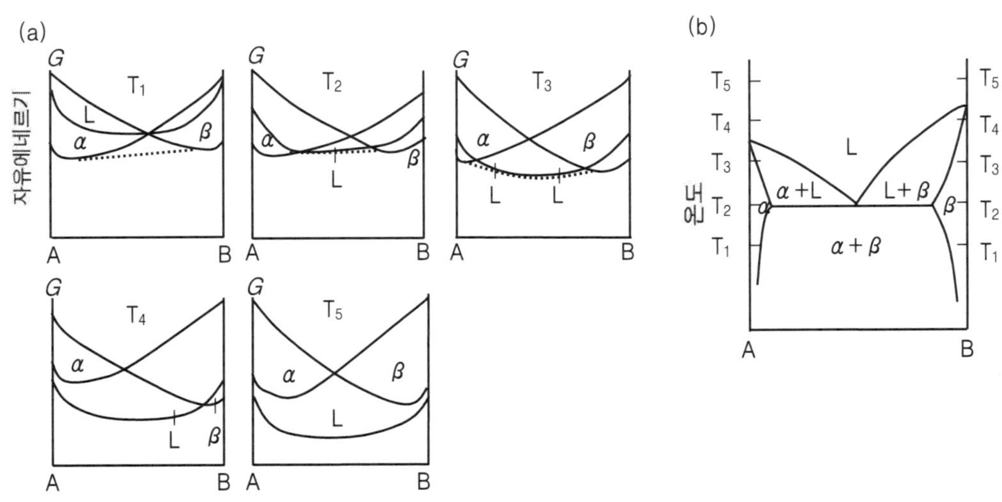

그림 3-4. 각 온도에 대한 자유에너지 곡선(a)과 2성분계 평형상태도(b)

α와 β는 이 계(系)에서 존재하는 상의 명칭. L는 액상을 나타냄.

로피 H는 저하하지만, 2개가 따로 존재하는 편이 안정적인 경우에는 H는 커진다.

④ 온도 T와 엔트로피 S는 모두 양의 값이므로 A와 B의 중간에서는 G를 낮추는 방향으로 작용한다. 그래서 각 성분계마다 또 각 온도에 따라 H와 S는 변화하고, 결과적으로 조성이 온도에 대하여 G를 변화시킨다.

그림 3-4는 후에 언급할 2성분계 상태도와 고상 및 액상의 자유에너지 곡선과의 관계를 나타낸 것이다. 여기서 알 수 있듯이 액상의 G는 온도 상승에 따라 엔트로피 효과에 의해 저하해간다. 그것을 고상의 G와 비교함으로써 어느 온도에서 어떤 조성이 안정적으로 존재하는가를 알 수 있게 된다. 그리고 고상에서 α와 β에 극소점이 존재하는 것은 A에 B 또는 B에 A가 소량 고용함으로써 보다 안정화함을 나타내고 있다.

2.2 상전이 현상

동일 화학조성에서 다른 구조를 가질 때, 이들 결정은 서로 다형(polymorph) 또는 동질다상(polymorphism)의 관계에 있다고 한다. 앞서 말한 탄소의 다이아몬드와 흑연 혹은 실리카의 석영과 트리지마이트와 크리스트파라이트, 철의 α상과 γ상 등 많은 예가 알려지고 있다. 그림 3-5에 실리카의 예를 나타냈다.

고상에서 액상, 액상에서 기상으로의 변화 혹은 고체물질 안에서의 다형 사이의 결정구조 변화는 외부의 온도나 압력의 변화에 의해 일어난다. 이것을 상전이(phase transformation)이라고 하며, 전이에 의해 나타난 각 상태를 변태(modification)이라고 한다. 또 같은 화학조성의 물질이 다른 결정구조를 취할 때 결정변태가 있다고 한다.

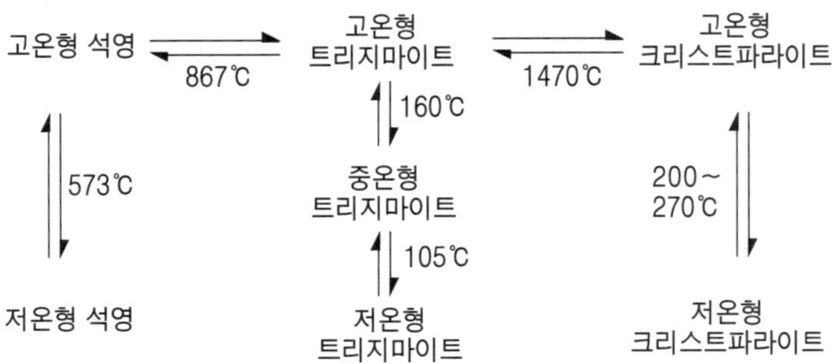

그림 3-5. 실리카의 여러 형태와 상전이

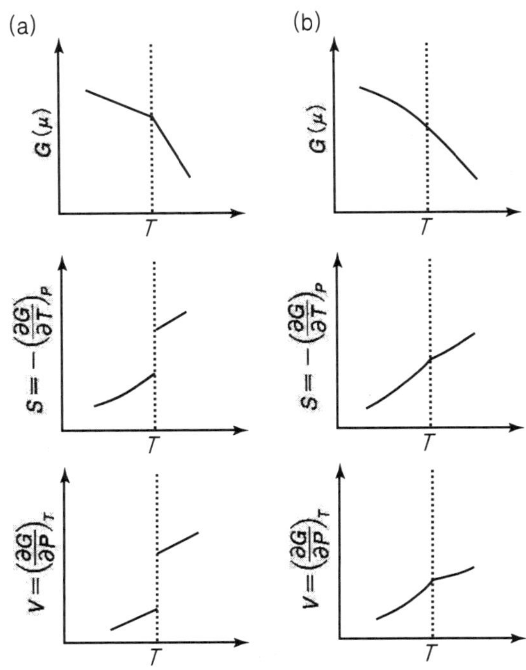

그림 3-6. 상전이와 함께 역학적 변화
(a) 1차 상전이, (b) 2차 상전이

하나의 화학조성을 갖는 물질에 대하여 생각할 수 있는 결정구조는 수없이 많지만, 그 중에서 어떤 온도와 압력의 조건 아래에서 깁스의 자유에너지가 최소가 되는 상은 하나뿐이며, 그것이 안정상이 된다. 여기서 하나의 다형과 또 다른 하나의 다형을 생각해본다.

평형에서는 두 상의 자유에너지 곡선은 교차하고 교차점에서는 두 다형의 자유에너지 G는 같아지므로 자유에너지의 불연속성은 일어나지 않는다. 그러나 G를 온도와 압력으로 미분할 때의 미계수의 다수는 불연속이 된다. 1차 미분계수는 각각 다음과 같이 엔트로피 S와 체적 V에 상당한다.

$$\left(\frac{\partial G}{\partial T}\right)_P = -S \left(\frac{\partial G}{\partial T}\right)_T = V \tag{3.2}$$

상전이는 전이에 의해 일어나는 여러 양의 불연속의 정도에 따라 1차 상전이(phase change of first order)와 2차 상전이(phase change of second order)로 분류된다. 각각의 개요는 다음과 같다.

1차 상전이: 그림 3-6과 같이 엔트로피(G의 온도에 따른 1차 미분량)나 체적(G의 압력에 따른 1차 미분량) 등이 불연속적인 경우를 1차 상전이라고 한다. 물과 수증기, 물과 얼음 등의 증발열이나 응고열이 이에 상당한다.

2차 상전이: 두 상의 자유에너지 곡선이 교점에서 같은 기울기(같은 엔트로피 등)를 갖는 경우에는 G의 1차 미분이 연속적이다. 그 2차 미분이 불연속적인 경우를 2차 상전이라고 한다. 고분자의 유리전이, 몇몇 자기전이가 이 예이다.

일반적으로 G의 n차 미분에서 처음으로 불연속이 되는 경우를 n차의 상전이라고 한다.

3. 복수 성분계의 상태도

3.1 2성분계 상태도

2성분계에서는 $C=2$이므로 자유도 F는

$$F = C + 2 - P = 4 - P \tag{3.3}$$

이 된다. F는 최대 3이 되므로 2성분계를 나타내기 위해서는 3차원, 즉 입체도형이 필요하다. 그러나 고체의 응상계(□相系)에서는 정압에서 현상을 생각하는 일이 많으므로 일반적으로 기상을 무시한 계에서 다룬다.

이 경우 자유도는 $F=C+1-P=3-P$가 되며, F는 최대값 2가 되므로 독립변수가 농도와 온도의 2개가 되어 각각을 축으로 한 평면도형으로 나타낼 수 있다. 2성분의 응상계의 상태도는 기본적으로는 전율고용형, 공정형, 포정형의 3가지로 분류된다.

(1) 2성분계 좌표의 표시법

A, B 2성분으로 이루어진 상 또는 혼합물의 조성은 그림 3-7처럼 나타낼 수 있다. 다시 말하면 직선 AB의 양단을 A 및 B의 단성분이라고 하면 직선 AB는 임의의 비

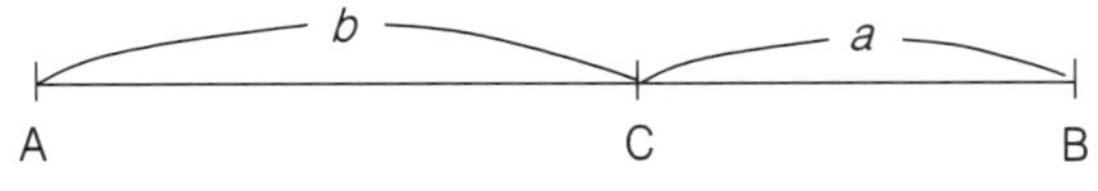

그림 3-7. 2성분계의 조성점

율의 선분으로 나눌 수 있으므로 이 선상의 점에서 종량 혹은 몰 백분율을 나타낼 수 있다. 예를 들면 A의 a%와 B의 b%로 이루어진 혼합물 또는 상의 조성은 AB 선상의 C점으로 표시된다. 이때

$$BC : AC = a : b$$

$$A의\ 양 : B의\ 양 = BC : AC = a : b$$

$$A의\ 양 = \frac{BC}{AB} \tag{3.4}$$

$$B의\ 양 = \frac{AC}{AB}$$

의 관계가 성립한다. 이것을 지렛대의 원리라고 하며, 상태도를 읽을 때의 중요한 법칙이다.

(2) 전율고용형(완전고용형)

그림 3-8은 2개의 성분이 임의의 비율로 원자 수준에서 혼합되는 전형적인 전율고용형의 상태도이다. 이 경우 A와 B를 단성분으로 하여 가로축은 조성의 농도, 세로축은 온도를 나타내고 있다.

그림 중의 볼록렌즈형 영역의 고온 쪽 경계선은 액상선이라 불리며, 고상과 평형인

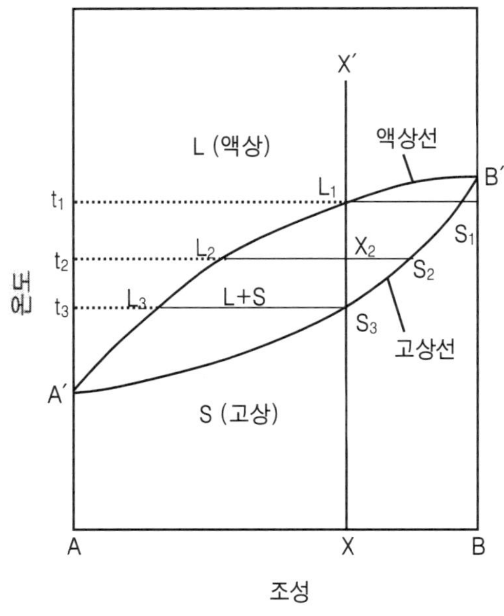

그림 3-8. 2성분계 전율고용형 상태도

액상 쪽 온도-조성곡선이다. 저온 쪽의 고상선은 액상과 평형인 고상 쪽의 온도-조성곡선이다.

만일 X조성의 용융물을 X' 상태에서 냉각하면 온도 t_1에서 액상선에 도달하고, S_1 조성의 고용체가 석출되기 시작한다. 이때 고상 S_1은 액상 L_1보다 성분 B의 농도가 높기 때문에 액상 중의 B의 농도는 저하하고, 액상의 조성은 액상선 $L_1L_2L_3$에 따라 A측 방향으로 변화한다. 온도의 하강과 더불어 고상의 조성도 고상선 $S_1S_2S_3$에 따라 변화한다.

t_2의 온도 X_2에서 공존하는 상으로는 액상은 L_2, 고상은 S_2의 각 조성을 가지며, 이들 두 상의 비율은 지렛대의 원리에 의하여

$$\text{액상 } L_2\text{의 양} : \text{고상 } S_2\text{의 양} = X_2S_2 : L_2x_2 \quad (3.5)$$

가 된다.

온도 t_3까지는 고상과 액상의 두 상이 공존한다. 우선 정출한 고용체의 조성도 A성분이나 B성분이 서로 확산하여 끊임없이 액상과 평형이 되는 조성으로 변화한다. 그래서 액상의 상태가 L_3에 도달하면 액상이 소실하여 전부가 고상 S_3, 다시 말하면 처음 액상과 같은 조성의 균일한 고체가 된다.

구체적인 예로서 그림 3-9에 NiO-MgO계의 상태도를, 그림 3-10에 Ni-Cu계의 상태도를 나타내었다. 2성분 사이에 극대 또는 극소를 나타내는 경우가 있지만, 이들에 대해서는 2개의 전율고용형이 인접한 것이라고 생각하면 된다.

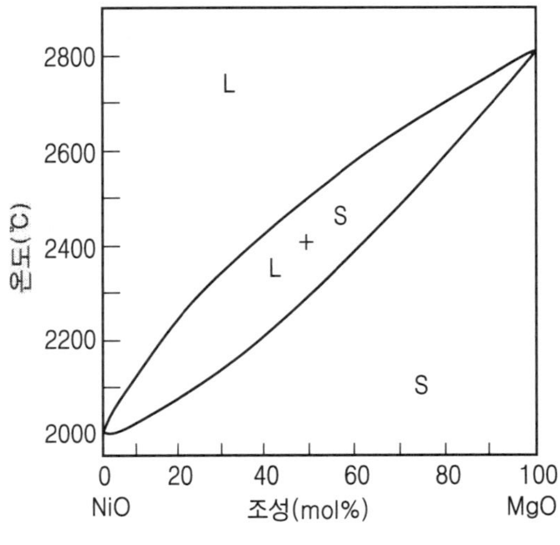

그림 3-9. NiO-MgO계 상태도

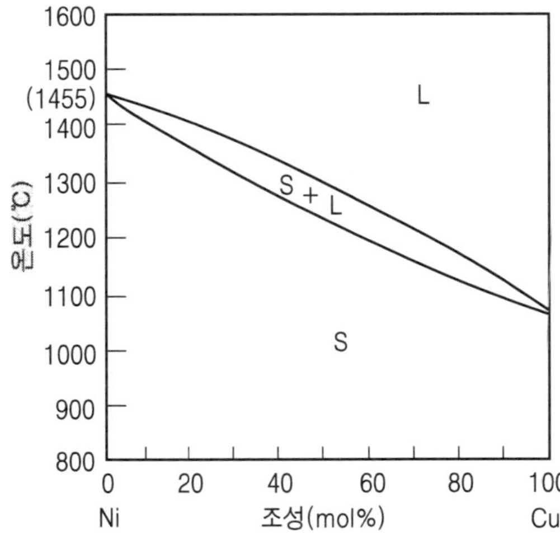

그림 3-10. Ni-Cu계 상태도

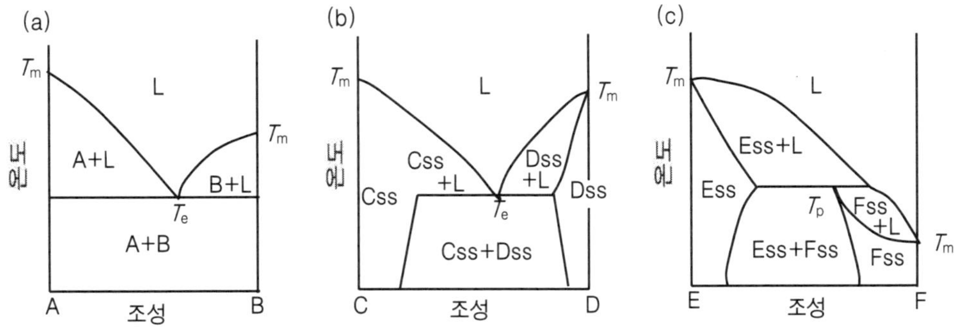

그림 3-11. 2성분계 상태도

(a), (b) 공정형 상태도, (c) 포정형 상태도. A~F는 단성분, L은 액상, ss는 고용체, T_m은 융점, T_e는 공정점, T_p는 포정점을 나타냄.

(3) 공정형 상태도와 포정형 상태도

2성분계에서 고상의 2성분이 부분적으로만 고용할 때는 고상의 2상 공존상태가 나타나 그림 3-11과 같은 상태도가 된다. (a)와 (b)를 공정형 상태도, (C)를 포정형 상태도라고 한다. 이들 상태도의 공통적 특징은 어떤 특정 온도에서 3상이 공론하여 자유도가 0이 되는 점이 존재한다는 것이다.

(a) 공정형 상태도

그림 3-12는 전형적인 공정형 상태도이다. 여기서 A, B는 단성분으로 A', B'는 각각 융점이다. 일반적으로 어떤 성분에 다른 성분이 들어가면 융점은 강하한다. A, B 두 성분의 혼합물을 가열하면 E점의 온도에서 표시된 조성의 용융물이 생성되기 시작하고, 고체 A 및 B의 어느 것 혹은 두 성분 모두가 다 녹을 때까지 온도는 상승하지 않고 일정하게 유지된다. 다 녹으면 온도가 다시 상승하기 시작한다.

반대로 A, B 두 성분으로 이루어진 용융물을 냉각한 경우에는 역의 변화가 나타나 E점의 온도에서 액상이 고화할 때까지 일정한 온도가 유지되고, 고화가 완료한 뒤에 다시 온도가 내려가기 시작한다. 이 E점을 공정점(eutectic point)라고 한다.

이 E점에서는 다음과 같은 가역반응이 일어난다.

$$\text{L융액(액상)} \rightleftharpoons \text{A정(고상)} + \text{B정(고상)} \quad (3.6)$$

이러한 반응을 공정반응, 그 때의 온도를 공정온도라고 한다. 그림 3-12의 A'E, B'E의 두 곡선은 각각의 조성비에서의 액상 L과 고상 A 또는 고상 B가 평형을 이루

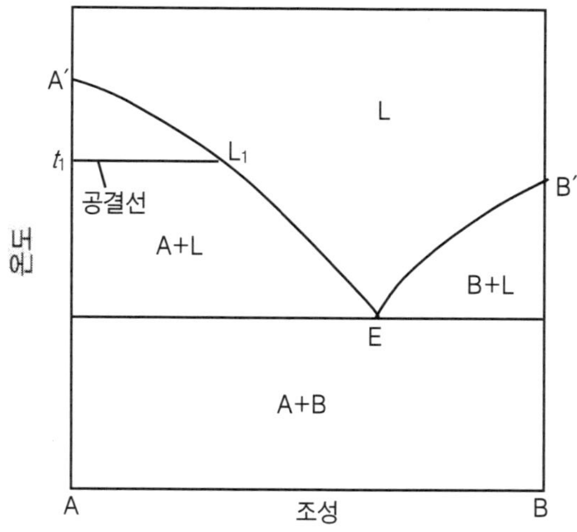

그림 3-12. 2성분계 공정형 상태도

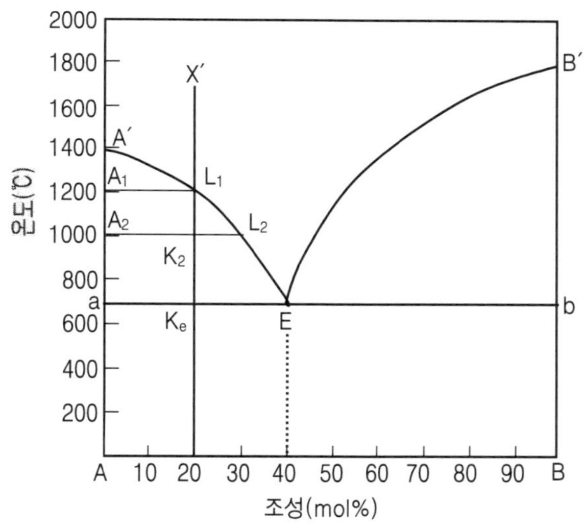

그림 3-13. 공정형 2성분계 상태도

어 공존하는 최고온도를 이은 선이다. 이것을 액상선이라 부른다.

t_1에서 공존하는 두 상은 그 온도에서의 온도 수평선과 수직인 조성축, 액상선의 교점으로 표시되며, A정과 L_1융액의 두 상이 공존한다. 선분 t_1L_1처럼 특정한 온도와 압력에서 평형을 이루어 공존하는 두 상의 조성점을 잇는 선분을 공결선(tie line)이라고 한다.

그림 3-13과 같은 공정형 상태도에서 조성 X의 용액 X'를 냉각할 때의 상태 변화를 생각해 보자. X'는 A=80%, B=20% 조성의 1700℃에서의 용융물이다. 온도가 강

하하며 L_1에 도달하면 2상 영역이 되어 액상 이외에 공결선의 다른 끝에 있는 고상, 즉 A상이 정출한다. 이것을 A정의 초정이라고 한다.

더욱 온도가 강하하면 고상의 양은 증가하고, 반대로 액상의 양은 감소한다. 다시 말하면 고화가 진행된다. 이때 액상의 조성은 액상선 L_1L_2E를 따라 변화한다. 온도가 1000℃가 되면 평형을 이루어 공존하는 상은 액상과 고상으로, 액상의 조성은 L_2, 결정상은 공결선의 다른 끝의 A_2이다. 각각의 공존 비율은 공결선과 조성 수직선과의 교점을 K_2라고 하면 지렛대의 원리에 의해

$$\text{A정의 양}(\%) = \frac{K_2L_2}{A_2L_2} \times 100$$
$$L_2\text{의 양}(\%) = \frac{A_2K_2}{A_2L_2} \times 100 \quad (3.7)$$

이 된다. 그림 상에서 각각의 선분을 실축하면

$$\text{A정 의 양}(\%) = \frac{5.5}{16} \times 100 \doteq 35$$
$$L_2\text{의 양}(\%) = \frac{10.5}{16} \times 100 \doteq 65 \quad (3.8)$$

더욱 온도가 강하하여 공정온도가 되면,

$$\text{A정의 양}(\%) = \frac{K_eE}{aE} \times 100 = \frac{11}{22} \times 100 = 50$$
$$\text{액상 E의 양}(\%) = \frac{aK_e}{aE} \times 100 = \frac{11}{22} \times 100 = 50 \quad (3.9)$$

이 된다. 이때 온도 수평선의 다른 한쪽 끝의 B전도 정출하기 시작한다. 이 상태로 공존하는 상은 A상, B상, E조성의 액상의 3상이다. 액상 E에서 A상과 B상의 정출하는 양은 다음과 같다.

$$\text{A정의 양}(\%) = 50 \times \frac{bE}{ab} = 50 \times \frac{60}{100} = 30$$
$$\text{B정의 양}(\%) = 50 - 30 = 20 \quad (3.10)$$

이때 A상과 B상은 동시에 정출하여 2종류의 혼합물로서 고화한다. 이것을 공정혼

합물이라고 한다. 공정반응은 다음과 같다.

$$\text{액상 E}(50) \rightleftharpoons \text{A정}(30) + \text{B정}(20) \tag{3.11}$$

이상에서 A정은 이미 정출된 초정 50%와 공정으로서 정출한 30%를 합한 80%가 된다. 그리고 B정은 공정으로서 정출한 20%가 된다. 그림 3-14는 대표적인 공정형의 MgO-CaO계 상태도의 조성 A와 B의 융액에 대하여 일정한 속도로 냉각할 때의 온도와 시간의 관계를 나타낸 냉각곡선과 각 온도에 대한 조성을 모식적으로 나타낸 것이다. 액상에서 고상이 석출될 때는 응고열이 방출되므로 냉각곡선은 약간 위로 부푼다. 공정온도에서는 공정반응이 완료할 때까지 온도가 일정하게 유지되므로 냉각곡선은 수평하게 된다. 또 조성 A와 B의 냉각 도중의 각 온도에 대응하는 조성은 고화하는 속도에 따라 결정입자의 크기와 분포가 달라진다. 상태도를 읽을 때는 이 점을 늘 염두에 두어야 한다.

b) 포정형 상태도

2성분 A, B가 액상에서 모든 비율로 용융하고, 고상에서는 서로 어느 정도까지 용

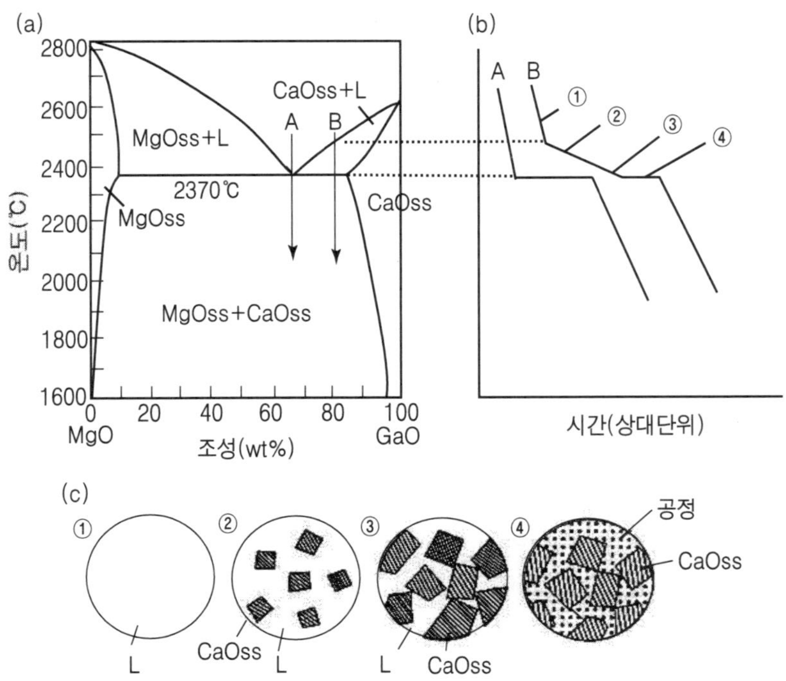

그림 3-14. MgO-CaO계 상태도(a)와 냉각곡선(b) 및 상의 조직도(c)

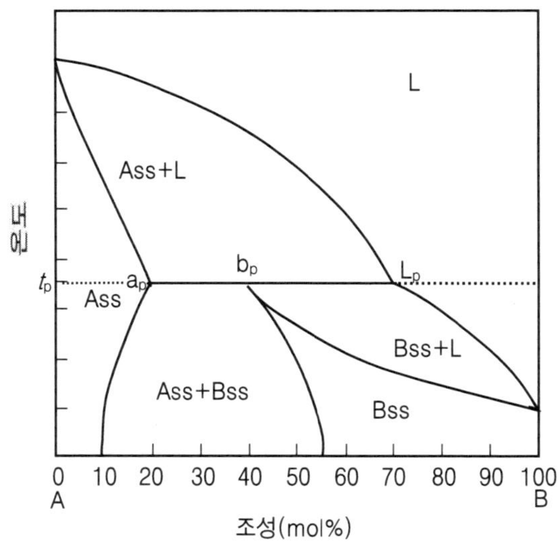

그림 3-15. 포정형 2성분계 상태도

해하고 3상 평형에서 액상이 다른 2개 고상의 농도보다 큰(또는 작은) 경우의 상태도는 어떻게 될까? 그림 3-15는 그 모습을 나타낸 것으로서 포정형 상태도라 불린다.

그림에서 온도 t_p에서 공존하는 3상의 조성을 a_p, b_p, L_p라고 하면, 그림의 B성분의 농도는 $a_p < b_p < L_p$가 된다. 고용체 b_p는 공정형처럼 t_p에서 융액 L_p에서 직접 석출될 수 없다. 이 경우에는 불변계이므로 온도 t_p에서 다음과 같은 반응이 일어난다.

$$a_p(\mathrm{Ass}) + L_p(\text{액상}) \rightleftharpoons b_p(\mathrm{Bss}) \tag{3.12}$$

이 반응을 포정반응이라 한다. L_p(또는 b_p) 점을 포정점(peritectic point)이라 한다. 이 반응은 Ass의 초정 a_p와 액상 L_p와 그 접촉면, 즉 Ass 초정의 표면으로부터 반응하여 Ass를 포함한 것과 같이 Bss의 b_p가 생성되기 때문에 포정이라고 불리어진다.

3.2 3성분계 상태도

정압 밑의 3성분계에서는 $F = 4 - P$가 된다. 최대의 자유도가 3에서 독립변수의 최대수는 3이 된다. 하나는 온도이기 때문에 3성분을 평면에서 보여주고, 종축의 온도를 이용한 그림 3-16에서처럼 입체의 상태도의 모형에서 나타낼 수가 있다.

(1) 3성분계 좌표의 도시법

A, B, C의 3성분계에서는 A+B+C=100%로 표시하고, 이것의 3성분 중 2개의 성

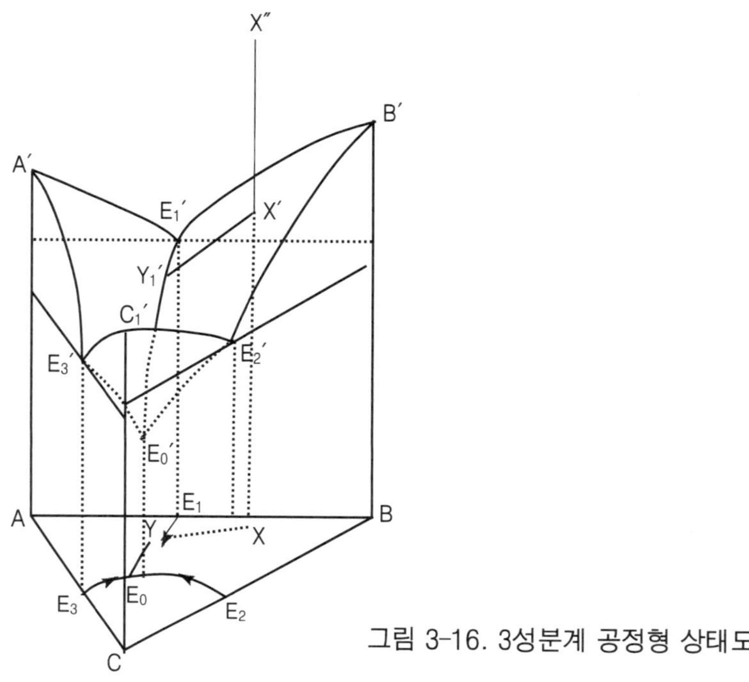

그림 3-16. 3성분계 공정형 상태도

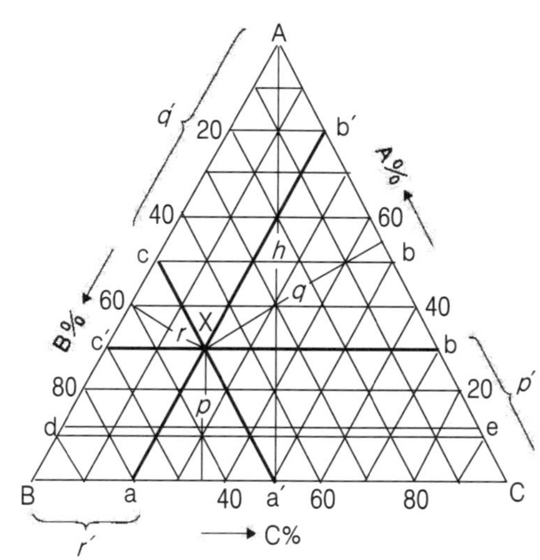

그림 3-17. 3성분계 조성 도시법

분조성이 정해지면 전부의 조성이 결정된다. 그렇지만 조성은 2개의 독립 변수로 하여 2차원의 평면에서 나타낼 수가 있다.

3성분의 조성을 표면상에 표시하고, 그 면에 수직으로 세워진 축에 온도를 넣어, 3각기둥의 내부를 저면의 3각형에 투영한 그림형으로부터 3성분의 상태도를 나타낸다. 그림 3-17은 3성분의 조성을 평면상의 정3각형 내의 점으로 나타낸 것과 같다. 정3

각형 ABC의 높이를 h라고 하면, 그 안에 있는 점 X로부터 각 변에서 내려진 수선의 길이를 p, q, r이라 하면 $p+q+r=h$의 관계식이 성립한다. 또 X를 통해 각 변의 평행선을 ab′, bc′, ca′라고 하면

$$Xa+Xb+Xc = AB \tag{3.13}$$

의 관계식이 성립한다. 또한

$$\begin{gathered} \triangle ABC \text{∽} \triangle Xaa' \text{∽} \triangle Xbb' \text{∽} \triangle Xcc' \\ \text{A의 양} : \text{B의 양} : \text{C의 양} = p : q : r \end{gathered} \tag{3.14}$$

이기 때문에 h=100% 또는 AB=100%라 하면, X점의 조성은 다음과 같이 나타낼 수가 있다.

$$\begin{aligned} &\text{A의 성분량} \rightarrow p \rightarrow q' \rightarrow 30\% \\ &\text{B의 성분량} \rightarrow q \rightarrow q' \rightarrow 50\% \\ &\text{C의 성분량} \rightarrow r \rightarrow r' \rightarrow 20\% \end{aligned} \tag{3.15}$$

(2) 3성분계 공정형 상태도

그림 3-18은 액상에서는 3성분이 서로 완전하게 용해하고, 고상에서는 고용체도 화합물도 생성하지 않는 경우에 속하는 공정혼합물의 3개의 2성분계로 이루어진 3성분계 상태도이다. 이 그림을 읽는 법을 생각해 보자. 3성분계의 상태도에서는 앞서 말한 바와 같이 삼각형 ABC로 조성을 나타내고, 이 면에 수직인 온도축이 있다. 이것을 평면도로 나타내기 위해 3성분계 상태도에서는 그림 3-18과 같이 액상면의 온도가 등고선으로 표시된다. 이것을 등온선이라 부른다.

지금 하나의 조성점 X'를 융액으로부터 냉각하면 초상은 B상이며, 그 석출 개시온도는 등온선으로부터 구할 수 있다. X'를 더욱 냉각하면 B가 석출하므로 남은 액의 조성은 BX'를 연결한 선 위를 X'에서 떨어진 점 D가 되었을 때 그 온도를 등온선에서 읽어낼 수 있다. 정출한 B정의 양과 남은 액상의 비율은 X'D/BX'가 된다. 더욱 냉각하여 B와 A의 경계선 Y'에 도달하면 A도 정출하기 시작하므로 액상의 조성은 Y'→E_0에, 고상의 조성은 B→F로 이행한다. 그리고 E_0의 3성분 공정점에 도달하면 A, B, C 혼합성분으로 이루어진 액상은 동시에 고화한다. 이 E_0점은 P=4(L액, A정, B정, C정)이므로 응상계(□相系)에서는 F=0, 즉 불변계가 된다. 그림 3-18은 공정형의 경우인데, 그 밖에도 여러 형의 3성분계 상태도가 있다. 그러나 기본적으로는 2

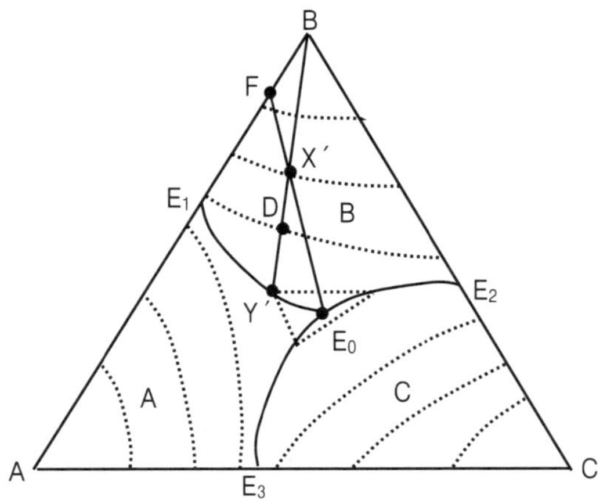

그림 3-18. 3성분계 공정형 상태도
그림 3-16을 평면으로 표시한 것.

성분계 상태도의 조합이므로 여기서는 대표적인 예만을 나타냈다.

그림 3-19(a)는 2성분 사이에서 분해 ~~용융~~하여 포정화합물 D를 생성하는 경우이며, 그림 3-19(b)는 3개 성분 A, B, C에서 하나의 3원계 화합물 D를 만드는 경우이다. 그림 3-20은 $CaO-A1_2O_3-SiO_2$계의 상태도로. 점 F, G는 각각 3원계 화합물이다.

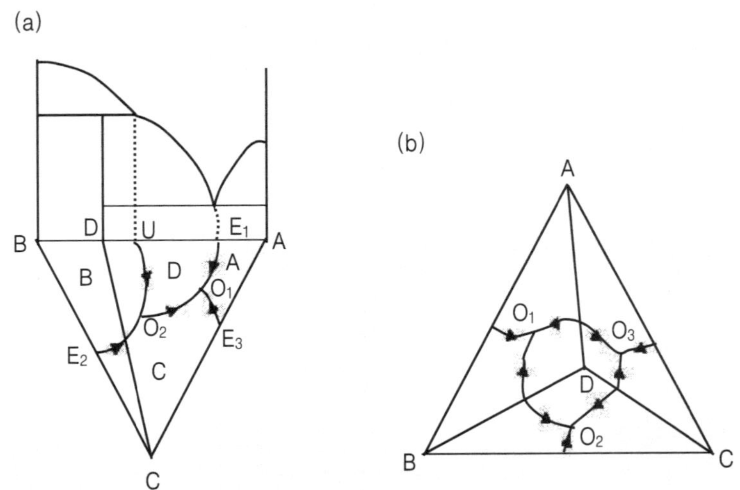

그림 3-19. 3성분계 상태도의 예
(a) A-B 사이에 포정형의 경우, (b) 3원계 화합물이 생길 경우

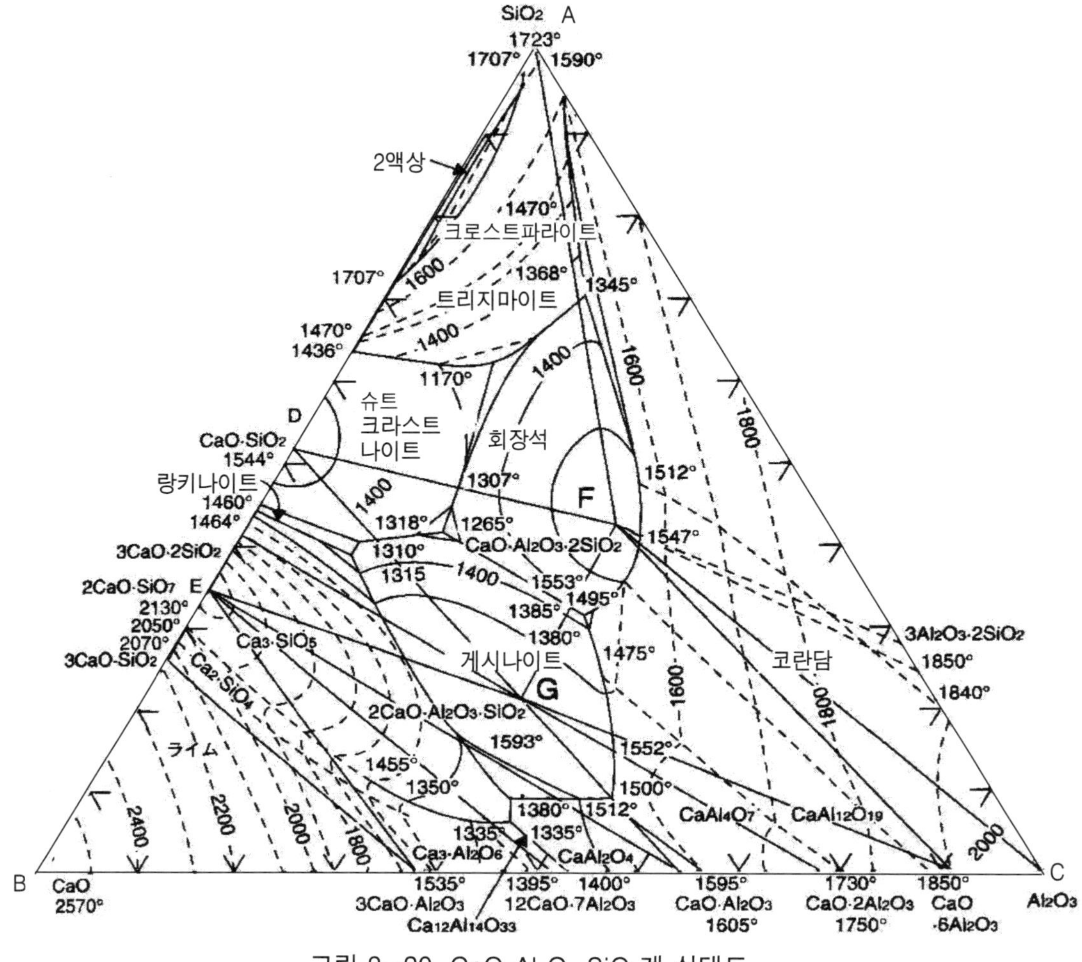

그림 3-20. CaO-Al_2O_3-SiO_2계 상태도

4. 고체의 원자배열과 결정구조

고체 재료의 기본 물성은 재료를 구성하는 조성과 그 존재 상태로 결정된다. 그 기본이 되는 것이 결정구조이다. 이 절에서는 원자배열 방법과 그것으로 결정되는 결정구조에 대해 학습한다.

4.1 기본이 되는 결정구조

1장 2절에서 언급한 바와 같이 3차원적인 공간을 충족하는 배열은 7가지 결정계로 대별되며, 나아가 14종류의 브라베격자로 분류된다.

결정구조를 결정할 때 결정을 같은 크기의 구의 집합으로 가정하여 그 구들을 입체적으로 충진하는 방법을 생각한다. 가장 단순한 충진은 그림 3-21처럼 입방체의 정점에 등대구의 중심이 오게 하여 서로 접하도록 놓는 방법이다. 이 구조는 단순입방구조(simple cubic structure, 약하여 sc)이며, 간단한 계산에서 이 경우의 구의 점유율은 52%임을 알 수 있다.

단순 입방구조체의 중심에 또 하나의 등대구를 넣으면 체심입방구조(body-centered cubic structure, 약하여 bcc)가 된다(그림 3-22). 이 경우 구의 점유율은 68%이다.

이처럼 결정구조는 등대구의 충진방법을 순수하게 기하학적으로 생각함으로서 결정할 수 있다. 구조 중의 간격을 최소화하도록 이 등대구를 충진한 구조를 최밀충진구조라고 한다. 이러한 결정구조에 있어서의 원자배열은 빠찡꼬(일명 바다이야기 게임과 비슷)의 구술을 효율적으로 겹쳐서 잘 쌓아 놓을 수 있는 모습처럼 이미지 하면 잘 이해가 될 것이다. 등대구를 최밀충진시키기 위해서는 2가지 방법이 있다. 그림 3-23처럼 2차원적으로 최밀충진하여 제1층(A층)을 만들고, 각각의 간격 위에 구를 놓아 제2층(B층)을 쌓는다.

이 경우에는 어느 간격을 사용하여 쌓아올려도 구조는 같다. 그리고 B층의 간격 위에 제3층(C층)을 쌓을 때는 구가 들어가는 위치에 대해 2가지 가능성이 있다. 하나

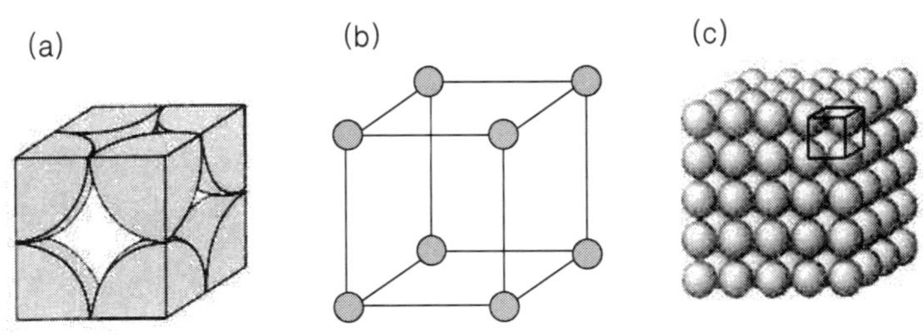

그림 3-21. 단순 입방구조의 원자배열

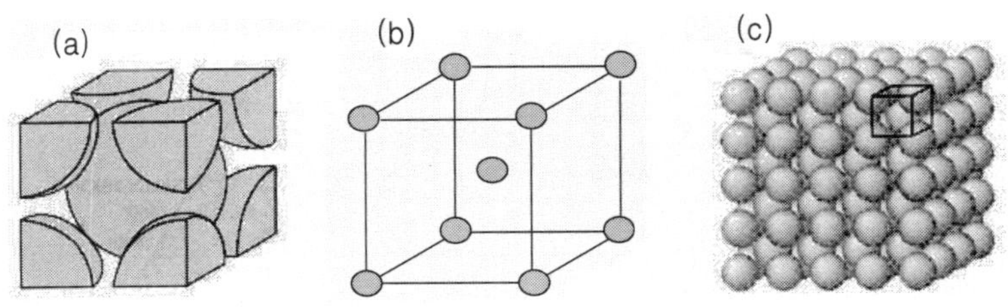

그림 3-22. 체심 입방구조의 원자배열

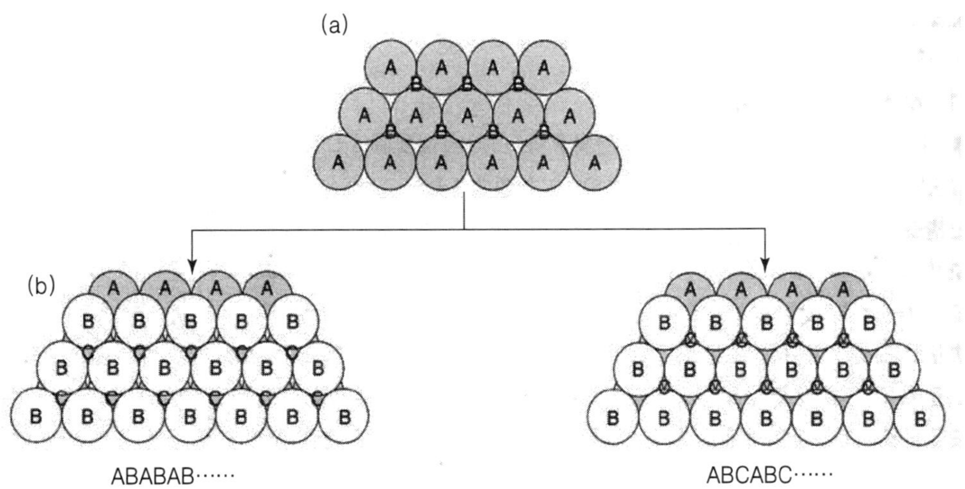

그림 3-23. 최밀(最密) 충진구조에 있어서 원자의 중복 쌓음
(a) 제1층(A층), (b) 제1층에의 제2층(B층) 또는 제3층(C층)의 쌓음.

는 제1층(A층)의 구위에 있는 간격의 위치이고 A층에 상당한다. 제2의 가능성은 다른 또 한 조의 간격에 구를 놓는 경우이다. 전자의 기본적인 적층방법은 아래 층에서 순서대로 ABABAB……, 후자는 ABCABC……가 된다. ABAB…는 그림 3-24처럼 육방최밀충진구조(hexagonal closed-packed structure, 약하여 hcp)라고 불린다.

한편 ABCABC…의 적층법은 그림 3-25에 나타낸 바와 같이 입방최밀충진구조인데, 이 경우는 입방체의 각 면의 중앙부에 구가 들어있다고 하여 특히 면심입방구조(face-centered cubic structure, 약하여 fcc)라고 불린다. fcc는 최밀충진면의 법선이

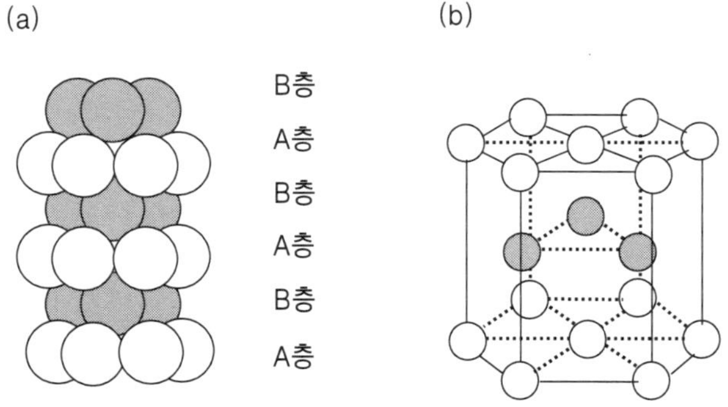

그림 3-24. (a) 육방최밀(最密) 충진의 중복 쌓음, (b) 입체모식도

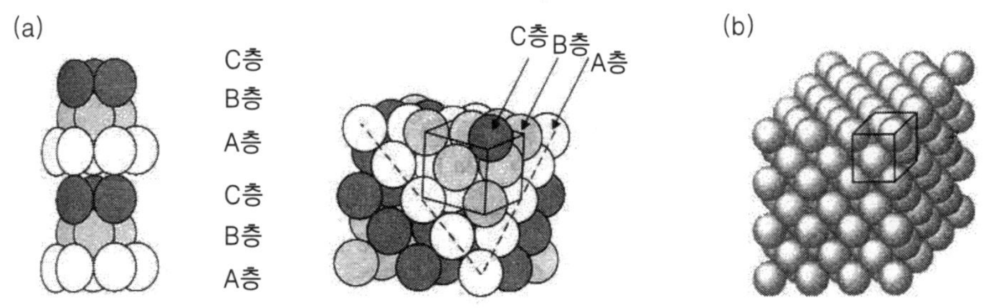

그림 3-25. (a) 입방최밀(最密) 충진의 중복 쌓음
(b) 면심(面心) 입방구조

표 3-1. 금속의 결정구조

구 조	대표 예
sc	—
bcc	Li, Na, K, Ti, V, Cr, Fe, Rb, Mo, Cs, Ba, Ta, W
hcp	Be, Mg, Ti, Co, Zn, Y, Zr, Hf, Re
fcc	Al, Ca, Sc, Fe, Ni, Cu, Sr, Rh, Pd, Ag, Pt, Au, Pb

입방체의 대각선에 상당한다. hcp, fcc의 구의 점유율은 모두 74%이다. 등대구를 이 이상 절도 있게 채울 수는 없다.

일반적인 금속결정처럼 한 종류의 금속원자로 구성되는 결정인 경우, 금속원자는 자유전자로 에워싸이고 있으므로 원자 자체의 이방성이 적어서 최밀충진구조를 취하기 쉽다. 그래서 앞서 말한 bcc, hcp, fcc 등의 어느 것에 속하는 결정이 대부분이다.

표 3-1은 대표적인 금속의 결정구조를 분류한 것이다. 그리고 하나의 금속이 다른 결정구조를 갖는 경우가 있는데, 이것은 온도 등의 조건에 따라 결정상태가 변화하는 것은 상전이 때문이다.

4.2 이온 반경과 배위수

대표적 화합물인 이온 결정의 경우, 원자를 충진할 수 있는 방법은 양이온과 음이온이 정전적 반발을 최소화하여 정전인력을 최대로 하는 것과 같이 쌓아 놓아야 된

표 3-2. 포링그의 이온반경(Å)

주기 \ 족	1	2	3	4	5	6	7	8	9	10	11	12	13	14	15	16	17
1	H^- 2.08																
2	Li^+ 0.60	Be^{2+} 0.31											B^{3+} 0.20	C^{4+} 0.15 C^{4-} 2.60	N^{5+} 0.11 N^{3-} 1.71	O^{6+} 0.09 O^{2-} 1.40	F^{7+} 0.07 F^- 1.36
3	Na^+ 0.95	Mg^{2+} 0.65											Al^{3+} 0.50	Si^{4+} 0.41 Si^{4-} 2.71	P^{5+} 0.34 P^{3-} 2.12	S^{6+} 0.29 S2- 1.84	Cl^{7+} 0.26 Cl^- 1.81
4	K+ 1.33	Ca^{2+} 0.99	Sc^{3+} 0.81	Ti^{4+} 0.68	V^{5+} 0.59	Cr^{3+} 0.63 Cr^{6+} 0.52	Mn^{4+} 0.60 Mn^{7+} 0.46	Fe^{2+} 0.75 Fe^{3+} 0.60	Co^{2+} 0.72	Ni^{2+} 0.70	Cu^+ 0.96	Zn^{2+} 0.74	Ga^{3+} 0.62	Ge^{4+} 0.53 Ge^{4-} 2.72	As^{5+} 0.47 As^{3-} 2.22	Se^{6+} 0.42 Se^{2-} 1.98	Br^{7+} 0.39 Br^- 1.95
5	Rb^+ 1.48	Sr^{2+} 1.13	Y^{3+} 0.93	Zr^{4+} 0.80	Nb^{5+} 0.70	Mo^{6+} 0.62	Tc^{7+} -	Ru^{4+} 0.61	Rh^{4+} -	Pb^{2+} 0.50	Ag^+ 1.26	Cd^{2+} 0.97	In^{3+} 0.81	Sn^{4+} 0.71 Sn^{4-} 2.94	Sb^{5+} 0.62 Sb^{3-} 2.45	Te^{6+} 0.56 Te^{2-} 2.21	I^{7+} 0.50 I^- 2.16
6	Cs+ 1.69	Ba^{2+} 1.35	La^{3+} 1.15	Hf^{4+} 0.78	Ta^{5+} 0.68	W^{6+} 0.66	Re^{7+} -	Os^{4+} 0.65	Ir^{4+} 0.64	Pt^{4+} 0.52	Au^+ 1.37	Hg^{2+} 1.10	Tl^{3+} 0.95	Pb^{4+} 0.84 Pb^{2+} 1.21	Bi^{5+} 0.74	Po^{6+} -	At^{7+} -

다. 이것의 충진은 양이온과 음이온의 크기에 의존한다. 표 3-2의 포링그의 이온반경을 그림 3-26의 이온반경의 크기를 비교한 그림을 나타낸다. 이 도표로부터 확실히 할 수 있는 것은 양이온과 음이온에 비해 적다는 것을 알 수 있다. 즉 결정구조는 적은 양이온을 큰 음이온의 쇄간에 넣을 수 있는 형태를 하고 있다.

양이온을 둘러싼 음이온의 수를 배위수(coordination number)라 한다. 음이온은 보통 양이온과 접하고, 가능하면 많은 양의 음이온이 양이온을 받으려는 형태의 결정구조를 형성하게 된다. 그림 3-27은 쇄간에서의 이온의 안정성을 2차원적으로 나타낸 것이다. 그림에서 (c)는 불안정상태이지만 (a)와 (b)는 안정하다. 따라서 양이온은 음이온에서 만들어진 쇄간 중 적은 장소에서 흡수하게 된다.

양이온의 배위수는 양이온 반경 r_A와 음이온 반경 r_B의 비율 r_A/r_B로부터 기하적인 계산에 의해 예측할 수 있다. 일반적으로 배위수는 2, 3, 4, 6, 8, 12의 값을 이용, 특히 $r_A=r_B$의 경우는 12가지가 되어 최밀충진구조를 만든다. 3～8배위의 각 구조는 우측에 표시한 것과 같다.

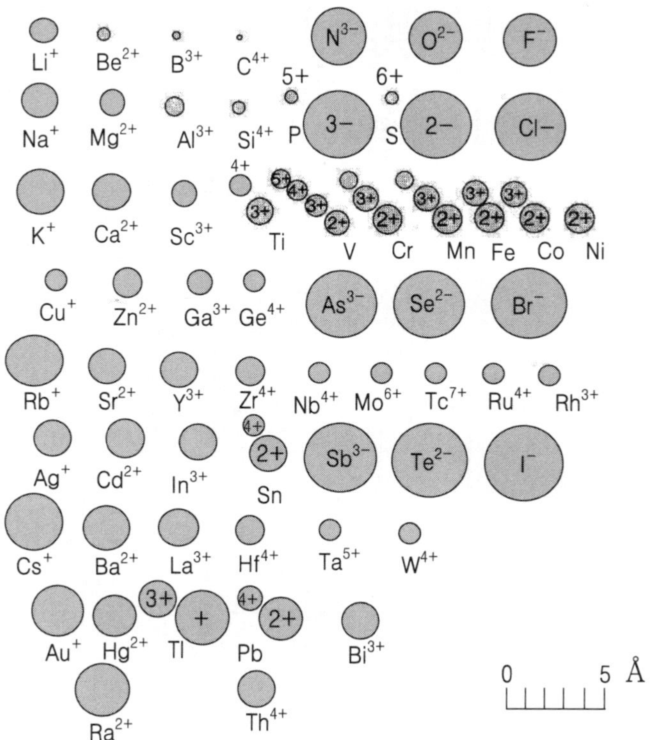

그림 3-26. 결정 중의 이온반경의 비교

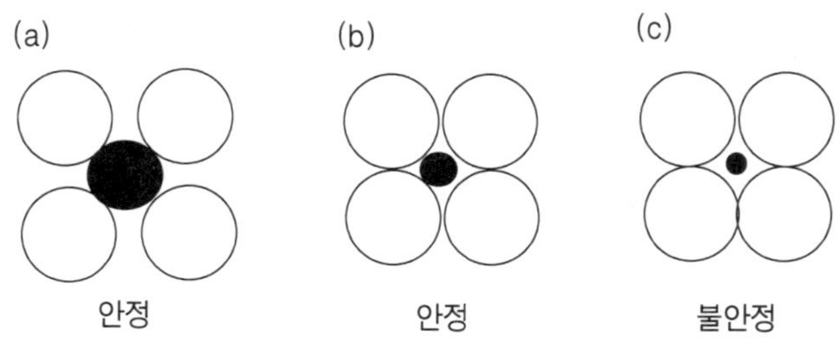

그림 3-27. 쇄간에서의 이온의 안정성

4.3 이온결정에 있어서의 구조 결정의 법칙과 간쇄

이온결정을 하기 위해서는 이온반경의 큰 음이온만의 구조를 생각하여 그 간쇄의 양이온을 배치하여 순번에 쉽게 반응한다. 양이온은 음이온에서 만들어진 간쇄에서 그림 3-27의 안정조건을 만족할 수 있도록 모은다. 양이온과 음이온의 이온 가수도 중요한 인자이다. 양자간에 전기적 중성이 확보 가능한 조건이 필수 불가결이다. 이것에 의해 폴링의 법칙을 결론지을 수 있으며, 다음과 같이 나타낼 수 있다.

① 음이온은 양이온의 주위에 위치하여 배위 다면체를 형성한다. 배위수는 양음양 이온의 반경비 r_A/r_B에 의해 결정된다.

② 양이온의 전하수를 배위수로 나눈 값을 결합강도라 하면 안정된 구조에서는 근접 양이온의 결합강도의 합계는 음이온의 전하에 균등하게 하지 않으면 안된다.

③ 안정된 구조에서는 양이온의 배위다면체는 서로가 떨어지게 된다.

양이온의 위치를 생각할 때, hcp나 fcc 등의 최밀 충진구조의 4배위와 6배위의 간격을 확인해 두는 일이 중요하다. 그림 3-28에 최밀 충진구조 중의 4배위와 6배위의 위치를 나타냈다. (a)의 2층의 중간에 해당하는 ×표의 위치가 6배위, ○표가 4배위, ●표가 다른 4배위이다. 또 (b)는 fcc의 단위격자 중의 중간점에 12군데, 중심에 1군데의 계 13개소이다. 그리고 4배위는 ○표가 격자 안의 입방체의 구석에 4군데, ●표도 마찬가지로 4군데이다.

단위격자 중에 포함되는 원자 혹은 이온의 수 N은 다음 식으로 표시된다. 여기서

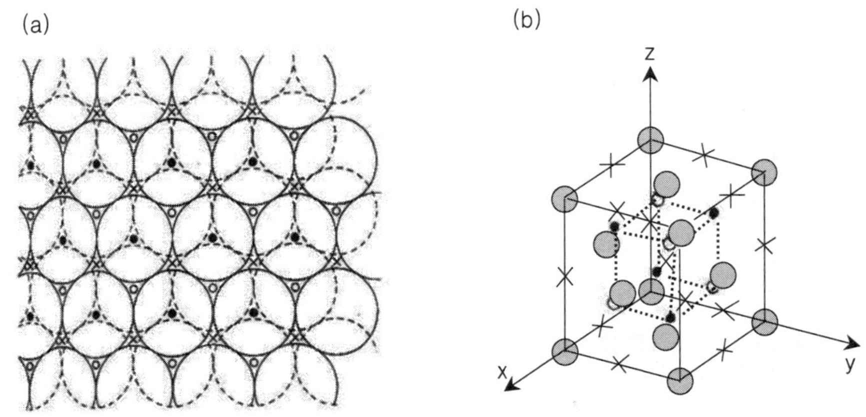

그림 3-28. 최밀(最密) 충진구조 중의 4배위와 6배위의 위치(a)와 단위격자(b)
×: 6배위, ○: 4배위, ●: 4배위

N_i는 단위격자 안의 수, N_f는 단위격자면 상의 수, N_c는 단위격자의 꼭지점에 있는 수를 나타내고 있다.

$$N = \frac{N_c}{8} + N_i + \frac{N_f}{2} \tag{3.16}$$

여기서 fcc 단위격자에 포함되는 원자 혹은 음이온의 수는 N=8/8+0+6/2=4개가 된다. 다음으로 간격에 대해 같은 계산을 하면, 그림 3-28(b)의 ×표의 6배위의 개수는 N_6=1+12/4=4가 되며, 격자점과 같은 수가 존재한다. 4배위의 경우에는 N_4=1×8=8인데, ○표의 위치는 4개, ●표의 위치도 4개로, 4배위의 그들을 구별하면 격자점과 같은 수만큼 존재한다. 그리고 단순입방의 단위격자 중에서는 8배위의 위치가 전부로 1개 존재한다. 이들 지식은 뒤에서 화합물의 구조를 이해할 때 중요하다

공유결합과 같은 방향성 결합을 갖는 원자 혹은 분자로 이루어진 결정고체의 경우, 그 결정구조는 방향성의 필요에서 앞서 말한 이온결정의 법칙에 따르지 않는 것이 많다. 그러나 무기고체화합물의 대부분은 부분적으로 이온성을 갖기 때문에 이온반경을 고려하여 구조를 예측하거나 고찰할 수 있다.

다이아몬드는 가장 공유결합성이 강한 물질이기 때문에 방향성 결합수의 영향이 크게 나타난다. 각각의 C원자는 4면체 배위를 가지면, 4개의 배위수를 취한다. 브라베격자는 fcc인데, 단위격자 중에 따로 4개의 원자가 존재하므로 최밀 충진구조가 되지는 않는다. 다이아몬드의 구조와 매우 유사하며, ZnS의 섬아연광형 구조와 대응하고 있다. 분자성 결정의 구조에서는 공유결합의 분자가 약한 분자간력에 의해 결합하고, 긴쇄에 유기분자, 즉 고분자를 생각할 경우 특히 중요하다. 그 전형적인 것은 그림 3-29에 나타낸 폴리에틸렌이 있다. 이러한 분자는 굉장히 길고, 수천의 원자를 포함하고 있다.

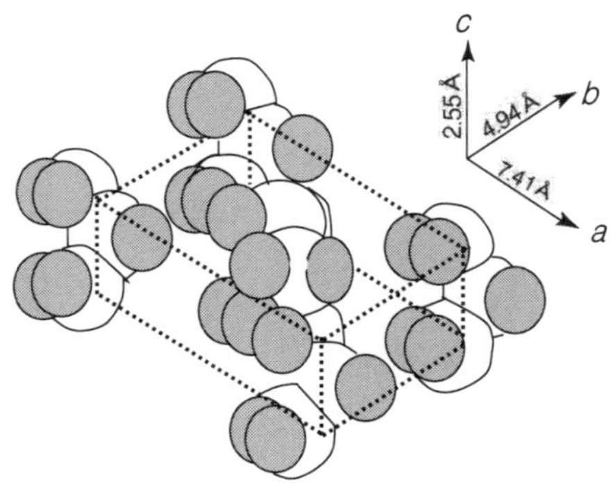

그림 3-29. 폴리에틸렌의 구조

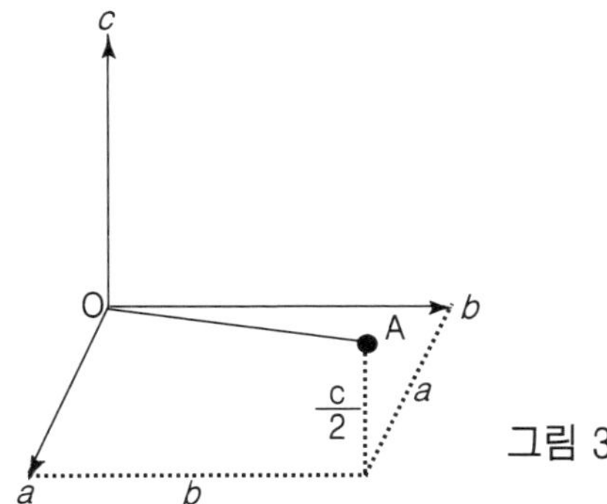

그림 3-30. 결정의 좌표축과 방위

4.4 결정방위와 결정면

단위격자의 좌표는 단위격자를 결정하는 3개의 결정축을 사용하여 포현할 수 있다. 예를 들면 그림 3-30처럼 원점 0에서 점 A에 그은 벡터 A는 격자정수를 *a, b, c*로 하여 A=$ua+vb+wc$로 표시된다. 이때 *u, v, z*는 점 A의 좌표라고 한다. 이것을 사용하여 결정방위와 결정면을 다음과 같이 결정할 수 있다.

(1) 결정방위

지금 그림 3-30의 OA의 방위를 생각해 보자. 이 그림의 경우 *u, v. w*는 1, 1, 1/2이다. 다음으로 분수를 제외하여 최소의 정수로 나타내어 그 숫자의 콤마를 제거하여 [ ]를 단다. OA의 경우 완전한 방위의 표기는 [221]이 된다. 부의 성분의 경우 숫자 위에 윗줄을 친다. 예를 들면 OA의 부의 방향은 $[\bar{2}\bar{2}\bar{1}]$ 이라고 표시된다. 입방정의 능의 방향처럼 결정학적으로 등가인 경우에는 <>를 사용하여 <*uvw*>라고 표시한다. 입방정의 단위격자에서 [100], [010], [001], $[\bar{1}00]$, $[0\bar{1}0]$, $[00\bar{1}]$ 은 결정학적으로 등가이며, 합쳐서 <100>이라고 쓸 수 있다.

(2) 결정면

결정면은 밀러지수(Miller index)라고 불리는 기호로 나타내도록 규정되고 있다. 지금 그림 3-31에 나타낸 면 ABC에 대해 생각해 보자. 우선 면과 3개의 측과의 교점을 구하면 1/2, 2/3, 1이 된다. 다음으로 이 교점의 역수를 취하여 최소의 정수비가 되게 한다. 그 3개의 수를 (*hkl*)이라고 하면 면 ABC는 (432)로 표현된다. 이 (*hkl*)를 밀러지수라고 한다. 그리고 입방과 마찬가지로 부의 성분에 대해서는 숫자 위에 윗줄을 긋는다.

면이 원점을 통과할 때 교점은 0이 된다. 이 경우에는 원점의 이웃에 있는 단위격

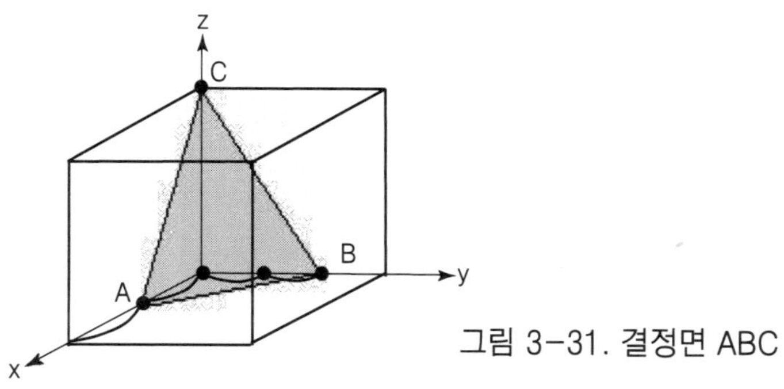

그림 3-31. 결정면 ABC

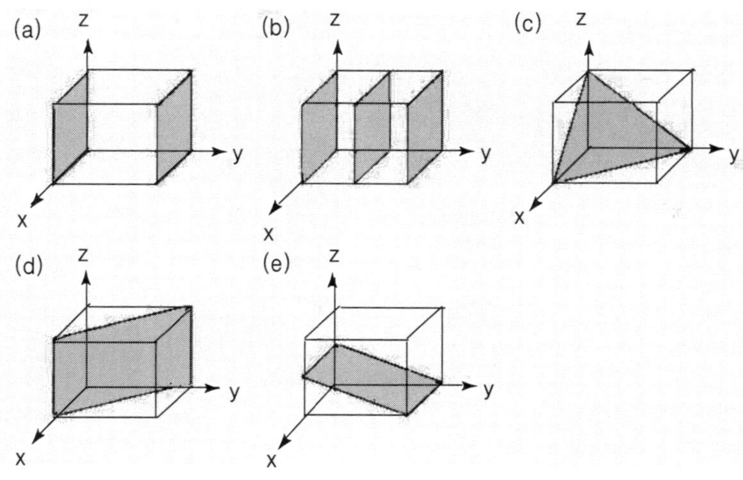

그림 3-32. 각종의 격자면

자의 등가인 점에 맞추면 된다. 이것은 등간격으로 평행인 면은 모두 같은 밀러지수로 표시된다는 점에서 이해할 수 있다.

결정학적으로 등가인 면의 집단을 면군이라고 부르며, [*hkl*]로 표시한다. 앞서 말한 입방정에서 [100]은 (100), (010), (001), ($\bar{1}$00), (0$\bar{1}$0), (00$\bar{1}$)을 포함한다. 예를 들면 그림 3-32의 단위격자에 대해 회색으로 나타낸 각 면의 밀러지수를 구하면 (a) (010), (b) (020), (c) (111), (d) (110), (e) (012)가 된다.

다음으로 입방정계의 (*hkl*)의 면간격을 d_{hkl}이라고 하여 격자정수를 a라고 한다. d_{hkl}이

$$d_{hkl} = \frac{a}{\sqrt{h^2 + k^2 + l^2}} \tag{3.17}$$

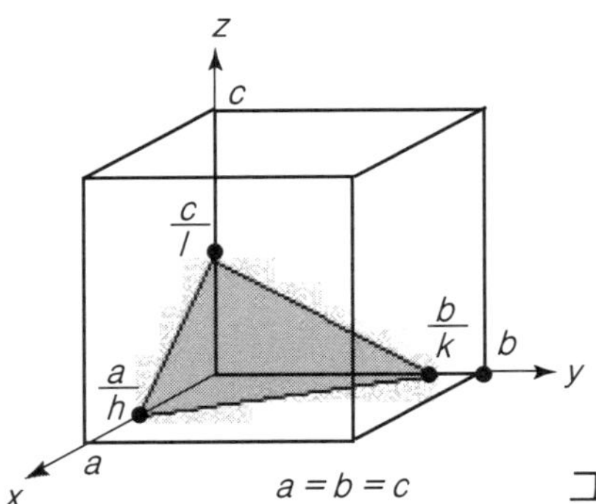

그림 3-33. 입방정 단위격자의 (*hkl*) 면

로 표시된다는 것을 그림 3-33을 사용하여 도출해 보자. 이 경우 면간 거리는 원점에서 면에 수직으로 그은 선의 길이이다. 만일 α_1, α_2, α_3이 면으로의 법선과 x, y, z축과 이루는 각도라고 하면,

$$d_{hkl} = \frac{a}{h}\cos\alpha_1 = \frac{a}{h}cos\alpha_2 = \frac{a}{h}cos\alpha_3 \tag{3.18}$$

이 된다. 이것을 제곱하여 첨가하면 다음 식을 얻는다.

$$\cos^2\alpha_1 + \cos^2\alpha_2 + \cos^2\alpha_3 = d_{hkl}{}^2\,\frac{h^2+k^2+l^2}{a^2} \tag{3.19}$$

직각 좌표에서는 좌변은 1이 되어

$$d_{hkl} = \frac{a^2}{\sqrt{h^2+k^2+l^2}} \tag{3.20}$$

을 얻는다.

육방정계의 방위와 면지수는 다음과 같이 구한다. 우선 그림 3-34(a)처럼 육방정의 밑변에 서로 120°의 각도를 가진 3개의 같은 길이의 축 a_1, a_2, a_3와 밑변에 수직방향으로 c축을 설정한다. 이들을 사용하여 앞에서와 마찬가지로 방위를 결정한다. 이 방법으로 결정한 방위를 [$hkil$]이라고 하면 도형의 성질상 $h+k+i=0$이 된다. i는 독립변수가 아니기 때문에 생략하기도 한다. 몇몇 예를 그림 3-34(b)에 나타냈다.

4.5 대표적인 결정구조

금속의 결정구조에 대해서는 이미 표 3-1에 나타냈으므로 생략하고, 여기서는 무기

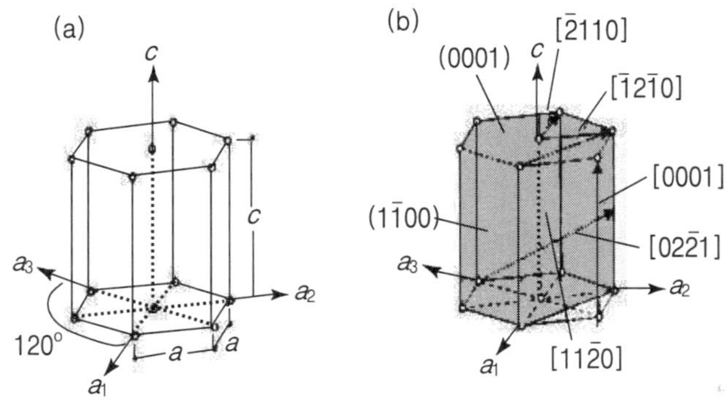

그림 3-34. 입방정계의 단위격자(a), 방위 또는 면지수(b)

재료에 대해서 언급한다.

(1) 암염형 구조(NaC1)

NaCl이 그 대표적이다. 양이온과 음이온의 이온반경비 r_{NA^+} / r_{Cl^-}는 0.95Å / 1.81Å = 0.56이므로 표 3-2의 이온반경비와 배위수의 관계에서 Na^+는 6배위가 된다. 또 결합강도는 1÷6이므로 1/6이 된다. 따라서 인접 양이온의 결합강도의 합계가 음이온의 가수 (-1)이 되기 위해서 음이온의 배위수도 6이 된다. 음이온은 최밀충진의 fcc 이며, 그 6배위의 위치를 양이온이 점유한다. 양이온도 fcc이며, 음이온과 같은 배치이다. 그 결정구조를 그림 3-35에 나타냈다.

암염형(岩塩型) 구조를 갖는 물질은 매우 많아서 할로겐 화합물, 산화물, 탄화물, 질화물 등이 있다. 할로겐 화합물에는 AgCl, KF, 산화물로는 MgO, CaO, MnO, FeO, NiO, 탄화물과 질화물에는 TiC, NbC, ZrN 등이 있다.

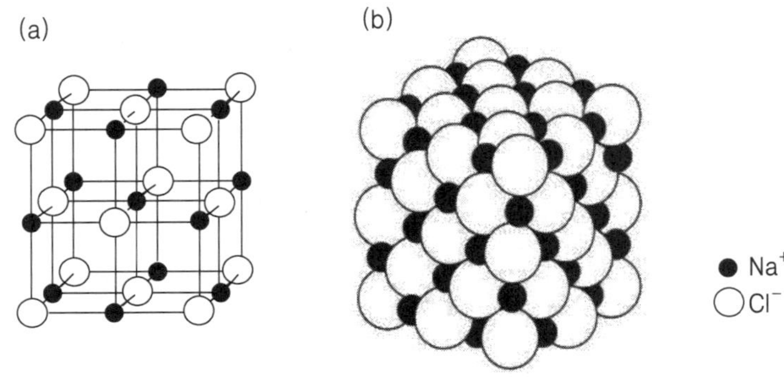

그림 3-35. 암염형(岩塩型) 구조

(2) 섬아연광형 구조(β−ZnS)

이 구조의 대표 예인 β-ZnS의 각 이온반경은 Zn^{2+}가 0.74Å, S^{2-}가 1.84Å이므로 이온반경비는 0.40으로 양이온은 4배위가 된다. 또 Zn^{2+}의 결합강도는 2 / 4 = 1 / 2 이므로 음이온의 배위수는 4이다. 다시 말하면 음이온은 fcc를 취한다. 이 구조에서는 원자간 거리가 NaCl형보다 접근하여 이온결합에 비해 공유결합의 성격을 띠고 있다. 이 구조를 취하는 화합물로는 β-ZnS 외에 AgI, β-SiC, cBN(입방정 BN) 등이 있다.

(3) 형석형 구조(CaF_2)

CaF_2가 그 구조명이 유래하는 화합물이다. 각 이온반경은 Ca^{2+}가 0.99Å, F^{2-}가 1.36Å이므로 이온반경비는 0.73이며, 양이온은 8배위에 들어간다. 또 Ca^{2+}의 결합강도는 2 / 8 = 1 / 4이므로 음이온의 주위에는 4개의 양이온이 배위한다. 다시 말하면 음이온은 단순입방격자(sc)를 취하고, 양이온은 fcc를 만든다.

결과적으로 F^-는 이 입방체가 8개로 분할된 각 작은 입방체의 중심에 위치하고 있다. 따라서 각 Ca^{2+}는 8개의 F^-에 에워싸이며, 또 각 F^-는 정사면체의 정점에 놓인 4개의 Ca^{2+}에 의해 에워싸이고 있다(그림 3-36). CaF_2구조를 갖는 화합물로는 ThO_2, CeO_2, UO_2, BaF_2, HgF_2 등이 있다. 금속원자와 비금속권자의 위치가 바뀐 구조를 역형석형 구조라 하며, 여기에는 Na_2O, k_2O, Cu_2O 등이 있다. 이들 결정은 제법 이온성이 강하다.

(4) 페로프스카이트형 구조(CaCO3)

ABO_3란 일반식으로 표시되며, A이온이 매우 크고, A와 B의 이온반경에 차이가 날 때 이 구조가 된다. $BaTiO_3$가 그 대표적인 예이며, 유전체 등의 전자재료로서 널

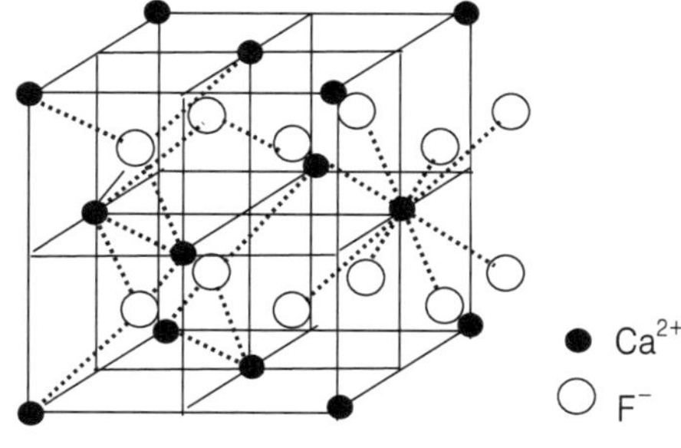

그림 3-36. 형석형(螢石型) 구조

리 이용되므로 이에 대해 설명한다. 각 이온반경은 Ba^{2+}가 1.35Å, Ti^{4+}가 0.68Å, O^{2-}가 1.40Å이다. Ba^{2+}와 O^{2-}의 이온반경비는 0.96으로 거의 1에 가까우므로 Ba^{2+}는 12배위의 위치에 들어간다.

12배위에 들어가면 음이온은 최밀충진격자를 취할 수 없으므로 Ba^{2+}와 O^{2-}가 모여서 최밀충진격자가 된다고 생각된다. 다시 말하면 Ba와 0를 합쳐서 fcc가 된다. 한편 Ti^{4+}와 O^{2-}의 반경비는 0.49이므로 6배위를 점한다.

결과적으로 Ba와 O가 조합하여 fcc를 형성하고, O^{2-}만으로 에워싸인 6배위의 위치에 Ti^{4+}가 들어간다. Ba의 결합강도는 1/6, Ti의 결합강도는 2/3이며, O의 주위에는 Ba가 4개, Ti가 2개이므로$(1/6)\times4+(2/3)\times2=2$가 되어 산소의 가수와 일치한다. 그리고 단위결자 중에는 Ba^{2+} 1개, Ti^{4+}가 1개, O^{2-} 3개가 존재한다.

등축정계에 속하는 이상적인 형태의 물질은 적어서 많은 경우에는 약간 왜곡되어 다른 결정계가 되고 있다. 이 결정구조를 갖는 것으로는 $BaTiO_3$ 이외에 $PbTiO_3$, $LaTiO_3$, $NbTiO_3$ 등이 있으며, 유전체나 압전체 등의 중요한 기능성 재료로서 대량으로 사용되고 있다.

(5) 울츠광형 구조(α-ZnS)

울츠광은 ZnS의 한 변태이다. 그 구조는 그림 3-37에 표시한 바와 같으며, 여기서는 ●이 Zn^{2+}, ○가 S^{2-}에 대응한다. 이 구조에서는 S원자가 만드는 육방최밀충진형의 배열로 생성된 사면체 간격, 즉 4배위의 위치의 반이 균일하게 Zn으로 점유된다(그림 3-37). 이온반경비에 대해서는 4배위의 조건인 0.225～0.414에서 떨어진 예도 많아서 공유결합성이 강하다. 울츠광형 구조는 육방정계로 이 구조를 취하는 화합물에는 BeO, ZnO, AIN, α-ZnS, α-SiC 등이 있다.

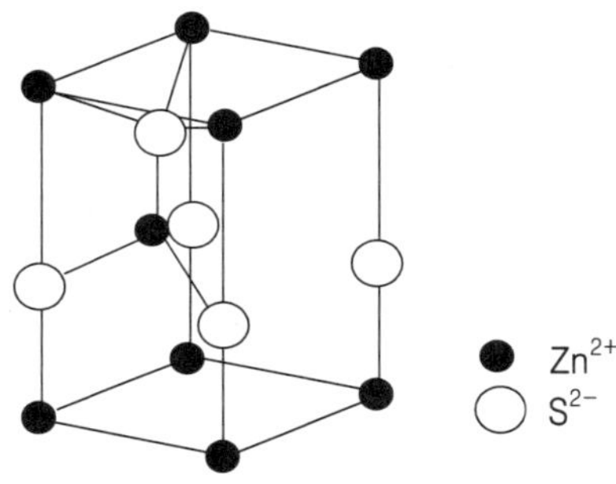

그림 3-37. 울츠광형 구조(α-ZnS)

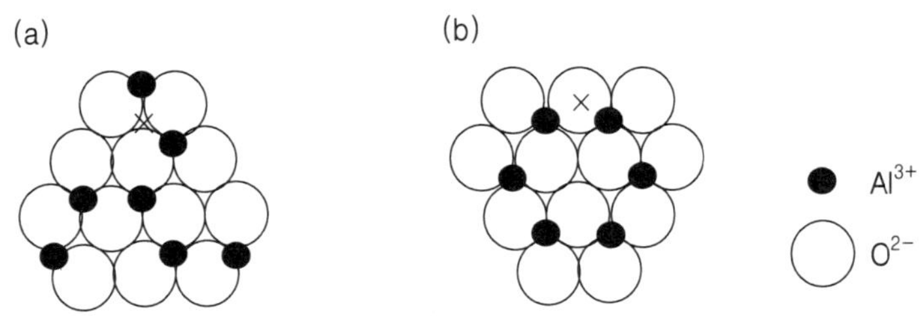

그림 3-38. 코란담형 구조(α-Al_2O_3)

(6) 코란담형 구조(α-Al_2O3)

코란담은 Al_2O_3의 대표적인 변태이다. 이온반경은 Al^{3+}가 0.50Å, O^{2-}가 1.4OÅ으로 반경비가 0.36이므로 6배위가 된다. 결합강도는 1/2이므로 음이온의 주위에 있는 6개의 6배위 중 4개, 즉 2/3을 양이온이 점유한다. O^{2-}는 육방최밀충진형으로 배열하고, Al^{3+}는 6배위의 2/3을 채운다(그림 3-38). 그림 3-28에 최밀충진면을 나타냈는데, 6배위의 어느 배열을 보아도 3개 중 2개가 점유되었음을 알 수 있다.

코런덤형 구조는 α-Al_2O_3, α-Fe_2O_3, Cr_2O_3, V_2O_3 등 M_2O_3형의 산화물에서 볼 수 있다.

(7) 실리카의 구조(SiO_2)

실리카(SiO_2)는 이온결합과 공유결합을 겸비한 Si-O결합을 갖는 산화물로 많은 변태가 존재한다. 구조로서는 석영, 트리지마이트, 크리스트파라이트의 3형태가 주된 것으로, 각각 저온형(α)과 고온형(β)이 있다. Si^{4+}의 반경은 0.41Å이므로 이온반경비는 0.29가 되어 O^{2-}의 4배위 간격에 Si^{4+}가 들어간다.

결합강도는 4 / 4=1이므로 O^{2-} 주위에는 Si^{4+}가 2개만 존재한다. 따라서 SiO_2의 결정구조는 Si^{4+}가 4개의 O^{2-}로 에워싸인 SiO_4 사면체로 이루어진다. 각 O^{2-}는 2개의 Si^{4+}와 이어진 결합을 하며, SiO_4 사면체는 그 꼭지점의 4개의 O^{2-}를 모두 공유하여 그림 3-39와 같은 석영, 트리지마이트, 크리스트파라이트의 3종류의 결정구조를 취한다. 이들 SiO_2의 각 변태는 구조적으로는 SiO_4 사면체의 연결방식과 Si-O-Si의 결합각의 차이에 의해 생긴다.

(8) 다이아몬드형 및 흑연형 구조

다이어몬드형 구조는 그림 3-40처럼 섬아연광형 구조로 양이온과 음이온의 위치의

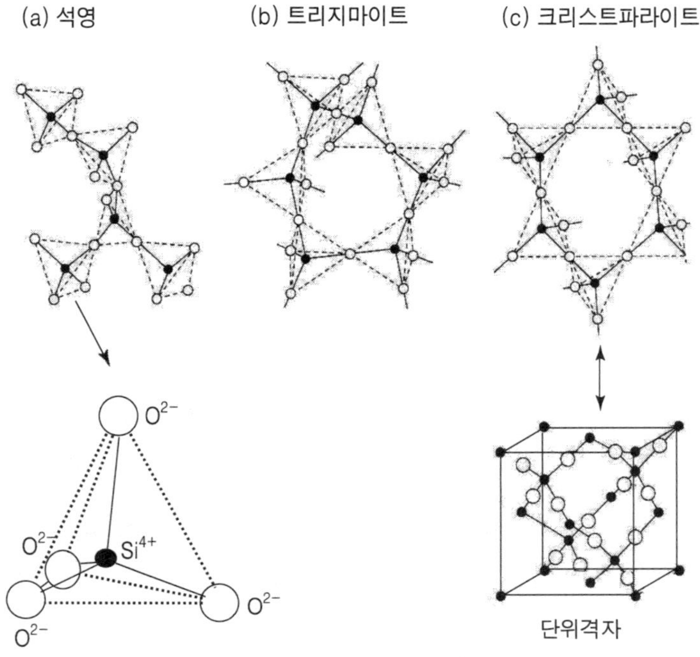

그림 3-39. 실리카의 결정구조(SiO_2)

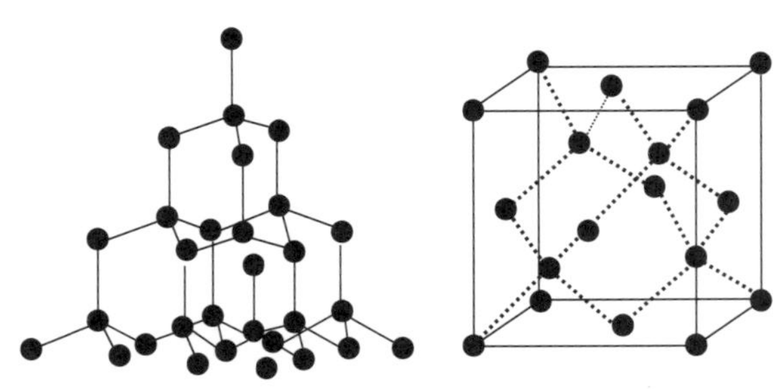

그림 3-40. 다이아몬드형 구조

양쪽에 C를 배치한 형태이다. 이 경우 어느 C원자의 위치를 중심으로 생각해도 그것을 에워싼 C원자는 4개이며, 늘 사면체가 구성된다. 다이아몬드형 구조를 취하는 물질로서 다이아몬드 이외에 Si, Ge 등이 있다.

결정의 이방성 때문에 구조 안에 간격이 많아서 충진율은 34%이다. 또 흑연은 다이아몬드의 동소체이며, 결정구조는 평면상이다(그림 3-41). C가 2차원적으로 집합

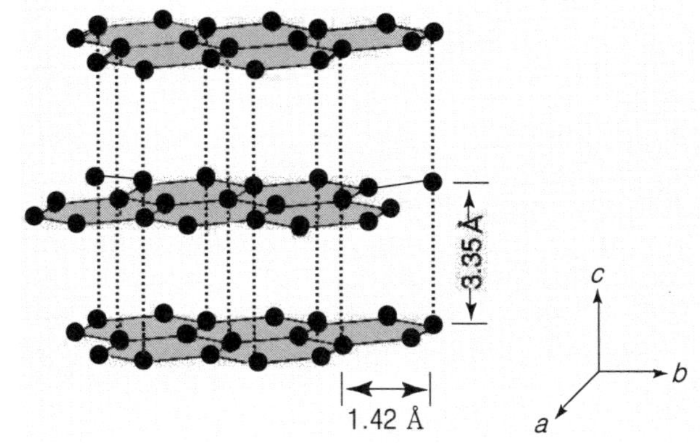

그림 3-41. 크라파이트의 구조

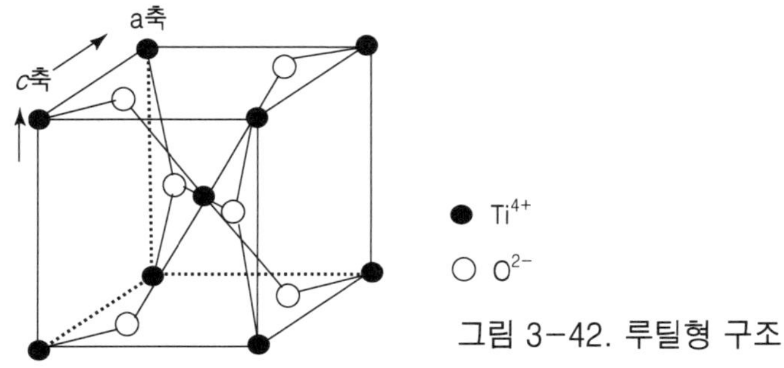

그림 3-42. 루틸형 구조

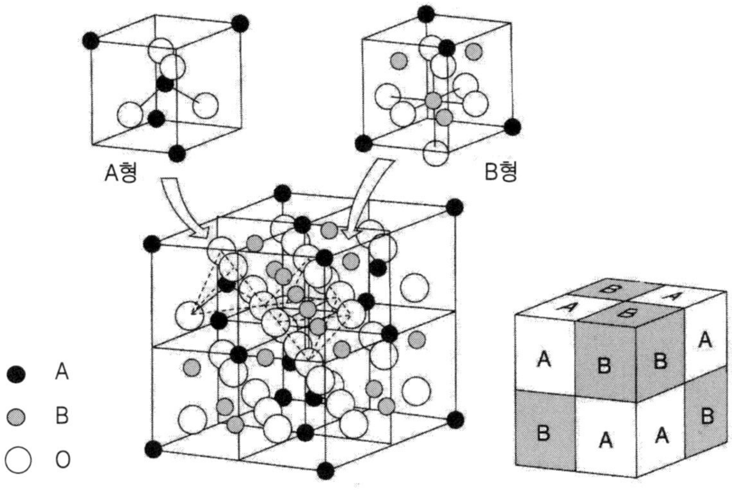

그림 3-43. 스피넬형 구조

한 면이 몇 층이나 중복되고 있으며, 각 층간은 반데르왈스력으로 결합하고 있다(그림 3-41).

(9) 기타 결정 구조

그밖에 루틸형 구조나 스피넬형 구조도 중요하다. 단, 이들 구조는 복잡하기 때문에 여기서는 그림 3-42 및 그림 3-43에 그 구조를 나타내고, 상세한 설명은 생략하기로 한다.

5. 결정성 고체의 불완전성과 내부구조

5.1 결정성 고체의 불완전성

앞에서는 완전결정성 고체의 구조에 대해서 서술했지만, 현실적으로 고체는 완전하지는 않다. 이것들의 불안전성은 결함(defect)라 하는데, 이 공간적으로 넓은 범위에서의 점결함(point defect), 선결함(line defect), 면결함(interfacial defect), 벌크결함(bulk defect)의 4종류로 나눈다.

점결함은 결정 중에서 원자의 크기에 대한 퍼짐을 가지고 국소적으로 결함이 있다. 이종원자, 공격자, 과승전자, 정공(正孔) 등이 그 예이다. 선결함은 그 타이틀이 나타낸 것과 같이 결정 중에서 선상에 넓게 분포한 결함에서 전위(dislocation)라고도 부른다. 면결함은 결정입계의 계면과 같이 2차원적으로 넓게 결함이 있다.

계면은 결정의 규칙성이 깨지는 영역이다. 여기에서의 규칙성은 화학조성, 원자 배열상태, 전자기적 상태 등에 있어서 일반적으로 이용된 것이다. 벌크결함은 현상 또는 마크로 구조에서 불균일성을 나타낸 꽤 크고 넓게 결함을 가지고 있는 것으로, 구체적인 예로서는 기공, 크라크, 개재물 등이 있다.

5.2 점결함

결정성 고체에서는 전자와 정공(正孔)의 레벨로부터 원자와 이온의 레벨까지 많은 점결함이 존재한다. 일반적으로 점결함은 불순물 원자 또한 이온, 원자 또는 이온공공, 격자점 이외의 장소에 들어간 용매원자 또는 이온으로부터 어떻게든 원자레벨의 크기에 따른 결함을 말한다.

(1) 단일 성분고체 결정

그림 3-44에서 금속 등의 단일 성분물질의 고체결정에서 보여진 여러 가지의 점결

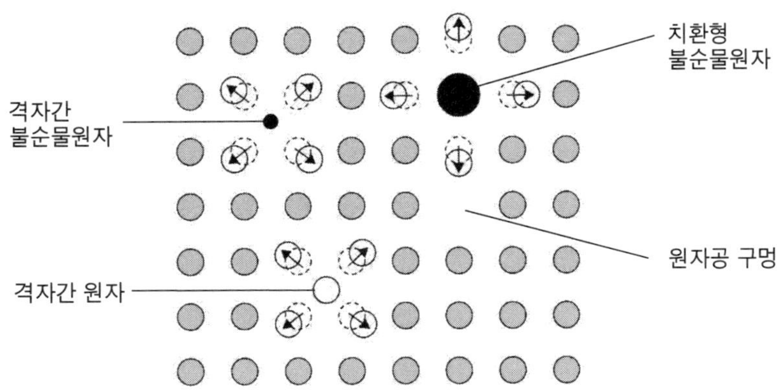

그림 3-44. 단일 성분으로부터 결정 중의 여러 가지 점결함

함을 나타낸다. 격자점인 불순물 원자를 치환형 불순물 원자(substitutional impurity atom)라 한다. 또 격자점 이외의 장소에 들어간 불순물 원자를 격자간 불순물 원자(interstitial impurity atom)이라 한다.

이종원자가 격자점에 들어가는지, 격자 간에 들어가는지는 그 원자의 크기와 들어가는 장소의 크기와의 상대적 관계로 결정된다. 작은 원자는 보통 격자간 불순물 원자가 되고, 큰 원자는 치환형 불순물원자가 된다. 원자가 점유하지 않는 격자점을 원자공공(vacancy)라고 하며, 격자점의 사이에 들어간 원자를 격자간 원자(interstitial atom)이라고 한다. 결정 중의 공공농도는 저온에서는 매우 작지만, 온도가 높아질수록 커진다. 결정성 고체 안에서의 원자의 이동은 공공의 확산에 따라서 가능해지므로 공공의 존재는 반응속도를 결정짓는 중요한 인자이다.

(2) 이온결정

이온결정 중의 점결함은 전기적으로 중성을 유지해야 한다는 점에서 금속의 경우와는 다르다. 이온결정 중의 공공에는 양이온 공공과 음이온 공공이 있다. 격자간 이온에도 결정을 구성하는 음양의 두 이온이나 불순물 이온이 있다.

여기서도 큰 이온은 격자간의 작은 공극에 들어가는 것은 곤란하기 때문에 이온반경이 작은 양이온이 이 결함을 만들기 쉽다. 불순물 이온은 치환형으로서 격자점에 들어가거나 침입형으로서 격자간 공극에 들어간다. 결정은 정부의 전하를 갖는 이온으로 구성되지만, 전체로서는 앞서 언급한 바와 같이 전기적으로 중성이 유지되어야 한다. 이것을 전기적 중성의 원리라고 하며, 이온결정에 결함이 반드시 2종류 이상 동시에 생성되지 않으면 안 된다는 것을 요청하고 있다. 이와 같이 생기는 대표적인 결함에는 쇼트키(Schottky) 결함과 프렌켈(Frenkel) 결함이 있다. 쇼트키 결함은 등가인 양이온 공공과 음이온 공공이 쌍이 되어 생성한다. 프렌켈 결함은 공공과 격자간 이온이 쌍이 되고 있다.

점결함을 표기하는 방법은 크로거-빙크(Kröger-Vink) 기호가 사용된다. 기본적으로는 A^{C}_{B}의 형태로 표시되며, B는 격자 중의 사이트, A는 그 사이트를 실제로 점유하는 원자나 이온, C는 유효전하이다. C는 플러스가 ・(dot), 마이너스가 ′(dash), 제로가 ×으로 포기된다. 크로거-빙크 기호를 따르면 결함이 공공일 때는 V로 표시되며, M 및 X의 격자점에 공공이 생성될 때는 V_M, V_X로 표시된다.

예를 들면 V_{Na}는 Na^+이온과 전자를 격자점에서 제거한다는 것을 의미한다. 또 원자가 격자간 위치를 점유할 때는 i의 첨자를 붙여 M_i 및 X_i로 나타낸다. 또 M이 본래 X의 위치인 곳에 들어가는 경우에는 M_x라고 표시한다. 또 유효전하에 관해서는 상기한 규칙을 따르면 V''_{Mg}는 M_g의 위치가 공공이 되어 마이너스 2가로 대전하고 있음을 나타내고 있다. $Ca_{\ddot{i}}$는 Ca가 격자간 위치에 있음을 나타내고, 플러스 2가로 대전하고 있다. 이 표기법을 사용하면 NaCl이나 MgO에 쇼트키 결함이 생성되므로 그 식은 다음과 같이 표시된다.

$$\begin{aligned} null &= V'_{Na} + V_{\dot{c}1} \\ null &= V''_{Mg} + V_{\ddot{O}} \end{aligned} \tag{3.21}$$

여기서 null은 제로를 의미한다. 또 진성반도체가 열 여기(勵起)에 의해 전기전도를 나타낼 때 전자가 전도대에 올라가 가전자대에는 공공이 생성된다. 이 경우는 다음과 같이 표기된다.

$$null = e' + h' \tag{3.22}$$

e는 전자, h는 공공(空孔)을 의미한다.

5.3 선결함

전위는 1차원의 선결함이며, 선상으로 격자를 왜곡시킨다. 금속의 소성 변형(plastic deformation)을 설명하기 위해서 제안된 결함인데, 이온결합이나 공유결합성 결정 중에도 존재한다. 일반적으로 이론적인 강도는 거의 G/2π(G는 강성률)로, 매우 높은 값이라는 점에서 완전 결정체에서는 소성(塑性) 변형은 곤란하다. 그래서 전위가 존재하지 않으면 금속재료에서도 소성 변형은 생기지 않는다고 생각되고 있다.

전위는 대개 그림 3-45처럼 칼날상 전위, 나선전위, 및 2종류의 전위가 뒤섞인 혼

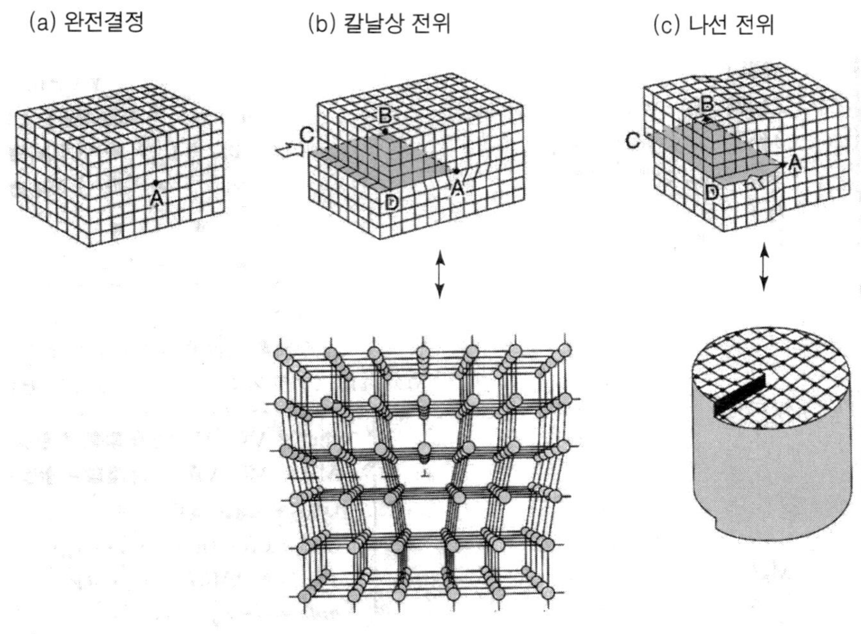

그림 3-45. 칼날상 전위와 나선전위
AB는 전위선을 나타냄.

합전위로 대별된다. 전위를 성격 짓는 변수에 버커스펙터 b가 있다. 이것은 전위의 단위인 미끄럼거리를 나타내며, 미끄럼방향에 평행하다. 칼날상 전위는 결정격자 중에 남는 반원자면이 들어가서 형성되며, 그림 중에 나타냈듯이 기호로 표시된다.

나선전위에서는 결정이 나선상으로 퍼져 있다. 이온결정은 2종류 이상의 원소로 구성되며, 양이온과 음이온의 정전인력이나 반발력에 의한 상호작용이 존재한다. 그래서 금속단체보다 복잡하다. 재료에 커다란 힘을 가하면 변형하여 원래 형태로 돌아가지 않는 성질을 소성(塑性)이라고 하는데, 금속재료에서 일반적으로 볼 수 있는 소성변형은 전위에 관계하는 가장 중요한 성질의 하나이다.

금속재료에서는 전위가 응력의 작용으로 그림 3-46처럼 이동한다. 전위가 이동하는 힘은 바이엘스-나바로력이라고 불리며, 그 값은 이론적인 변형강도의 약 1/1000의 오더이다. 그래서 1개의 전위가 응력에 의하여 결정의 한쪽 끝에서 다른 끝까지 차차 이동하면 결정의 상반부분이 하반부분에 대해 1원자간 거리만큼 미끄러지게 된다. 결정의 한 끝에서 전위가 차차 생성되어 그것이 이동하는 과정이 연속적으로 생김으로써 금속에서는 커다란 소성 변형이 일어난다. 이러한 교정에 의하지 않고 같은 소성 변형을 일으키기 위해서는 미끄럼면의 상하의 원자간 결합력을 동시에 절단하

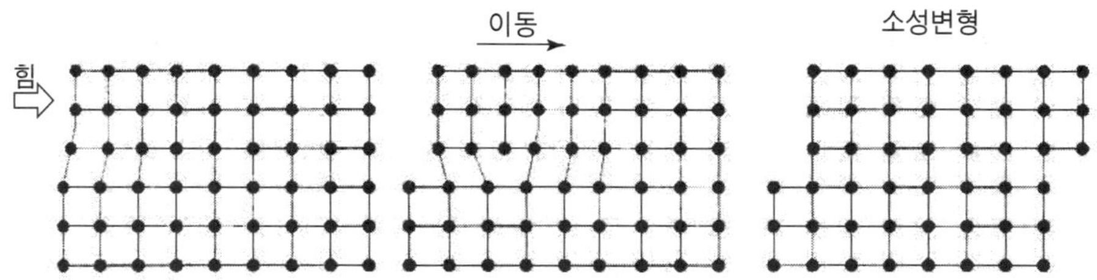

그림 3-46. 칼날상 전위의 이동과 소성(塑性) 변형

여 상하면을 동시에 이동시키지 않으면 안 된다. 여기에는 매우 커다란 응력이 필요하다. 이온결정이나 공유결합결정은 취성을 나타내는데, 고온에서는 전위밀도도 상승하여 소성 변형을 일으킨다. MgO 등은 전형적이 예로 알려지고 있다.

전위의 존재는 다양한 방법으로 관찰할 수 있다. 예를 들면 결정이나 다결정체를 부식액을 사용하여 화학적으로 처리한다. 전위의 주위의 이온이나 원자는 압축 혹은 인장응력을 받고 있기 때문에 화학적으로 반응성이 높고, 다른 부분과 비교하여 쉽게 용해한다. 그래서 표면이 결함의 존재에 응하여 특이하게 움푹 패이게 되므로 이것을 현미경으로 관찰하여 확인한다. 예를 들면 칼날상 전위를 생각해 보자. 이 경우는 결정의 원자면 사이에 남는 반원자면이 부리하게 들어가 있어서 결정의 내부에는 커다란 응력이 발생하고 있다. 그림 3-47처럼 미끄럼면의 위쪽 영역에는 압축응력, 아래쪽에는 인장응력이 작용하고 있다.

결정이 치환형의 불순물을 포함하는 경우에는 결정의 구성이온에 비해 커다란 이온반경을 갖는 불순물 이온이 인장응력을 완화하여 미끄럼면의 아래쪽 원자와 치환

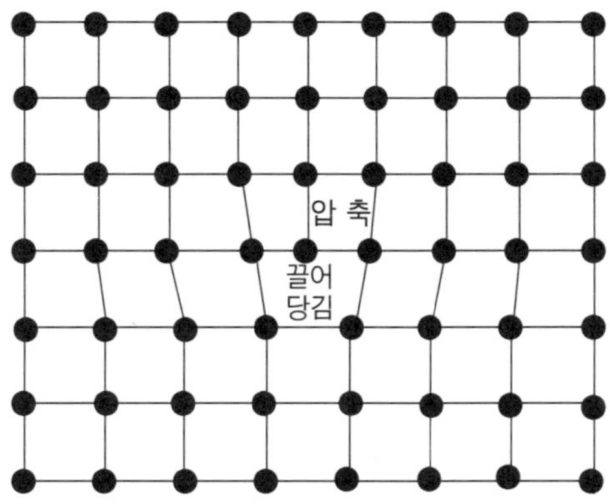

그림 3-47. 전위 주위의 응력과 불순물 이온과의 상호작용

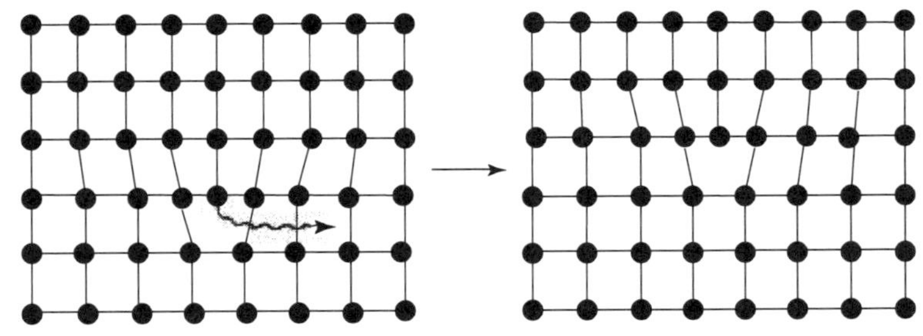

그림 3-48. 전위의 상승

하여 그곳에 몰리는 경향을 나타낸다. 반대로 작은 이온반경을 갖는 불순물 이온은 미끄럼면의 위쪽에 몰리는 경향이 있다.

전위는 이온의 흡입구나 출구로서도 작용한다. 예를 들면 칼날상 전위에서 이온이 출발하는 경우, 반원자면의 아래쪽에서 한 쌍의 이온이 떨어질 때에 전위의 종단은 이온 한 쌍 1개분의 거리만큼 위쪽으로 이동한다(그림 3-48). 이것을 전위의 상승이라고 하며, 반대의 경우를 전위의 하강이라고 한다.

5.4 면결함

면결함으로는 자유표면, 전자구조가 다른 영역 사이의 계면이 도메인 경계, 결정 사이의 경계인 결정입계 등이 있다. 입계(grain boundary)는 결정 특유의 것인데, 다른 결함은 결정, 아몰포스 고체의 어느 것에나 존재한다. 이러한 경계면으로서 존재하는 면결함의 부분은 결정 내부와는 매우 다른 성질을 가지며, 물질에서 다양한 흥미로운 현상을 일으키는 원인이 되고 있다. 이 항에서는 결정고체의 자유표면과 결정입계에 대해 설명한다.

(1) 자유표면

결정(結晶)은 유한한 크기이므로 자유표면은 반드시 존재한다. 자유표면에서의 원자배열은 결정 내부와는 달리 표면 부근에서는 원자간 결합은 일부 단절되어 원자가 갖는 화학적 에너지는 내부의 그것과는 다르다. 그래서 표면 가까이의 결정구조는 내부와 같지만, 격자정수는 내부보다 약간 크다. 표면에너지는 새로 형성된 표면의 단위면적당 에너지의 증가량으로 정의된다. 결정의 표면에너지는 표면의 결정방위에 따라 다르며, 가장 밀도가 큰 원자면이 가장 크다.

(2) 결정입계

다른 결정방위의 경계가 결정입계(結晶粒界)이다. 입계는 결정 방위의 각도에 의해 소각입계(low-angle boundary)와 대각입계(high-angle boundary)로 대별된다.

(a) 소각입계

일반적으로 입계의 방위각이 10° 이하의 경우를 소각입계(小角粒界)라고 부르고 있다. 가장 간단한 구조는 평행으로 늘어선 칼날상 전위에 의해 형성된 경각입계이다. 이 경우는 2개의 결정방위가 전위에 평행한 축을 중심으로 하여 서로 기울어진 형태가 되어 있다. 경각입계의 방위각 θ 는 다음 식으로 표시된다.

$$\tan\theta = \frac{b}{D} \tag{3.23}$$

여기서 b는 버거스펙터의 크기, D는 전위간 거리이다. 그 밖에 나선전위가 평면상에 나열하여 형성되는 입계(twist boundary)라고 불리는 입계가 있다. 많은 소각입계에는 경각입계와 입계의 두 가지가 포함되어 있으며, 칼날상 전위와 나선전위의 복잡한 배열에 의해 구성되어 있다.

(b) 대각입계

입계에서의 방위차가 10° 이상의 경우를 대각입계(大角粒界)라고 부른다. 여기서는 입계는 수 원자 거리의 폭을 가지며, 일반적으로 원자의 주기적인 배열이 거기서 소실되고 있다. 입계부근에서는 원자배열의 주기성이 무너지고 있기 때문에 입계에도 계면에너지가 존재한다. 그러나 입계의 원자는 표면의 원자와는 달리 그 주위를 많은 원자에 에워싸이고 있기 때문에 절단된 결합이나 왜곡된 결합은 적다. 그래서 일반적으로 입계에너지는 노면에너지보다 작다.

입계가 존재하는 고체를 다결정(polycrystal)이라고 부르며, 하나하나의 입자는 많은 다른 방위를 갖는 결정으로 이루어진다. 그림 3-49에 다결정의 알루미나와 순철의 입계 모습을 나타냈다. 어느 것이나 입계를 우선적으로 부식액으로 부식시킨 면의 현미경 사진이다. 그러나 많은 고체재료는 2원소 이상을 포함하는 복수의 상의 혼합체이다. 상으로서는 고용체, 합금 혹은 화합물, 아몰포스, 순물질 등이 있으며, 상과 상 사이에는 상경계가 존재한다. 추상으로 이루어진 결정립 사이를 결합재로 결합시킨 다결정체의 예가 매우 많다. 이 경우는 결정립(grain)의 사이에 존재하므로 이들을 입계상(粒界相, grain boundary phase)라고 부르고 있다. 결정립과 입계상의 사이에는 상계면(相界面)이 존재한다.

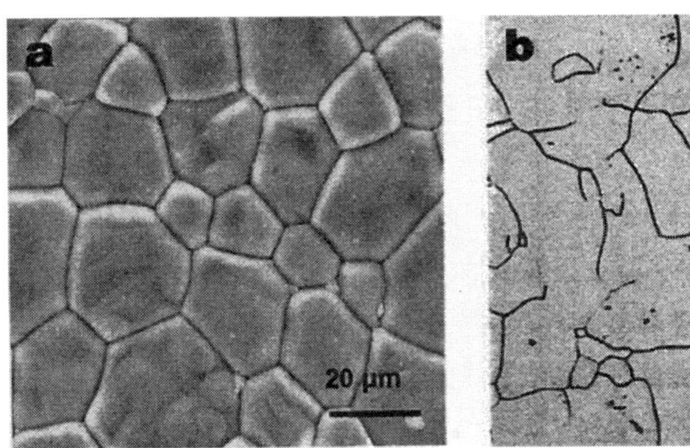

그림 3-49. 대각입계(大角粒界)를 가진 다결정체의 미세구조
(a) 알루미나, (b) 순철

알루미나(결정립) - 유리상(입계상)계 재료(a), 질화규소(결정립) - 유리상(입계상)계 재료(b) 및 탄화텅스텐(결정립) - 코발트상(입계상)계 재료(c)의 미세조직 사진을 나타냈다. (a)는 통상의 알루미나 세라믹스이며, 반도체 소자의 기판재료로 이용되고 있다. (b)는 대표적인 구조재료, (c)는 초경합금이라고 불리며, 절삭공구로서 사용되고 있다.

그 밖에 다상물질의 종류는 매우 많으며, 그 중에는 제2상, 제3상이 존재하는 것도 많다. 이들의 총칭을 복합재료라고 부르고 있으며, 모상(母相)과 분산상(分散相)으로 구성되고 있다.

유리섬유(분산상)로 강화한 플라스틱(모상)이나 철근(분산상) 콘크리이트(모상) 등은 그 전형적인 예인데, 상기한 알루미나 세라믹스나 초경합금도 넓게는 복합재료에 포함된다. 이 경우는 알루미나 결정립과 탄화텅스텐이 분상상이며, 유리와 코발트가 모상이다.

5.5 벌크결함

벌크결함은 다른 결함에 비해 커다란 결함(마크로 결함)이기 때문에 재료의 특성열화를 초래하는 것이 많다. 특히 벌크결함의 존재는 기계적 성질이나 전기적 성질을 저하시키기 때문에 구조물 등에서는 실용에 대하여 치명적 결과를 초래한다는 사실이 잘 알려지고 있다. 기계적 성질에 대한 벌크결함의 영향은 물질의 차이에 따라 다르며, 유리 등에서는 표면에 μm오더의 상처가 존재해도 그 강도는 대폭적으로 저하한다. 그러나 금속재료는 전위의 존재에 의해 소성(塑性) 변형에 의한 응력의 완화가 가능하기 때문에 감도에 영향을 미치는 결함은 유리보다 훨씬 크다.

벌크결함의 주된 것은 보이드(기공), 클랙, 개재물 등을 들 수 있다. 이러한 결함은 물질계에 따라 매우 다르지만, 어느 것이나 제조공정에서 발생하는 일이 많기 때문에 최근에는 새삼 공정의 과학과 기술에 관한 연구가 중요한 과제가 되고 있다. 그림 3-50에 벌크결함의 예를 들었다.

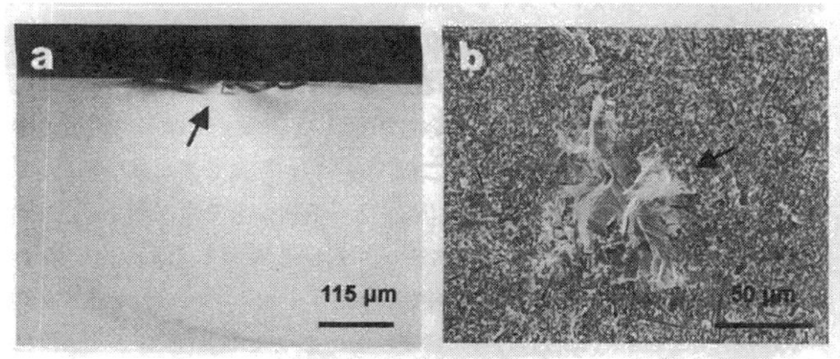

그림 3-50. 벌크결함의 예

연습문제

(1) 방향성이 없는 원자의 최밀충진구조의 형성에 대하여 다음 물음에 답하시오.

i) 2종류의 최밀충진구조가 존재한다. 명칭을 한국명과 영어명으로 기록하시오.

ii) 최밀충진구조의 형성 방법과 2개의 구조의 차이를 설명하시오.

iii) 상기 2개의 구조 안에 어떠한 원자간격이 생성되는지를 설명하시오.

(2) 결정고체에 관한 다음의 물음에 답하시오.

i) bcc와 fcc는 어떤 브라베격자의 약칭이다. 각각에 대하여 한글명을 기록하고, 단위격자 중에 포함되는 원자의 수를 계산하시오.

[bcc : 2, fcc : 4]

ii) 물질이 bcc에서 fcc로 변태할 때 생기는 체적변화를 구하시오. 단, 원자의 직경은 일정하며, 원자는 강체구로서 충진되고 있다고 가정하시오. 그리고 해답은 유효숫자 2행으로 하고 %로 나타내시오. [8.1%]

(3) 어떤 계가 평형상태일 경우 공존하는 ⓐ, ⓑ 또는 상태변수(온도, 압력 등) 간에 일정하게 관계가 성립한다. 이것을 ⓒ의 상률이라 하면 다음 식을 갖는다.

$$P + F = C + 2 \tag{3.24}$$

여기서 P는 ⓐ의 수, F는 ⓓ로, ⓐ의 수를 변화시키지 않고 자유롭게 변화시킬 수 있는 독립변수의 수, C는 독립적인 ⓑ의 수이다. 다음 물음에 답하시오.

i) ⓐ~ ⓓ에 들어가는 용어를 쓰시오.

ii) 식 (3.24)를 도출하시오.

iii) 그림 3-2에 물의 상태도를 나타냈다. (a) 점 0, (b) 선 OC, (c) 선 OB, (d) 물, 수증기, 얼음의 각 단상의 부분을 D에 대한 식 (3.24)을 사용하여 설명하시오..

(4) 그림 3-3에 탄소의 상태도를 나타냈다. 이 그림에서 알 수 있듯이 결정에는 다이아몬드와 흑연의 2종류가 있다. 다음 물음에 답하시오.

i) 결정구조도를 그리고, 원자 사이의 결합방법을 설명하시오.

ii) 양자의 성질의 차이를 말하시오.

iii) 인공 다이아몬드의 제조법에 대하여 상태도를 참고로 하여 설명하시오.

iv) 다이아몬드나 흑연과 구조가 유사한 물질이 있다. 물질명을 나타내고, 각각의 특징을 서술하시오.

(5) 결정은 단위격자에 의해 7가지 결정계로 분류된다. 다음 물음에 답하시오.

i) 정방정계 및 육방정계의 단위격자를 그리고. 다음 면과 방위를 기입하시오.

정방정 단위격자 : (001), (102), (110), $(1\bar{1}0)$, (220), [120], [111], $[1\bar{1}0]$
육방정 단위격자 : (0001), (1100), $(1\bar{2}10)$, (1100), [100], [010], [110]

ii) i)에 표시한 이외의 5종류의 결정계의 명칭을 기입하고, 단위격자를 도시하시오.

(6) 왼쪽 공정형 2성분계 상태도에서 X조성의 용융물을 1600℃(X′)에서 천천히 냉각했을 때 다음 물음에 답하시오. 계산 결과는 대략의 값이라도 된다.

i) 1000℃에서의 B정의 비율을 구하라. [약 38wt%]

ii) 공정온도(700℃)의 바로 위에서 정출하는 B정의 비율은 전체의 몇 wt%인가? [약 43wt%]

iii) 공정온도에서 액상부터 결정화하는 B정의 양은 전체의 몇 wt%에 상당하는가? [약 23wt%]

iv) 조성 X가 고화했을 때의 미세조직은 일반적으로 어떻게 되는가? 도시하시오.

(7) 이온결정에 관한 다음 물음에 답하시오.

i) 양이온을 에워싼 음이온의 배위수가 4 및 6이 될 때 양자의 이온반경비가 각각 0.225 ~ 0.414, 0.414 ~ 0.732의 범위에 있음을 나타내시오.

ii) 화합물 MgO, AIN, ZnO, ZnS에 대하여 양이온에 대한 음이온의 배위수를 추정하시오. 단, 이온반경(nm)은 Ma^{2+} : 0.065, Al^{3+} : 0.050, Zn^{2+} : 0.74, N^{3-} : 0.171, O^{2-} : 0.140, S^{2-} : 0.184로 계산하시오.

[MgO : 6, AIN : 4, ZnO : 6, ZnS : 4]

iii) ii)에서 추정한 배위수 중에서 실제와 일치하지 않는 것이 있다. 그 화합물을 표시하고 이유를 설명하시오.

(8) 대표적인 산화물 세라믹스로 알려진 알루미나(산화알루미늄, $A1_20_3$)에 대하여 다음 물음에 답하시오.

i) 알루미나는 보키사이트를 원료로 하여 금속알루미늄(Al)을 제조하기 위한 중간체로 이용된다. 금속알루미늄은 알루미나를 어떤 물질에 융해하여 탄소전극을 사용한 전기분해법에 의해 제조된다. 음극 및 양극에서의 반응식을 나타내시오. [음극 : $Al^{3+}+3^{e-} \rightarrow Al$.

양극 : $C+20^{2-} \rightarrow C0_2+4^{e-}$ 또는 $C+O^{2-} \rightarrow CO+2e^-$]

ii) i)에 대한 물질이란 무엇인가? 한글명과 화학식으로 나타내시오.

iii) Al_20_3에는 많은 다형이 존재한다. 그 중에서도 가장 안정적인 결정형이 α-알루미나이다. α-알루미나의 결정계는 ⓐ정계이며, 그 구조는 ⓑ형이라고 불린다. 전기적으로는 ⓒ성을 나타내며, 융점이 2050℃로 우수한 ⓓ성이나 ⓔ성을 특징으로 한다.

- ⓐ~ⓔ에 적절한 용어를 넣으시오.
- 다형이란 무엇인가를 설명하시오,
- α-알루미나를 주성분으로 하는 무기재료의 용도의 예 3가지를 드시오.
- β-알루미나는 초기에는 알루미나의 다형의 하나라고 생각되었으나 현재는 Na^+이온 등을 포함하는 다른 화합물임이 밝혀졌다. 이 물질의 화학식을 나타내고, 그 전기적 성질을 서술하시오.

(9) 전위에 대하여 설명하시오.

i) 전위란 무엇인가?

ii) 전위는 3종류로 분류된다. 그 명칭을 기재하고, 각각에 대하여 설명하시오.

iii) 전위를 사용하여 소성 변형의 기구를 설명하시오.

(10) 동(銅)의 브라베 격자는 면심입방격자이다. 격자정수를 0.31nm, 동(銅)의 원자량을 63.5라고 하여 다음 물음에 답하시오.

i) 면심입방격자 이외의 브라베 격자 중에서 3개의 축간 각이 90°인 것을 선택하여 그 단위 격자도를 그리시오.

ii) 동결정의 단위격자 중의 원자 수는 몇 개인가? [4]

iii) 동(銅)의 밀도를 구하시오 [$8.95gcm^{-3}$]

제 4 장

고체의 전기전도성

본 장에서는 물질의 전기전도기구에 대해 다루며, 금속, 반도체 절연체의 도전성(導電性) 차이, 온도의존성, 또한 이온전도성에 관해 기술한다. 전자의 훼미 준위(準位)가 에너지밴드 내에 있는가, 밴드갭 내에 있는가에 따라 금속과 반도체 절연체로 나뉜다.

금속의 전기저항이 온도상승에 따라 크게 되는 것에 반해, 반도체와 절연체의 저항은 온도와 함께 내려간다는 중요한 차이가 있다.

서 론

물질의 전기전도성(電氣傳導性)에 대한 검증은 1729년 영국의 Stephan Gray에 의해 처음으로 이루어졌다. 그는 대전(帶電)시킨 유리봉을 축축한 끈의 끝에 접촉시키면 300m나 되는 거리에도 전기가 통한다는 것을 발견했다. 오늘날에는 전기전도성에 관한 관심이 많아 반도체 초격(超格) 디바이스, 고온 T_C 산화물 초전도체 등은 독자들도 잘 알고 있을 것이다.

물질에 따라 표시된 도전율(導電率) conductivity은 다른 어떠한 물성량보다도 범위가 폭넓다. 그림 1을 참조해 보면 도전성(導電性)이 낮은 폴리에틸렌이 가장 높은 은과 동의 사이에 차이가 있음을 알 수 있다. 이 차이를 예를 들어 길이 척도로 생각해보면 우주 크기의 거리 단위인 1광년이 약 10의 16제곱미터인데, 이것과 1마이크로미터 이하의 박테리아를 비교하는 정도의 느낌이라고 할 수 있다.

또한 각 물질의 도전율 자체는 온도, 압력, 전계(電界), 자계(磁界), 빛 등 외부조건에 의해 현저하게 변화한다. 반도체는 가열하면 도전체(導電體)가 되며, 저온으로 냉각 시에는 절연체가 된다. 이것에 비해 순금속의 저항률은 가열에 따른 증가도 냉각에 따른 감소도 그다지 크지 않다. 물질의 상전이(相轉移) 과정이 발생되면 작은

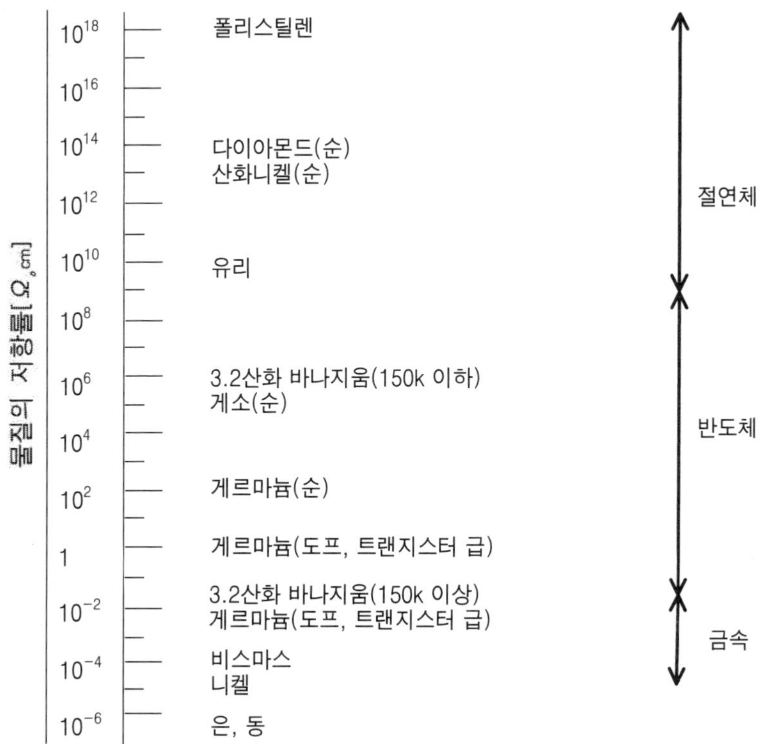

[Ω.CM]은 시료 1×1×1cm²당 저항에 해당한다.

그림 1. 물질의 전기저항률

온도 변화에도 저항이 비연속적으로 변하는 경우가 있다.

산화 바나지움(V^2O^3)이 그 예로 150K 이상에서는 반도체이지만, 저온에서는 절연체가 되어 저항변화는 6행(桁)에 이른다. 좀 더 큰 전이로서는 초전도(超傳導) 현상이 있다. 어떤 금속을 절대온도 가까이까지 냉각시키면 갑자기 전기저항이 제로가 된다. 최근 화제가 되고 있는 산화물 초전도체에서는 이 현상이 90K 이상의 고온에서 나타난다. 온도를 변화시키는 것과 마찬가지로 물질에 빛을 쏘아도 전기저항이 변한다. 이 현상을 광도전성(光導電性, photoconductivity)이라고 부르며, CdS 등의 반도체 등이 알려져 있고, 버스문 자동개폐 안전장치 등에 쓰이고 있다.

순수한 물질에는 작은 불순물이라도 섞이면 도전율이 크게 변하는데 반도체에는 흔히 볼 수 있는 현상이다. 순수한 게르마늄에 미량의 칼륨 또는 비소를 첨가하면 전도율이 2행이나 바뀌며, 트랜지스터에 사용될 수도 있다. 불순물을 좀더 소량 첨가하면 전도율이 5행이나 증대되고, 게르마늄은 터널다이오드(에사끼다이오드)에 사용될 정도의 전도체가 된다. 마찬가지로 산화니켈, 산화티탄과 같은 금속 산화물에도 불순물 첨가로 저항치가 감소한다. 예를 들면 13행이나 저항률이 감소한다.

또한 절연체도 유전분극(誘電分極, dielectric polarization)이 큰 것은 전하(電荷)의 축적효과가 커 콘덴서로서 유용하다. 교류전류는 변위전류라는 관점에서는 흐르는 상태를 말하는 임피덴스라고 하는 개념이 적용되어 특히 자발분극(自發分極)이 존재하는 물질은 전기기계 결합(eletromechanical coupling)을 통해 압전성(壓電性)을 가하여 트랜스듀서로서 널리 사용되고 있다.

본서에서는 「결정구조를 알고 물성을 어떻게 관찰할 것인가」라는 관점에서 반도체 전기전도기구, 유전체(誘電體)의 분극기구, 압전성 등을 중심으로 고찰해 나가고자 한다.

요 약

전도율은 물질에 따라 23자리나 차이가 있다. 금속, 반도체에서는 carrier의 이동기구가 중용하며, 절연체에서는 분극기원 등 유전성(誘電性)의 해명이 주제가 된다.

1. 전기전도기구

1.1 전하의 수송

물질에 전기를 흐르게 하면 물질 안의 전하(또는 하전입자)가 이동할 필요가 있다. 즉, 전류는 하전입자(荷電粒子)의 이동에 의해 생긴다. 도전성을 일으키는 하전입자를 일반적으로 하전(荷電) 캐리어(carrier)라고 부른다.

가장 일반적인 하전입자는 전자이며, 이것은 질량이 대단히 적기 때문에 고체 안으로 간단히 이동할 수 있다. 금속은 원자핵에 약하게 달라붙어 있는 가전자(價電子)를 가지고 있다. 이러한 전자를 자유전자(free election)라고 하며, 금속 안에 간단히 이동하여 금속에 높은 전도성(또는 낮은 전기저항)을 생성시킨다. 보통 금속이 양도체(良導體)라는 것은 이런 이유가 있는 것이다.

반대의 예를 들면, 다이아몬드나 순수 실리콘과 같은 공유결합고체에서는 거의 자유전자가 없으며, 이것은 고체 중의 가전자가 공유결합의 원자 사이에 굳게 붙어 있어 원자로부터 떨어져서 자유롭게 이동할 수가 없기 때문이다.

마찬가지로 이온결합고체도 거의 자유전자를 가지고 있지 않으며, 이것은 양이온과 음이온 사이의 전자의 교환이 가전자가 단단한 암염(巖鹽)과 같이 이온에 강력히 달라붙어 있기 때문이다.

이온결합고체에 있어 전기전도는 하전입자인 이온의 이동에 따라 발생한다. 그러나 이온질량은 전자보다도 대단히 커서 고체 중에서 간단히 이동하는 것이 불가능하다. 그래서 일반적으로 이온결합 및 공유결합고체는 양도체가 아니며, 전기적 절연체(insulator)이다.

전하의 흐름을 전류(I)라고 부른다. 이것은 I가 통과하는 전하의 빈도, 즉 단위시간당 통과하는 전하량을 의미하는 것이다.

$$I = \frac{\text{전하}}{\text{시간}} \tag{4.1}$$

전하의 단위는 쿨롱(C)이며, 전류의 단위는 암페어(A)이다.

따라서

$$1\text{암페어} = \frac{1\text{쿨롱}}{\text{초}} \tag{4.2}$$

로 되는 것이다.

전류를 사용하는 것보다 오히려 전류밀도(J)를 사용하는 쪽이 편리한 경우가 많다. 전류밀도는 단위 면적당 전류이며,

$$J = \frac{I}{A} \tag{4.3}$$

라고 표시한다. A는 시료의 단면적이다.

전기는 전하의 흐름에 따라 발생한다. 그러면 어떻게 전하, 즉 전자의 흐름이 고체 안에서 특정한 방향으로만 흐르는가에 대해서는 두 가지의 이유가 있다. 첫째는 단위 구배(勾配, 생리적 활동이나 생화학적 반응, 화학물질의 농도 등의 변화) 때문이고, 둘째는 전하입자 농도의 구배 때문이다. 하전(荷電) 구배는 전계(電界)의 존재를 의미하며, 도전(導電) 재료에 전압을 인가(印加)함으로써 발생한다. 하전입자 농도의 구배는 하전입자의 분포가 도전(導電) 재료 중에 균일하지 않음을 의미한다.

1.2 전압의 인가(印加)에 따른 수송

그림 4-1에 나타낸 바와 같이 정(正)・부(負)전극 간에 하전 캐리어(carrier)는 부(負)전극 방향으로 끌리고, 반대의 부(負)하전 캐리어는 정(正)전극 방향으로 끌린다. 이것은 쿨롱의 법칙 결과이다. 정전극은 부전극보다 전위가 높기에 2극간에는 전압구배, 즉 전계(電界)가 형성된다. 여기에서는 정(正)하전 캐리어는 전압구배를 내리는 방향으로 이동하며, 반대로 부(負)하전 캐리어는 전압구배를 올리는 방향으로 이동한다.

그림 4-2에 나타낸 바와 같이, 예를 들면 전원인 전지가 도체에 접속하면 전류가 생긴다. 시료에 흐르는 전류는 전류계에 따라 측정되며, 전압하강은 전압계에 측정된

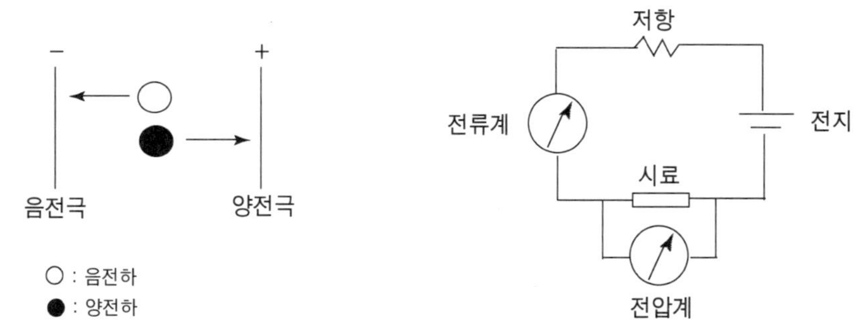

그림 4-1. 하전캐리어의 전압구배 안에서의 움직임

그림 4-2. 회로도

다. 이러한 수치는 옴의 법칙에 따르는 경우가 많다.

$$V = IR \tag{4.4}$$

즉, V는 시료(試料)에 있어서의 전압하강을 볼트, R은 시료의 전기저항을 옴, 또한 I는 회로에 흐르는 전류 암페어로 나타내고 있다.

옴의 법칙은 전압강하는 직접전류 I에 비례하며, 이때의 비례정수가 저항 R이다. 따라서 I에 대한 V의 변화는 그림 4-3에 나타낸 바와 같이 직선형태이며, 그 직선의 구배가 바로 R이다. 주어진 재료에 있어 저항 R은 샘플의 크기에 따라 변화한다. 즉, 저항 R은 시료의 길이 l에 직접 비례하며, 시료의 단면적 A에 반비례한다(그림 4-4).

따라서

$$R \propto \frac{l}{A}$$

가 되며, 지금 비례정수를 $1/\sigma$로 하면 계산식은

$$R = \frac{1}{\sigma}\frac{l}{A} \tag{4.5}$$

로 된다. 이러한 $1/\sigma$는 전기적 저항률(resistivity)라고 불린다. 전기적 저항률은 시료의 재료에 있어서는 고유의 성질이다. R, l 및 A의 단위는 각각 Ω, m, m^2이며 $1/\sigma$의 단위는 [$\Omega \cdot$ m]이다.

예를 들면 300k에서의 실리콘의 전기적 저항률은 2300[$\Omega \cdot$ m]이다. $1/\sigma$의 역수인 σ는 도전율(전기전도성) conductivity라고 불린다. σ의 단위는 [$\Omega^{-1}m^{-1}$]이다.

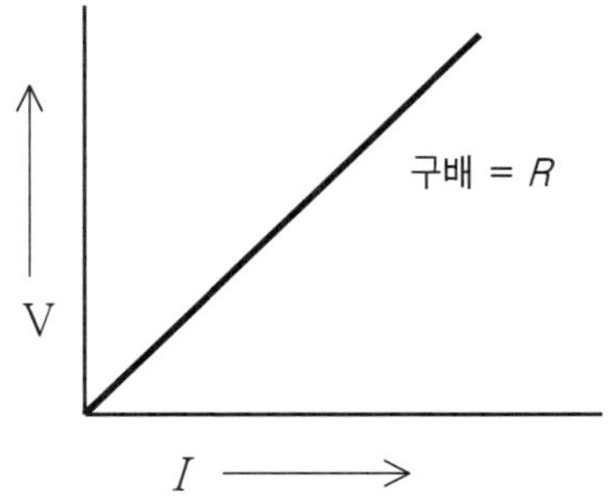

그림 4-3. 옴의 법칙

식 (4.4)를 응용하면

$$R = \frac{V}{I} \tag{4.6}$$

가 되기 때문에 식 (4.5)과 (4.6)을 응용하면

$$\sigma = \frac{l}{A}\,\frac{I}{V} = \frac{(I/A)}{(V/l)} \tag{4.7}$$

가 된다. 식 (4.3)을 쓰게 되면

$$\sigma = \frac{J}{(V/l)} \tag{4.8}$$

가 된다.

옴의 법칙에서는 전류 I는 전압구배의 내려가는 방향으로 흐른다. 다시 말하면 통상 I의 방향은 고전위점에서 저전위점으로 향하며, 따라서 그림 4-4에 있어 I는 x축의 +방향으로 향하며, 샘플을 가로지르는 전압 V는 그림 4-4에 나오는 극성을 가지고 있으며, 따라서 +의 x방향으로 따라간 전압구배 dV/dx는 음수가 된다. 이에 다음 식이 성립된다.

$$\frac{dV}{dx} = -\frac{V}{l} \tag{4.9}$$

전계(電界) E는 음수의 전압구배라고 정의된다. 즉

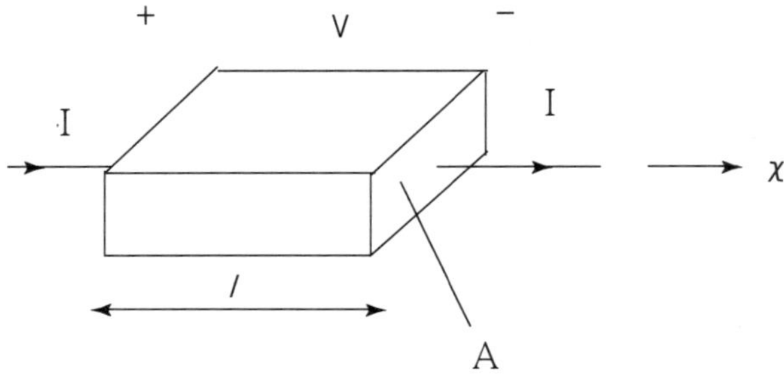

그림 4-4 샘플의 크기와 저항값의 관계

$$E = -\frac{dV}{dx} \tag{4.10}$$

로 되는 것이다. 식 (4.9)와 (4.10)을 결합하면

$$\frac{V}{l} = = \frac{dV}{dx} = E$$

로 된다.

따라서 식 (4.8)은 다음과 같이 표시할 수 있다.

$$\sigma = \frac{J}{E} \tag{4.11}$$

σ은 R에 관련되어 있으며, J은 I에, 또한 E는 V에 관련되어 있기에 식 (4.11)은 옴의 법칙과는 다른 표현이라고 할 수 있다.

전압구배 또는 하전캐리어 농도구배는 존재하지 않아도 열에너지 때문에 하전캐리어는 항상 이동하고 있다. 이것은 특히 작고 가벼운 전자의 경우 뚜렷이 나타난다. 실제 전자가 상시 이동하고 있다는 사실은 한 개의 전자의 위치 및 속도를 동시에 측정할 수 없다는 불확정성 이론에 의해 성립되는 것이다. 따라서 전자는 전자운(電子雲)이라고 간주된다. 그러나 그 움직임은 일정하지 않기 때문에 어느 방향으로든 실질적인 속도가 발생되지 않는다. 그러나 전압구배의 존재 하에서는 하전캐리어가 우선적으로 일정 방향으로 이동하고, 그 때문에 실질적인 속도는 0이 되지 않고, 그 흐름을 드리프트(drift)라고 알려져 있으며, 그 실질적인 속도를 드리프트 속도라고 불린다. 그래서 하전캐리어는 이동하는 고체의 성질에 의존해 있다.

$$v \propto E$$

이 비례정수 μ는 하전캐리어의 이동도(移動度, mobility)라고 불린다. 즉

$$v = \mu E \tag{4.12}$$

라고 표시할 수가 있다. 이동도는 하전캐리어 자신과 하전캐리어가 이동하는 재료에 결정된다. v의 단위는 [m・sec^{-1}]이며, E는 [V・m^{-1}]이기 때문에 μ의 단위는 [m・sec^{-1}/V・m^{-1}]=[m^2/V・m^{-1}]=[m^2/V・sec]이다.

재료의 도전성(導電性)은 드리프트 속도 또는 이동도와 관련되어 있다. 단면적이

A인 와이어 안에 흐르는 1캐리어당 q의 전하를 가진 하전캐리어의 흐름에 관해 고찰해 보자. 전계(電界) E가 인가(印加)되어 있고, 캐리어는 속도 v을 가지게 되는 것이다. 정의하면, 와이어에 흐르는 전류 I는 와이어의 일정 단면적 안을 단위 시간당 통과하는 전하량이다. 그림 4-5에 사선으로 표시된 임의의 단면적을 생각해 보자. 이 때의 전계는 하전캐리어의 드리프트 속도가 그림 4-5에 나와 있는 것처럼 좌에서 우로 향하도록 인가(印加)되어 있다.

단위시간(즉, 1초) 내에는 하전캐리어가 이 방향으로 거리 v만큼만 이동한다. 따라서 사선부분의 좌측거리 v 안에 포함된 하전캐리어는 단위시간 내에 전부 이 단면부분을 통과한다. 이 거리 내의 와이어의 체적은 vA이다. 와이어 재료 중의 단위체적 내의 하전캐리어 수(즉, 캐리어 농도)를 μ라고 하면 와이어 위의 거리 내의 하전캐리어 수는 nvA이다. 각 캐리어의 전하는 각각 q이기 때문에 단위시간 내에 사선부분의 단면 부분을 통과하는 전하량은 $qnvA$가 된다.

따라서 전류는

$$I = qnvA$$

가 되며, 전류밀도는

$$\jmath = \frac{I}{A} = \frac{qnvA}{A} = qnv \tag{4.13}$$

로 표시된다. 식 (4.11)을 이용하면

$$\sigma = \frac{j}{E} = \frac{qnv}{E} \tag{4.14}$$

로 된다.

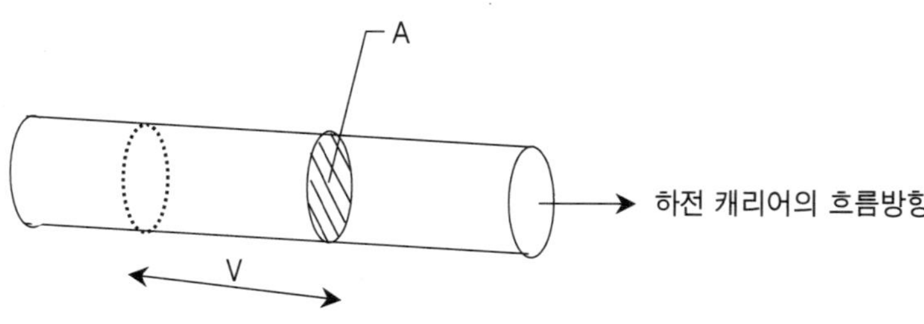

그림 4-5. 하전캐리어의 드리프트(drift)

식 (4.12)에 따르면

$$\frac{v}{E} = \mu$$

이기 때문에 식 (4.14)는

$$\sigma = qn\mu \tag{4.15}$$

이라고 표현할 수가 있는 것이다. 식 (4.15)를 보면 물질의 도전율은 캐리어 농도 및 캐리어 이동도에 의해 결정된다는 것을 알 수가 있다. 물질 중의 결함은 하전캐리어의 이동을 방해하기에 캐리어 이동도는 결함농도의 증가가 있으면 감소한다. 열을 가하지 않고(냉각가공) 물질을 타격하여(햄머링) 굴곡시키면 전기저항이 증가하는 이유가 여기에 있다.

1.3 하전캐리어의 농도구배에 따른 수송

고체 중의 전자는 열에너지에 의해 항상 이동하며, 이 이동은 다음의 경우를 제외하면 랜덤하다(일정하지 않다). 즉, ① 전자가 전계(電界) 중에 있을 경우(이 경우 전자의 드리프트가 생긴다), ② 고체 중에서의 전자농도가 균일하지 않을 경우(이 경우 전자의 확산이 발생한다). 하전입자의 확산에 의해 발생하는 전류를 확산전류(diffusion current)라고 부른다. 이것은 하전입의 농도에 구배가 있을 경우에 발생한다. 한편, 전계(電界)의 존재에 의해 생기는 전류는 전도전류 또는 드리프트 전류(drift current)라고 부른다.

마이너스 하전캐리어 농도구배가 dn/dx인 고체 중의 마이너스 하전캐리어의 확산을 검토해 보자. 확산에 기초한 이러한 마이너스 캐리어의 유속 J_n은

$$J_n = -D_n\frac{dn}{dx} \tag{4.16}$$

으로 표시된다. 덧붙이면 Dn은 마이너스 하전캐리어의 확산계수이다. 캐리어의 전하를 $-q$(q는 정수)라고 하자. Jn은 단위시간에 단위면적을 통과하는 캐리어 수이기 때문에 전류밀도 Jn는 다음과 같이 표시된다.

$$J_n = (-q)J_n \tag{4.17}$$

식 (4.16)을 식 (4.17)에 대입하면

$$J_n = (-q)(-D_n \frac{dn}{dx})$$
$$= qD_n \frac{dn}{dx} \tag{4.10}$$

가 된다. 식 (4.17) 중의 음수기호는 전류밀도의 방향이 마이너스 캐리어 흐름의 방향과 반대라는 사실을 알려주고 있다.

정수 하전캐리어의 농도구배가 dp/dx인 고체 중의 정수 하전캐리어의 확산에 대하여 정수캐리어 유속(Dp)은 다음과 같이 표시된다.

$$J_P = -D_p \frac{dp}{dx} \tag{4.18}$$

덧붙이면 Dp는 정수캐리어의 확산계수이다. 정수캐리어의 전하를 q라고 하면 전류밀도 Jp는 다음과 같이 표시된다.

$$J_P = qJ_p = q(-D_p \frac{dp}{dx}) = -qD_P \frac{dp}{dx} \tag{4.19}$$

식 (4.19)는 전류밀도의 방향이 정수캐리어 흐름의 방향과 같은 것이라는 것을 알려준다.

1.4 아인슈타인의 관계

전압구배에 기인한 드리프트와 캐리어 농도구배에 기인한 확산은 모두 캐리어의 랜덤한 열운동을 나타내는 것들이다. 따라서 이동도 μ와 확산계수 D는 모두 독립적인 것이 아니라 이런 것들이 다음 식에 나와 있는 것처럼 관련되어 있다.

$$\frac{D_n}{\mu_n} = \frac{D_P}{\mu_P} = \frac{kT}{q} \tag{4.20}$$

여기에서 k는 볼츠만 정수, q는 전자의 전하량, T는 온도(K)를 알려준다. 식 (4.20)이 아인슈타인의 관계라고 알려져 있으며, D가 μ에 비례한다는 것을 의미한다. 덧붙이면 이때의 비례정수는 kT/q로서, 이것은 전압과 동일한 차원을 가지며, 열전압(thermal voltage) 또는 온도 등가전압(volt-equivalent of temperature, V_T)이라고 부르며, 실온 가까이(290K)에서는 열전압 kT/q은 약 25mV이다.

예제 4-1

비저항 $3.44\times10^{-8}\Omega\cdot m$, 직경이 2mm, 전체 길이가 0.5m인 알루미늄 선에 있어 30 mA의 전류에 대한 전압강하는 얼마인가?

[풀 이]

옴의 법칙에 의해 $V=IR$

$$I=30mA=0.03A$$

$$R=\frac{1}{\sigma}\cdot\frac{l}{A}$$

$$\frac{1}{\sigma}=3.44\times10^{-8}\Omega\cdot m$$

$$l=0.5m$$

$$A=\pi r^2=\pi\left(\frac{2mm}{m}\right)^2=\pi mm^2=\pi\times10^{-6}m^2$$

따라서

$$V=IR=I\cdot\frac{1}{\sigma}\cdot\frac{l}{A}=\frac{0.03A\times3.44\times10^{-8}\Omega\cdot m\times0.5m}{\pi\times10^{-6}m^2}$$

$$=1.64\times10^{-4}V$$

예제 4-2

텅스텐이 밀도는 18.8g/cm^{3}이며, 그 원자량은 184이다. 자유전자의 밀도는 1.23×10^{23}/cm^{3}이 될 경우 원자 1개당 자유전자 수를 계산하라.

단, 아보카도르 수는 6.02×10^{23}로 하자.

[풀 이]

$$\text{원자당 자유전자 수} = \frac{1cm^3\text{당 자유전자수}}{1cm^3\text{당 원자수}}$$

$$1\text{cm}^3\text{당 원자 수} = \frac{1cm^3\text{당 원자의 질량}}{1\text{원자의 질량}} = \frac{18.8g}{\left(\frac{184}{6.02 \times 10^{23}}\right)g} = 6.15 \times 10^{22}$$

$$1\text{원자당 자유전자 수} = \frac{1.23 \times 10^{23}}{6.15 \times 10^{22}} = 2$$

1.5 전자의 에너지밴드

대부분의 고체에 있어 주요한 하전캐리어는 전자다. 고체 중의 전자가 어떻게 전기전도에 공헌하는가를 보기 위해 전자에너지 레벨을 고찰해 보자.

독립된(자유로운) 원자의 전자에너지 레벨은 분산되어 있으며, 전자에너지 레벨은 에너지의 증가 순으로 1s, 2s, 2p, 3s, 3p의 순서로 되어 있다. 예를 들면 전자의 배위가 $1s^2\ 2s^2\ 2p^6\ 3s^1$인 Na을 고찰해 보자. 그림 4-6에 Na의 에너지 레벨이 표시되어 있다. s각(殼)은 단 1개의 궤도로 형성되어 있다. 파울리 배타원리(Pauli exclusion principle)에 따르면, 1개의 궤도는 2개의 전자까지 밖에 얻을 수가 없다. 따라서 1개의 각(殼)은 최대 2개의 전자밖에 가지지 않는다. 1개의 P각(殼)은 3개의 궤도로 이루어져 있다. 따라서 최대 6개의 전자를 가질 수가 있다.

이제 다수의 원자, 즉 N개의 원자를 가지고 있는 고체에 대해 고찰해 보자.

현대물리학(양자역학)에 따르면, 고체 중의 원자는 상호간 영향이 크다. 전체 원자에너지 레벨은 특정한 에너지 범위에 퍼져 있다. 따라서 전체 원자에너지 레벨을 가진 독립된 원자의 경우와 달리 고체는 전자에너지 밴드를 가진 것처럼 된다.

그림 4-7은 Na의 경우의 에너지밴드를 보여주고 있다. 고체 중에 N개의 원자가 존재할 경우, 원자의 각 에너지 레벨은 N본(本)에 접근한 레벨에 분리되어 거의 연속된 밴드가 된다. 따라서 s밴드는 최대 $2N$개의 전자를 가지게 되고, p밴드는 최대 $6N$개의 전자를 가지게 된다. 고체 Na 중에는 1s, 2s 및 2p의 각 밴드는 이와 같이

그림 4-6. 독립한 Na 원자의 전자에너지 레벨

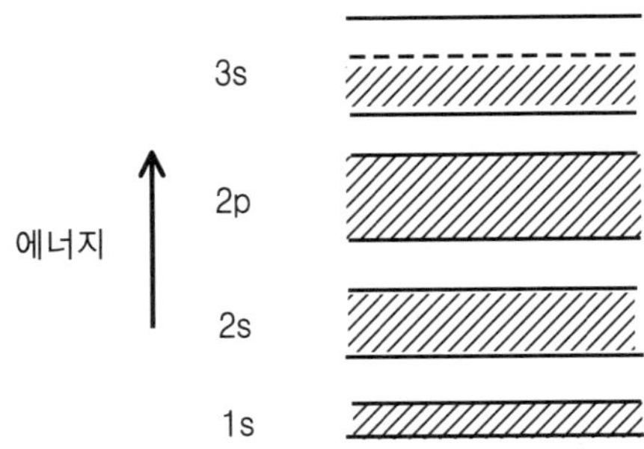

그림 4-7. 고체 Na 전자에너지 밴드 E_F는 훼미에너지를 가리키며, 사선의 에너지 범위는 전자에 의해 충만한 상태를 알려준다.

완전히 가득 차게 된다. 그러나 3s밴드는 반밖에 차지 않는다. 이것은 s밴드가 최대 $2N$개의 전자를 가지는 것에 비해 N개의 전자밖에 존재하지 않기 때문이다. 그 이유는 다양한 Na의 3s각(殼)이 반밖에 차지 않기 때문이다. 양자역학에 따르면, 에너지 밴드의 폭은 전자가 원자핵에 얼마나 강하게 속박되어 있는가에 따라 정해진다. 밴드 중의 전자가 보다 강하게 속박되어 있으면 에너지밴드는 좁아진다. 내각(內殼)의 전자는 외각(外殼)의 전자보다 강하게 속박되어 있기 때문에 그림 4-7에 나타낸 바와 같이 주양자 수가 작아짐에 따라 에너지밴드의 폭은 좁아진다. 외각전자의 각 에너지 밴드 폭이 커지면 인접한 에너지밴드 사이에 오버랩이 생긴다.

실제 밴드는 항상 샤프하다고 할 수만은 없다. 오버랩하지 않는 에너지밴드에 대하여 인접한 밴드 사이에는 에너지갭이 존재한다. 전자는 이 범위의 에너지를 갖는 것이 금지되어 있다. 이 갭은 독립원자의 분산에너지 레벨 사이의 금지구역과 같은 유래를 갖는다.

전자가 이동하여 전기를 운반하기 위해서는 전자는 모원자(親原子)로부터 자유로워야 하며, 더욱이 운동에너지를 가지지 않으면 안 된다. 이것은 모원자(親原子)로부터 자유로워진 전자가 에너지를 가지게 되고, 높은 에너지상태(이 상태는 에너지 금지구역에 있지 않고 다른 전자에 의해 점령되지 않은 상태다)로 천이(遷移)될 필요가 있다. Na의 경우에는 1s, 2s 또는 2p밴드가 완전히 가득 차게 되고, 일방 3s밴드는 반밖에 차지 않는다. 1s, 2s 또는 2p전자가 높은 에너지상태로 가기 위해 이러한 전자는 3s밴드 중의 빈 공간 상태로 돌아가기 위해 최대한의 에너지를 얻을 필요가 있다. 그러나 이 에너지는 대단히 커서 1s, 2s 또는 2p전자가 전기전도에 기여하는 일이 거의 없다. 한편, 3s밴드 중의 전자는 에너지밴드 갭을 넘는 일이 없이 같은 밴드 중에 점령되지 않는 상태가 된다. 따라서 3s전자는 전계(電界)의 존재 하에서만 이동하는 것이 가능하고, 전자전도에 기여한다.

이렇게 Na의 경우 3s전자가 하전캐리어가 되고, Na원자 1개에 대하여 1개의 전자가 존재한다. Na 중의 캐리어 농도는 단위 체적당 Na 원자수와 비례한다. 훼미에너지(fermi energy, E_F)는 이 이하의 에너지로는 0 K로서 전 원자의 에너지 상태가 가득 차있는 에너지로서 정의된다. 고체 Na의 경우 3s밴드는 반만 가득 차있기 때문에 훼미에너지는 3s밴드의 중앙에 있다. Na의 훼미에너지는 그림 4-7에 나타내 있다.

2. 금속, 절연체 및 반도체

2.1 금 속

금속은 정확히는 가전자(價電子)의 에너지밴드가 완전히 충진(充塡)되어 있지 않은 상태라고 정의된다. 이것은 금속의 훼미에너지가 가전자 에너지밴드 중에 위치해 있다는 것을 의미한다. 금속 중의 가전자는 에너지밴드 갭을 넘어 이동할 필요가 없기 때문에 금속은 높은 전도율을 가지게 되는 것이다.

인접한 가전자 밴드가 오버랩 되면 전체의 가전자가 하전캐리어로서 움직이기 때문에 단위 원자당 가전자 수가 크게 되면 될수록 고체 중의 하전캐리어 농도가 높아진다. 예를 들면, A1은 단위 원자당 3개의 가전자를 가지며, 3s밴드와 3p밴드는 오버랩 되기 때문에 단위 원자당 1개의 가전자를 가진 Na보다도 캐리어 농도가 높아진다. 위의 금속의 정의는 금속 중의 각 원자가 극재되어 있지 않는 가전자에 의해 결성된 금속결합에 의해 모두 결합된다는 사실에 주의해야 한다. 가전자의 비극재화는 전자가 모원자핵으로부터 떨어져 긴 거리를 이동하기 위해서는 필요한 것이며, 이 전자를 자유전자(free election)이라고 한다.

2.2 절연체

금속(전기적 양도체)은 완전히 가득 차있지 않은 가전자대(價電子帶, valence band)를 가지고 있는 것에 비해, 절연체는 완전히 가득 찬 가전자대를 가지고 있다. 더욱이 가득 찬 가전자대의 정상과 그 위의 빈 에너지밴드의 밑바닥과의 사이에는 에너지 갭이 매우 크며, 예를 들면 4eV 이상이다. 그림 4-8에 이런 에너지밴드를 표시하고 있다.

가전자를 활성화하기 위해서는 가전자의 에너지가 에너지밴드 갭을 넘을 수 있을 만큼 증가하고, 더 센 에너지를 가진 빈 에너지밴드의 바닥까지 이동하지 않으면 안

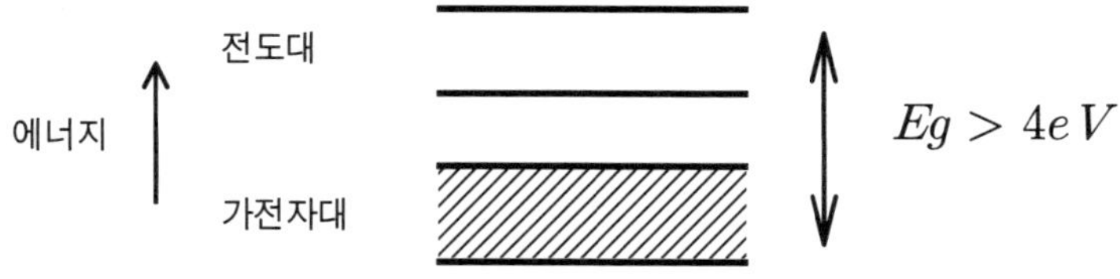

그림 4-8. 절연체의 에너지밴드
사선의 에너지 범위는 전자에 의해
점령되어 있다.

된다. 이러한 이동이 있은 후 전자는 그 이동에너지를 증가시켜 전계(電界)에 응답하여 이동할 수 있게 된다. 따라서 가전자대의 윗부분 에너지밴드를 전도대(傳導帶, conduction band)라고 부르며, 전도대 중의 전자는 전도전자(conduction election)라고 부르며, 전기전도를 위해서 하전캐리어로서 일을 한다.

어떤 절연체(예를 들면 다이아몬드)에서는 에너지밴드 갭이 대단히 크기 때문에 가전자도 열에너지에 의해 전도대로 올라가는 것이 불가능함으로 이런 절연체 안에서는 전도전자의 농도는 무시할 수 있다. 또한 다른 절연체에서는 결함 등의 캐리어 랩이 존재함으로 인해 전도전자 농도가 낮아진다. 이러한 고체 안에서는 캐리어 농도가 낮기 때문에 도전율 또한 낮다. 즉 절연체인 것이다.

2.3 반도체

절연체와 마찬가지로 반도체는 완전히 충만한 가전자대(價電子帶)를 이루고 있다. 그러나 충만한 가전자대의 정상과 전도대(傳導帶)의 바닥 사이에는 에너지 갭이 작아 보통 4eV 이하이다. 그러므로 열에너지에 의해 미세한 가전자(價電子)가 에너지밴드 갭을 넘어 전도대의 바닥으로 가서 소량의 전도전자가 되어 그림 4-9에 나타낸 바와 같이 전기전도를 위한 하전캐리어로서 일을 한다.

또한, 소량의 가전자가 가전자대의 정상에서 전도대의 바닥으로 올라가는 것에 의해 가전자대의 정상에는 점령되지 않은 전자상태가 발생한다. 이런 상태는 결정체 중의 공공(空孔)과 유사하다. 원자의 이동은 반대방향의 공공(空孔)의 이동으로서 표시되는 것이 가능하다. 공공(空孔)의 수는 원자위치 수에 비해 매우 작으며, 원자 자신의 움직임보다 공공의 움직임에 의해 원자의 이동을 표현하는 것이 보다 간단하다.

반도체의 가전자대의 정상에 있는 홀(hole)이라고 불리는 전자공공에 대해서도 같은 논리가 존재한다. 홀의 개수는 가전자대 중의 전자 수에 비해 매우 작기 때문에

그림 4-9. 반도체의 에너지밴드

(a) 저온상태(전도전자 수는 무시해도 될 정도로 적다)
(b) 고온상태(약간의 전도전자를 가지고 있음). 사선의 에너지 범위는 전자에 의해 점령된 것을 나타낸다)

가전자대(그림 4-9(b)에 나타낸 바와 같이 완전히는 충만하지는 않음) 중의 가전자(價電子) 에너지의 천이(遷移)는 가전자대에서의 홀(hole) 에너지의 천이에 의해 보다 간단히 표현할 수가 있다. 홀은 또 별도의 하전캐리어원(源)이 된다. 홀은 전자가 빠져나간 것이기 때문에 반드시 대전(帶電)되어 있다. 따라서 홀의 전하는 절대량이 전자와 같고, 부호는 반대이다.

이상과 같이 반도체는 2종류의 하전캐리어, 다시 말해 전도전자와 홀을 가지고 있어서 반도체의 도전율은 다음과 같이 표시할 수가 있다.

$$\sigma = qn\mu_n + qp\mu_p \tag{4.21}$$

다시 말해 q는 전자의 하전량, n은 단위 체적당 전도전자 수, p는 단위 체적당 홀(hole)의 수, μ_p는 전도전자의 이동도이다. 첨자 n는 음극에 대전한 전자에 대해 사용되며, 첨자 p는 양극에 대전한 홀에 대하여 사용된다. 각 전자의 가전자대로부터 전도대로의 천이는 전도대 중에 전도전자를 제공하고, 가전자에 홀을 제공하기 때문에 전도전자 수는 홀(hole) 수에 비례하고 $n=p$가 된다. 따라서 순수한 반도체에서는 식 (4.21)는 다음과 같이 표시된다.

$$\sigma = qn(\mu_n + \mu_p) \tag{4.22}$$

전압구배 및 하전캐리어 농도구배 양쪽이 모두 존재하면 반도체 중의 전류밀도는 전도전자와 홀 양쪽으로부터 도움(기여)을 받는다. 전도전자에 의한 그 도움은

$$J_n = qn\mu_n E + qD_n \frac{dn}{dx} \tag{4.23}$$

이 되며, 홀에 의한 도움은

$$J_p = qn\mu_p E + qD_p \frac{dn}{dx} \tag{4.24}$$

이 되며, 따라서 전체의 전류밀도는

$$J_t = J_n + J_P \tag{4.25}$$

로 표시된다.

에너지밴드 갭은 고체 중의 원자의 이온화 에너지에 관계되어 있다. 그것은 다음과 같은 이유이다. 가전자대로부터 전도대로의 전자의 이동은 전자가 그 모원자(親原子)로부터 비극재화 되는 것, 또는 자유화 되는 것을 의미한다. 이것에 따라 모원자는 이온화되는 것이다. 이온화 에너지가 클수록 에너지밴드 갭은 커진다. 예를 들면 주기율표에 Ⅳ A족(族)의 원소의 경우를 검토해 보자.

이런 원소의 이온화 에너지는 주기율표상의 그룹만큼 높고, 따라서 표 4-1에 나타낸 바와 같이 에너지 갭도 위의 그룹만큼 높아지게 된다. C(다이아몬드), Si, Ge 및 Sn 등은 전체 다이아몬드 구조이다. 이런 것들은 전부가 sp^3혼성전자를 가진 완전히 충만한 가전자대를 가지고 있다. 이러한 원소 간의 도전율의 차이는 에너지밴드 갭 때문에 생긴다. 이 갭은 다이아몬드에서 특히 크며, 그래서 다이아몬드는 절연체이다. 에너지밴드 갭이 작으면 작을수록 이 에너지밴드 갭을 넘을 수 있는 충분한 열에너지를 가진 가전자 수가 많아지고, 그래서 도전율이 높아진다.

반도체는 금속과 절연체의 중간 정도의 도전율을 가지고 있다. 원소계 반도체(예를 들면 Si, Ge 등) 이외에는 화합물 반도체(예를 들면 ZnS, GaP, GaAs, InP 등)가 있다. 다이아몬드 구조를 가진 많은 원소계 반도체와는 달리 대부분의 화합물 반도체는 징크블렌드(閃亞鉛鑛, 섬아연광) 구조를 가지고 있다.

표 4-1. 주기율표의 Ⅳ A족(族) 원소의 에너지밴드 갭

원 소	에너지밴드 갭	20^0C일 때의 도전율 ($\Omega^{-1}cm^{-1}$)
C(다이아몬드)	6	10^{-18}
Si	1.1	5×10^{-6}
Ge	0.72	0.02
Sn(클레이)	0.08	10^4

표 4-2. 실리콘과 게르마늄의 특성

특 성	Si	Ge
원자수	14	32
원자량	28.1	72.6
밀도 g/cm^3	2.33	5.32
원자 /cm^3	5.0×10^{22}	4.4×10^{22}
결정구조	다이아몬드	다이아몬드
격자정수, A	5.43	5.66
Eg, $_eV$ (300K)	1.1	0.72
n_f , cm^2 (300k)	1.5×10^{10}	2.55×10^{13}
진성비저항,$\Omega\cdot cm$ (300k)	230000	45
μ_n , cm^2/ V · sec (300k)	1300	3800
μ_p , cm^2/ V · sec (300k)	500	1800
D_n,cm^2/ sec	34	99
D_p,cm^2/ sec	13	47

예제 4-3

순수 게르마늄 도전율 중 어떤 것만이 전자에 의한 것인지, 어떤 것만이 홀에 의한 것인지 알아보라. 단, 표 4-2의 게르마늄의 특성 표를 참조하라.

[풀 이]

$$\sigma = qn\mu_n + qp\mu_p$$

여기서 n은 단위 체적당 전도전자 수(즉, 전자밀도), p는 단위 체적당 홀의 수를 나타낸다. 진성 반도체에서는

$n = p$이며, 따라서 $\sigma = qn(\mu_n + \mu_p)$로 된다.

σ의 전자에 의한 부분 =

$$\frac{qn\mu_n}{qn(\mu_n+\mu_p)} = \frac{\mu_n}{\mu_n+\mu_p} = \frac{3900\frac{cm^2}{\mathbb{V}\cdot sec}}{(3900+1900)\frac{cm^2}{V\cdot sec}} = 0.67$$

σ의 홀에 의한 부분 =

$$\frac{qn\mu_p}{qn(\mu_n+\mu_p)} = \frac{\mu_p}{\mu_n+\mu_p} = 1-(\sigma\text{의 전자에 의한 부분})=1-0.67=0.33$$

이상과 같이 높은 이동도를 가진 캐리어는 도전율에 대해 기여도가 높다.

예제 4-4

300k의 실리콘 중에 어느 정도의 가전자가 전도대에 기여하는가?
단, 표 4-2의 실리콘의 특성을 참조하라.

[풀 이]

n를 전도전자의 밀도(즉, 단위 체적당 전도전자 수)라고 하자. 순수 실리콘은 진성 반도체이기 때문에 $n=p$ 이며, 따라서

$$\sigma = qn\mu_n + qp\mu_p \, (q=1.6\times10^{-19}\mathrm{C}) = qn(\mu_n+\mu_p)$$
$$n = \frac{\sigma}{q(\mu_n+\mu_p)}$$

300k의 실리콘은 $\rho = 2.3\times10^5\Omega\cdot cm$

$$\mu_n = 1300cm^2/V\cdot sec$$
$$\mu_n = 500cm^2/V\cdot sec$$

이며,

$$n = \frac{1}{(2.3\times10^5\Omega\cdot cm)(1.6\times10^{-19}C)(1300+500)cm^2/V\cdot sec}$$
$$=1.51\times10^{10}\mathrm{cm}^{-3}$$

로 된다. 즉, C=A · sec=V · sec / Ω 이기 때문에 [Ω], [V], [sec]의 각 단위는 소거된다.

가전자대로부터 전도대에 여기(勵起)된 가전자에 따른 기여비율을 계산함에 있어

가전자대가 충만할 경우(대단히 저온일 경우)이 가전자대에 어느 정도의 전자가 존재하는가를 알 필요가 있다.

실리콘은 $1s^2 2s^2 2p^6 3s^2 3p^2$의 전자배위를 가지고 있다. 따라서 1개의 실리콘 원자당 4개의 가전자가 있다. 실리콘은 다이아몬드의 결정구조를 가지고 있으며, 단위 셀 중에 8개의 원자를 가지고 있다. 따라서 단위 셀 중에 8×4=32의 가전자가 있다. 이 결정구조는 입방정계이기 때문에 단위 셀의 체적은 a를 단위 셀의 한 변의 길이로 보면 a^3가 된다. 실리콘은

$$a = 5.43\text{Å} = (5.43 \times 10^{-8})\text{cm}$$

이다. 따라서 실리콘의 단위 셀의 체적=$(5.43 \times 10^{-8})^3 \text{cm}^3$가 된다. 이 체적 중에는 32개의 가전자가 포함되어 있다.

따라서 가전자 밀도(즉, 단위 체적당 가전자수) =

$$\frac{32}{(5.43 \times 10^{-8})^3 cm^3} = 2 \times 10^{23} cm^{-3}$$

가 된다.

예제 4-4로부터 전도대에 여기(勵起)된 가전자 수는 $n = 1.51 \times 10^{10} \text{cm}^{-3}$ 이기에 전도대에 여기(勵起)된 가전자의 비율 =

$$\frac{1.51 \times 10^{10} cm^{-3}}{2 \times 10^{23} cm^{-3}} = 7.6 \times 10^{-14}$$

이 된다. 이 수치는 대단히 작다. 전도대에 좀더 많은 전자를 주기 위해서는 주입(도핑)이 필요하다.

예제 4-5

도프되지 않은 실리콘의 전도율은 50℃로서 $5 \times 10^{-6} \Omega^{-1} \text{cm}^{-1}$이다.

(a) 50℃에 있는 실리콘의 홀 및 전도전자 밀도를 계산하라. 즉 50℃의 홀과 전자의 이동도는 실온(300k)에서의 수치와 같다고 가정하라.

(b) 50℃의 실리콘에 전도전자로서 자유로운 가전자의 비율을 계산하라.

[풀 이]

(a)

$$n_j = \frac{\sigma}{q(\mu_n + \mu_p)} = \frac{5 \times 10^{-6} \Omega^{-1} cm^{-1}}{(1.6 \times 10^{-19} C)(1300 + 500) cm^2/V \cdot sec}$$

$$= 1.74 \times 10^{10} cm^{-3}$$

$$n = p = n_j = 1.74 \times 10^{10} cm^{-3}$$

(b) $1cm^3$당 Si 원자 수 = 5.0×10^{22}

1 Si 원자당 가전자 수 = 4

따라서 $1cm^3$당 가전자 수 = $4(5.0 \times 10^{22})$

$1cm^3$당 전도전자 수 = $n = 1.74 \times 10^{10}$

따라서 전도전자로서의 가전자로부터 자유롭게 된 전자의 비율은 =

$$\frac{1.74 \times 10^{10}}{4(5.0 \times 10^{22})} = 8.7 \times 10^{-14}$$

3. 전기저항의 온도의존성

3.1 금속저항의 온도의존성

금속은 1종류의 하전캐리어, 즉 전자만을 가지고 있다. 금속의 도전율(전기전도성)은 다음과 같이 부여된다.

$$\sigma = qn\mu \tag{4.15}$$

여기서 q는 전자의 전하량, n는 단위 체적 중의 자유전자(가전자) 수, μ는 전자의 이동도이다. 가전자의 수는 온도에 의해 변하지 않는다. 따라서 n는 온도에서 독립된 수치이다. 한편, 온도가 상승하면 전자의 이동도는 감소한다. 이것은 다음과 같은 이유가 있다. 즉 고체 중의 원자의 열진동의 진동 폭은 온도의 상승과 함께 커지며, 그 때문에 진동에 의해 전자의 움직임이 적어져 이동도가 감소하는 것이다. n는 일정하지만 온도의 상승과 더불어 μ가 미세하게 감소되기 때문에 금속의 전도율은 온도 상승과 더불어 다소 감소한다.

다시 말해 금속의 전기저항은 온도 상승과 더불어 다소 증가한다. 온도 변화와 더

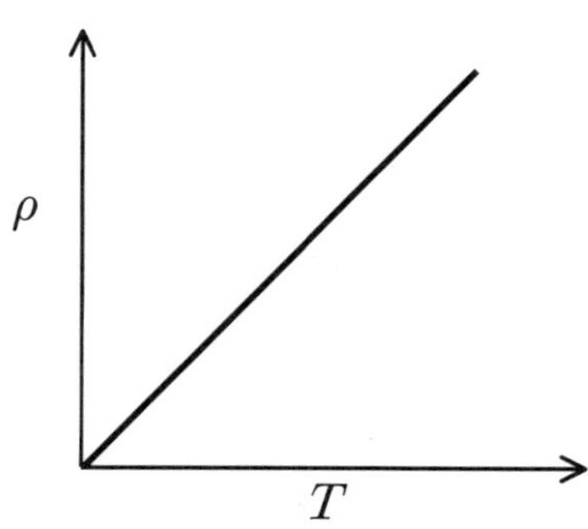

그림 4-10. 금속의 전기저항에 있어서의 온도의존성

불어 전기저항의 변화는 그림 4-10에 나타낸 바와 같이 거의 직선형이다. 온도에 따른 전기저항의 증가율은 일반적으로 전기저항률 ρ의 온도계수(α)로서 나타내며, 다음 식과 같다.

$$\frac{\triangle\rho}{\rho}=\alpha\triangle T \tag{4.26}$$

즉, $\triangle\rho/\rho$ 는 전기 저항률의 변화비율을 나타내며, $\triangle T$는 온도의 상승분을 나타낸다. 거의 순수한 금속에 있어 α의 수치는 ~0.004 ℃^{1}이다. 식 (4.26)에서 α의 단위는 [℃^{1}]라는 것을 알 수 있다. 이것은 [K]을 겔륨 온도, 즉 절대온도라고 할 때 [K^{-1}]과 같다. 반도체는 2종류의 캐리어, 즉 전도전자와 홀을 가지고 있다. 전자(음극)은 그림 4-1에 나타낸 바와 같이 전압구배를 상승시키고, 한편 홀(양극)은 전압구배를 내린다.

3.2 진성 반도체의 저항의 온도의존성

진성 반도체의 도전율은 식 (4.22)에 의해 나타낸다.

$$\cdot\ \sigma=qn(\mu_n+\mu_p) \tag{4.22}$$

원자의 열 진동에 의해 μ_n과 μ_p 양자는 온도 상승과 함께 조금 감소한다. 가전자의 전도대로의 여기(勵起)는 열에너지에 의한 것이기 때문에 n의 수치는 온도 상승과 더불어 올라간다. 통상 열활성 과정과 마찬가지로 이러한 온도의존성은 지수관수적(指數關數的)이다. 이것은 n가 온도에 대해 다음과 같은 모양으로 나타난다고 할 수 있다.

$$n \propto e^{Eg/2kt}$$

여기서 Eg는 전도대와 가전자 사이의 에너지밴드 갭, k는 볼츠만 정수, T는 온도 $[K]$이다. 지수관수(指數關數) 중의 수치 2는 전자가 Eg를 넘어 여기(勵起)되는 것에 따라 진성 전도전자 및 진성 홀의 양쪽이 형성되는 것에 기초하여 발생한다.

μ_n와 μ_p는 온도 상승과 함께 약간 감소하는 한편 n는 온도 상승과 함께 크게 증가한다. σ의 온도에 따른 변화는 대략 다음 식과 같이 일어난다.

$$\sigma \propto e^{-Eg/2kt}$$

Eg는 그 자신이 온도에 의존해 있지만, 그 온도의존성은 대단히 작아 거의 무시해도 된다. 이제 비례정수를 σ_0라고 하면

$$\sigma = \sigma_0 e^{-Eg/2kt} \tag{4.27}$$

라고 표시되며, 이것을 자연대수(自然對數)로 표현하면

$$\text{In}\sigma_0 - \frac{Eg}{2kT}$$

가 된다. 자연대수(自然對數)로부터 상용대수로 변환하면

$$\log \quad = \log\ \sigma_0 - \frac{Eg}{(2.3)2kT} \tag{4.28}$$

가 된다. 따라서 σ의 변화는 그림 4-11에 나타낸 바와 같이 $1/T$에 대한 $\log\sigma$의 아레니우스 플로트에 나와 있다.

이 플로트는 구배(경사)가 $-[Eg/(2.3)2k]$의 직선이 되며, $\log\sigma$축의 절편은 $\log\sigma_0$이다. 따라서 σ를 온도 T의 관수(關數)로 해서 측정하면 Eg 및 σ_0를 결정할 수가 있다. 이것은 반도체 에너지밴드 갭을 결정하기 위한 좀 더 일반적인 방법 중의 하나이다.

금속과 반도체의 특성에 있어 좀더 확실한 차이점은 금속의 도전율(전기전도도)은 온도 상승과 더불어 감소하고, 반도체는 온도 상승과 더불어 증가한다는 점이다. 따라서 어떤 고체가 금속인가 반도체인가를 결정하는 좀더 간단한 방법은 그 고체의 도

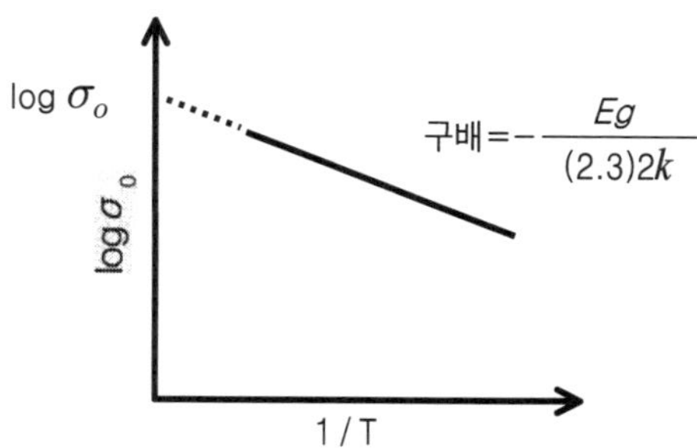

그림 4-11. 온도에 따른 도전율 변화의 아레니우스 플로트

전율이 온도에 의해 어떻게 변화하는가를 보는 것이다.

예제 4-6

Cu의 전기저항은 실온에서 온도가 1도 올라가면 0.4% 증가한다. Cu의 저항치가 0도일 경우의 두 배가 되는 온도는 몇 도인가?

[풀 이]

$$\frac{\triangle \rho}{\rho} = \alpha \triangle T$$

여기에서 α는 전기저항의 온도계수이다. Cu에 대해서는 ΔT=1도일 경우 $\triangle \rho / \rho = 0.4\% = 0.004$이다. 따라서

$$\alpha = \frac{0.004}{1^{\circ} C} = 0.004^{\circ} C^{-1}$$

가 된다. 또한 식 (4.26)은 다음과 같이 표시할 수가 있다.

$$\frac{\rho - \rho o}{\rho o} = \alpha (T - To)$$

여기에서 ρo는 0도일 경우의 저항치이며, T0 = 0℃ 이다.

$\rho = 2\rho o$로 하면

$$\frac{\rho - \rho o}{\rho o} = \frac{2\rho o - \rho o}{\rho o} = 1 = \alpha(T-0) = \alpha T$$

가 된다. 따라서

$$T = \frac{1}{\alpha} = \frac{1}{0.004^0 C^{-1}} = 250^0 C$$

가 된다. 그러므로 250℃에서 Cu의 전기저항치는 0도일 경우의 두 배가 된다.

예제 4-7

게르마늄의 도전율은 20도일 경우 도전율의 2분의 1로 감소하므로 게르마늄은 몇 도까지 냉각해야 하는가?

[풀 이]

진성 반도체에 있어 도전율(σ)은 절대온도(T)와 함께 지수관수적(指數關數的)으로 증가한다. 즉

$$\sigma = \sigma_O e^{-Eg/2kT}$$

여기에서 Eg는 가전자대와 전도대 간의 에너지 갭이다.

$$T = T_1 \text{ 일 경우에는 } \sigma =- \sigma_1 = \sigma_O e^{-Eg/2kT1}$$

$$T = T_2 \text{ 일 경우에는 } \sigma =- \sigma_2 = \sigma_O e^{-Eg/2kT2}$$

제1식을 제2식으로 나누면

$$\frac{\sigma_1}{\sigma_2} = e^{\frac{Eg}{2k}(\frac{1}{T1} - \frac{1}{T2})}$$

양쪽에 자연대수를 취하면 다음 식과 같이 된다.

$$\text{In}\frac{\sigma_1}{\sigma_2} =- \frac{Eg}{2k}(\frac{1}{T_1} - \frac{1}{T_2})$$

이 문제는 $\sigma_1/\sigma_2 = 2/1 = 2$ 또는 T_1=20 ℃=(20+273)K에 대하여 T_2를 구하는 것이다.

게르마늄에는 E_g=0.72eV이며, 위의 식에 대입시키면,

$$\text{In}2 = \frac{0.72eV}{2(8.61\times10^{-4}eV/K)}\left(\frac{1}{293K}-\frac{1}{T_2}\right)$$

In2=2.3 log2 = (2.3026)(0.301)=0.693

이 된다. 이 식을 풀면

$$T_2 = 279.5K = (279.5-273)^0C = 6.5^0C$$

라는 답이 얻어진다.

4. 이온전도

이온성의 고체에서는 일반적으로 에너지밴드 갭이 대단히 크고 전도전자가 대단히 적어서 이온성의 고체에서의 우세한 하전캐리어는 확산에 의해 이동하는 경우가 많다. 확산과정은 많은 경우(원자) 공공(空孔) 메커니즘에 의해 생기며, 따라서 공공이 존재할 필요가 있다. 전기적인 중성을 가지고 있기 때문에 이온성의 고체에서는 보통 양이온 공공(空孔)과 음이온 공공이 짝을 이뤄 생긴다.

다시 말하면 이온성의 고체에서는 단일의 공공보다 쇼트결함을 가진 경우가 많다. 전자의 이동이 홀의 이동으로 나타나는 것처럼 이온의 이동은 쇼트결함의 이동으로 나타날 수 있다. 하전캐리어 수는 고체 중의 이온 수보다도 오히려 쇼트결함의 숫자로 결정된다.

일반적으로 이온성의 고체에서는 양이온과 음이온 2종류의 하전캐리아를 가지고 있다. 양이온은 양으로 하전하고 있기 때문에 전압구배를 하강시키고, 음이온은 음으로 하전하고 있기에 전압구배를 올린다. 음이온은 일반적으로 양이온보다 크기 때문에 양이온의 확산계수는 보통 음이온의 확산계수보다 크다. 따라서 이온성의 고체에서는 음이온이 우세한 하전캐리어다. 이온성의 고체에 있어 도전율은

$$\sigma = qn\mu_C + qn\mu_A = qn(\mu c + \mu_A) \tag{4.29}$$

로 표시된다. 여기에서 n는 단위 체적 중의 쇼트결함, μ_c는 양이온의 이동도, μ_A는 음이온의 이동도이다. 고체 중에서 이동도 μ_c와 μ_A 는 양이온과 음이온의 확산계수에 의해 여러 가지로 결정된다.

이온의 확산계수의 상승과 더불어 다음과 같이 증가한다.

$$D \propto e^{-E/kT}$$

여기에서 E은 이온이 위치를 옮기기 위해 활성화된 에너지이다. 식 (4.20)의 아이슈타인 관계에 있어 우변의 온도 T의 변화가 완만하기 때문에 무시하면 이 농도는 온도에 있어 거의 지수관수적(指數關數的)으로 증가한다고 할 수 있다. 공공(空孔)의 형성과 같이 쇼트결합의 형성은 일정한 활성화에너지 ΔH가 필요하며, 따라서 n는 온도에 대해서 다음과 같이 증가한다.

$$n \propto e^{-(\Delta H+E)/kT}$$

따라서 이온고체에 있어 도전율의 온도의존성은 $1/T$에 대한 $\log\sigma$의 아레니우스플로트에 의해 나타난다.

요 약

전류는 전하의 흐름이다. 특정 방향으로의 흐름을 만드는 원동력은 ① 전위구배(전계)와 ② 하전입자 농도의 구배이다. 전계에 함께하는 전류밀도는 $J=qnv$ (q : 캐리어의 하전량, n : 캐리어 밀도, v : 드리프트 속도로 주어지며, 확산전류는 $J=qD(dn/dx)$ D: 확산계수, dn/dx는 캐리어 농도구배로 주어진다.

물질의 전기전도성은 가전자 에너지밴드 구조와 밴드 충진(充塡) 상황에 의해 결정된다. 금속은 가전자 에너지밴드가 완전히 충진되어 있지 않은 고체이다.

반도체와 절연체는 모두 완전히 충만한 가전자대를 가지고 있다. 에너지밴드 갭이 4eV보다 작을 때 열에너지에 의해 가전자의 일부는 전도대로 올라가고, 전기전도 캐리어로서 일을 한다(반도체). 한편, 4eV보다 클 때는 열에너지에 의해 가전자는 전도대에 올라갈 수 없고, 절연체가 되는 것이다.

도전율은 하전캐리어의 이동도 μ, 밀도 n에 의해 다음과 같은 식이 성립된다.

$$\sigma = qn\mu$$

캐리어로서는 전자, 홀뿐만 아니라 이온(이온전도) 역할을 한다. 도전율의 온도 변화 $(d\sigma/dT)$가 금속에서는 음, 반도체에서는 양이라는 것이 중요하며, 고체의 저항온도 의존성의 측정에 의해 금속인가 반도체인가를 식별할 수가 있다.

제 5 장

반 도 체

본 장에서는 제4장에서 다룬 부분 중에 특히 반도체에 관해서, 그리고 결정구조와의 관계, 진성 반도체와 외인성 반도체의 차이점들에 관해 기술한다.

1. 실리콘의 결합성과 결정구조

Si 및 Ge는 주기율표의 Ⅳ A족(族)의 원소이다. 이러한 2개의 원소의 최외각(最外殼) 전자(가전자)의 전자배치는 S^2P^2이다. 따라서 Si 및 Ge는 그 결합성과 결정구조에 있어 대단히 유사하다. 이하의 기술은 Si 에 대한 것이며, Ge에도 같은 결합과 결정구조를 적용할 수가 있다.

고체 Si에서는 각 Si 원자는 다른 4개의 Si 원자와 공유결합하고, 더불어 이러한 4개의 Si 원자는 또 다시 여러 모양으로 다른 Si 4개의 Si 원자와 공유결합하고 있다. 3차원으로 이 결정구조를 그림 5-1에 나타내었다. 그림 5-1을 주의를 기울여 관찰하면 각 Si 원자가 그림 5-2에 나타낸 바와 같이 정사면체의 4개의 구석에 위치한 다

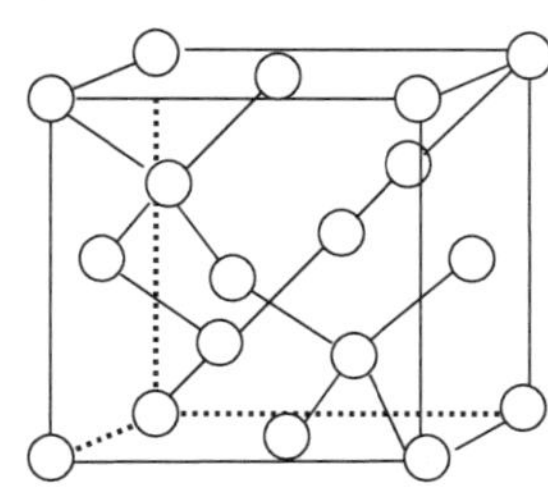

그림 5-1. 고체 Si의 원자의 충진(充塡)

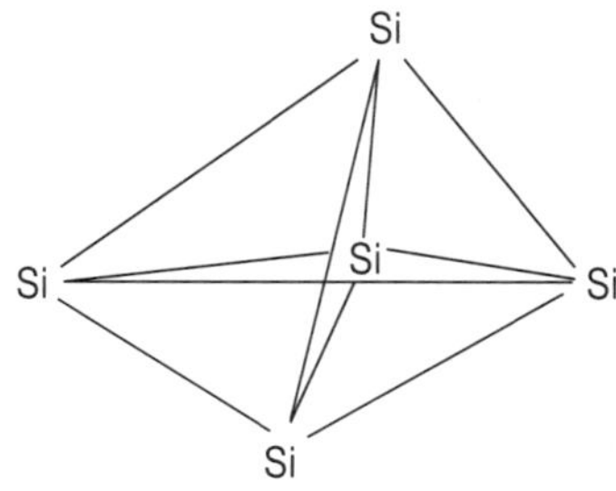

그림 5-2. Si의 원자 사면체 배위

른 4개의 Si 원자와 공유결합 되어 있음을 알 수 있다. 그림 5-2의 굵은 선은 Si-Si 공유결합을 보여주고 있다. 각 Si 원자 간에서 어떻게 원자가 공유되는가를 이해하기 위해 먼저 기저(基底) 상황의 Si 원자 위치를 생각해 보자.

Si (기저상황) : $1s^2\ 2s^2\ 2p^6\ 3s^2\ 3p^2$

3p ↑ | ↑ | (빈칸)

3s ↑↓

2p ↑↓ | ↑↓ | ↑↓

2s ↑↓

1s ↑↓

기저상황에서는 Si 원자는 대칭을 이루지 않는 2개의 원자를 가지고 있다. 4개의 공유결합을 형성하기 위해서는 4개의 대칭을 형성하지 않은 원자가 필요하다. 이것은 3s 전자를 3p 궤도에 올려놓음으로 달성된다. 그 결과 다음과 같은 여기(勵起) 상황이 형성된다.

Si (여기상황) : $1s^2\ 2s^2\ 2p^6\ 3s^2\ 3p^2$

3p ↑ | ↑ | ↑

3s ↑

2p ↑↓ | ↑↓ | ↑↓

2s ↑↓

1s ↑↓

이러한 전자의 여기에 의해 각 Si 원자에 대해 4개의 대칭을 이루지 않는 전자가 형성되고, 이것에 따라 각 Si 원자는 4개의 인접원자와 4개의 공유결합을 형성한다. 4개의 결합을 형성함에 따라 방출된 에너지는 여기에 필요한 에너지를 보상하고도 남음이 있다.

고체 실리콘에서 4개의 공유결합은 정사면체의 4개의 구석에 있어 3회 대칭을 한 축 방향으로 향해 있다. 이 구조는 4개의 대칭을 하지 않은 원자 중 3개는 2p 궤도에 있고, 1개는 2s 궤도에 있다. 4개의 등가(等價) 궤도를 형성하기 위해 이러한 4개의 전자운(電子雲)을 혼합할 수가 있다. 이러한 궤도의 혼합을 혼성궤도(混成軌道)-hybridization라고 부르고, 혼성의 결과로서의 등가궤도는 혼성궤도-hybridized orbital이라고 부른다. 실리콘의 경우 1개의 s궤도와 3개의 p궤도가 혼성되면 이런 모양의 혼성을 sp^3이라고 부르며, 각 원자는 사면체 위치를 가지고 있다. 실리콘에서는 전체 결합이 sp^3혼성 공유결합으로 형성되어 있다.

주기율표 Si와 동일한 족(族)에 속해 있는 Ge와 C(다이아몬드)에 있어서도 동일한 상황이 발생한다. 실제 그림 5-1에 있는 것과 같은 단위 포(胞)를 반복하는 결정구조를 다이아몬드 구조라고 부른다.

2. 진성 반도체

진성 반도체란 불순물이 없는 즉 순수한 반도체이다. 진성 반도체의 도전율(전기전도도)은 이러한 물질의 고유의 성질이며, 불순물에서 생기는 것이 아니다. Si 및 Ge는 가장 많이 알려진 진성 반도체이다. 전 장에서는 이 진성 반도체에 어떻게 해서 하전캐리어가 생기는가를 에너지밴드 모델을 써서 설명했다. 이제부터는 원자가(原子價) 결합을 사용해서 다음과 같이 설명이 가능하다.

2.1 캐리어의 발생

예를 들어 다이아몬드 구조를 가진 Si를 생각해 보자. Si에서는 원자는 sp^3 혼성궤도를 가지며, 따라서 각 원자는 다른 4개의 원자와의 공유결합에 의해 사면체를 만든다. 이 결정구조의 2차원 투시도가 그림 5-3(a)에 나온다.

각 Si 원자는 그림에 점으로 변시된 바와 같이 4개의 가전자를 가지고 있다. 가전자가 가전자대의 꼭대기로부터 전도대의 바닥까지 이동한다는 것은 가전자가 Eg에 대등한 에너지를 얻어 Si-Si의 공유결합을 약화시켜 그림 5-3에 나타낸 바와 같이 자

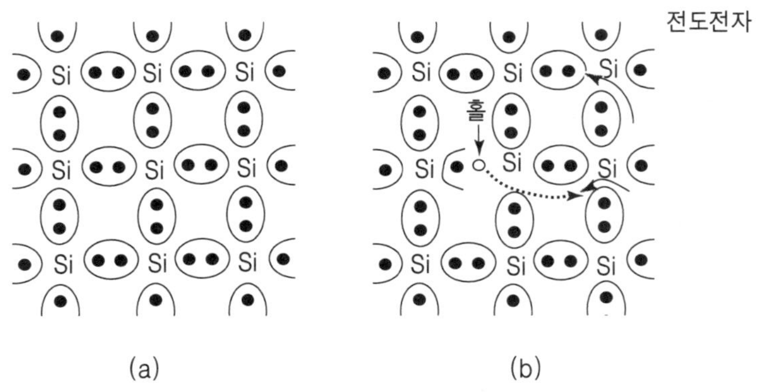

그림 5-3. Si에 있어서의 진성 반도체 전도

유롭게 이동하여 전도전자로서 일을 한다는 것을 의미한다. 에너지밴드 갭이란 가전자가 그 모원자(親原子)로부터 떨어져서 자유롭게 되는데 필요한 에너지량을 말한다. 전자가 자유롭게 됨으로 인해 그림 5-3(b)에 0으로 표시된 것처럼 가전자의 원위치에 홀을 형성시킨다.

에너지밴드 모델에서는 전자가 가전자대로부터 전도대에 천이(遷移)하는 것으로 인해 가전자대 중에 홀을 형성시키며, 더 나아가 전도대 중에 전자를 형성시키기도 한다고 할 수 있다. 형성된 홀은 다른 Si-Si 결합상의 전자를 홀 위치에 집어넣는 것으로, 그 Si-Si 결합상의 전자위치에 이동하는 것이 가능해진다. 따라서 홀의 이동은 공공(空孔)의 이동과 유사하다. 홀은 이렇게 해서 양극의 하전캐리어로서 일을 한다.

가전자를 전도전자에 여기(勵起)하는 가장 일반적인 원인은 열에너지이다. 열변동이 전도전자와 홀을 형성하는 과정은 열이온화(thermal ionization)이라고 불린다. 온도가 높게 될수록 가전자가 여기(勵起) 될 가능성이 높아진다.

케리어 생성의 다른 방법은 에너지밴드 갭(Eg)과 같은 것이든 아니면 좀 더 높은 에너지 빛을 반도체상에 주사하는 것이다. 빛은 파장 λ의 파동으로 간주되는 전자복사(輻射)이다. 가시광의 파장은 $7\times10^{-5}cm$(적색광)으로부터 $4\times10^{-5}cm$(자색광)의 범위이다. 광속(c)는 $3\times10^{10}cm\cdot$초$^{-1}$이다. 광파의 주파수(ν)는 c 또는 λ에 다음과 같이 관계되어 있다.

$$\nu = \frac{c}{\lambda} \tag{5.1}$$

ν의 단위는 초$^{-1}$(즉, 사이클/초)이며, 또한 이것은 헤르츠(Hz)로 불린다. 빛은 또한 포톤(photon)이라고 불리는 양자로 간주되며, 포톤의 에너지 -E_{ph}는 진동수 ν에 비례한다.

$$E_{ph} \propto \nu$$

이 비례정수는 플라크의 정수(Planck's constant, h)라고 불리며,

$$h = 6.6262 \times 10^{-34}\mathrm{J\cdot sec}$$

$$(1\mathrm{J}=6.24\times10^{18}eV)$$

이다. 따라서 포톤의 에너지는

$$E_{ph} = h\nu$$

로 주어진다. 빛이 일정한 에너지를 가진 개개의 파속으로서 주입된다는 것은 빛에너지가 불연속한 값을 가진다는 것을 의미한다. 다시 말하면 빛에너지는 양자화(Quantize)되는 것이다.

E_g와 같거나 높은 에너지를 가진 포톤이 가전자에 충돌하면 가전자는 포톤의 에너지를 흡수하여 전도전자의 상황으로 여기(勵起)된다. 이것에 의해 전도전자와 홀이 형성된다. 그 결과 캐리어 밀도가 상승하여 도전율이 높아진다. 빛에 의한 가전자의 여기(勵起)에 의해 발생한 전도(傳導)를 광도전(光導電, photoconduction)이라고 부른다.

2.2 캐리어 재결합

전도전자와 홀의 대칭의 형성을 위해 에너지가 필요하다. 따라서 전자와 홀이 재결합하면 에너지가 방출된다. 다시 말하면 재결합은 홀과 전도전자가 만나 홀의 위치(빈 가전자 위치)에 전자가 들어감으로 인해 상호간에 소멸되는 것을 말한다.

재결합의 속도는 재결합이 가능한 캐리어 밀도에 비례하며, 다음과 같이 된다.

$$\text{재결합속도 } R = apn \tag{5.3}$$

여기에서 a는 반도체 재료의 특성에 의존해 있는 정수(定數)이다. 진성 반도체에서는 $n = p$이며 $n = p = n_j$, n_j는 진성 반도체에 있어 홀, 즉 전도전자의 밀도라고 하자. 따라서 진성 반도체에서는 식 (5.3)은 다음과 같이 된다.

$$R = an_j^2 \tag{5.4}$$

열에너지화에 의해 홀과 전도전자의 밀도는 재결합속도가 이온화속도 I와 같게 된다, 즉 열균형에 달할 때까지 증가한다. 따라서 평형상태이다.

$$I = R = an_j^2$$

로 된다. 여기서 $I = I(T)$는 온도 T에 강하게 관계된 관수(關數)이다.

3. 외인성 반도체

진성 반도체에서는 전도전자와 홀의 밀도가 같았다(즉 $n = p$). 외인성(外因性) 반도체(extrinsic semiconductor) 또는 주입형 반도체(doped semiconductor)는 과잉 전도전자 또는 홀을 일으키는 불순물 또는 결함을 가지고 있어, 그 결과 전도전자 수와 홀 수는 동일하지 않게 된다($n \neq p$). 과잉 캐리어는 반도체의 도전율을 증가시킨다. $n > p$의 경우 이 외인성 반도체는 n형이라고 불리며, $n < p$ 의 경우는 p형이라고 불린다. 반도체 중의 불순물 또는 결함에 의해 과잉 캐리어는 전자 또는 홀이 되며, 따라서 외인성 반도체는 n형, p형 어느 쪽이 되는 것이다.

3.1 불순물 반도체

모든 외인성 반도체에서 불순물 원자는 반도체 결정의 원자위치를 점하고 있다. 다시 말하면 불순물은 치환형(置換型)의 불순물이다.

(a) n형 반도체

예를 들면, 치환형 불순물로서 인(P)를 소량 함유하고 있는 실리콘(Si)를 생각해 보자. 즉 Si-P 화합물은 Si 내에서 소량의 P의 치환형 고용체(固溶体)를 형성한다. 이 화합물은 Si의 다이아몬드 구조를 보인다. 이 결정구조의 이차원 투시도를 그림 5-4(a)에서 보여주고 있다. 링은 주기율표의 VA족(族)에 속하고, Si는 IV A족(族)이다. 따라서 P는 5개의 가전자를 가지고 있고, Si는 4개의 가전자가 있다. P원자의 5개의 가전자 중 4개는 그림 5-4(a)에 점으로 표시된 바와 같이 인접한 4개의 Si 원자와 σ결합을 형성하기 위해 사용된다.

일정량의 에너지를 흡수하는 함으로 인해 P의 나머지 가전자는 P원자로부터 자유롭게 되어 그림 5-4(b)에 나타낸 바와 같이 1개의 전도전자와 P^+ 양이온이 발생한다. 이렇게 해서 P는 과잉 전도전자를 공급하고, 전도전자 밀도가 순수 Si보다 높게 되는 것이다. 그 결과 $n > p$로 된다. 따라서 P는 Si에 대한 전자(電子)의 제공자, 즉 도

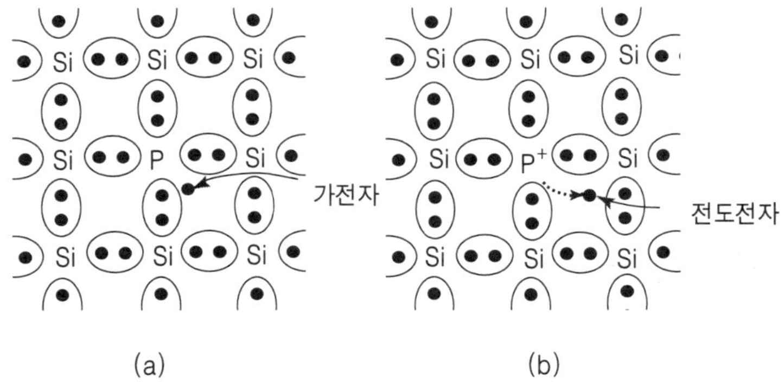

그림 5-4. 불순물에 의한 n형 외인성 반도체

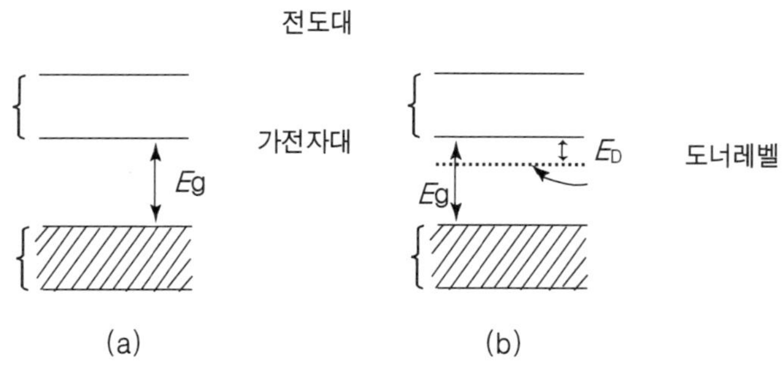

그림 5-5. (a) 진성 반도체, (b) n형 반도체의 에너지밴드

너(donor)라고 부르며, 이런 반도체를 n형 반도체라고 한다.

전자도너의 특성에 관한 위의 설명은 원자가 결합모델에 기초해 있다. 에너지밴드 모델에 의해서도 설명이 가능하다. 그림 5-5(a)에는 Si의 전도대와 가전자대를 표시한다. 대단히 낮은 온도에서는 가전자대가 완전히 충만해 있고, 고온에서는 거의 충만해 있다. P원자의 과잉전자는 가전자대가 충만해 있기 때문에 여기에 머무를 수가 없고, 오히려 Si 에너지밴드 갭 중에서 전도대의 바닥에 낮은 에너지 레벨로 겨우 머문다.

도너레벨(donor level)이라고 부르는 이 에너지 레벨은 그림 5-5(b)에 나타낸 바와 같이 전도대의 바닥에서부터 에너지 E_D만 아랫방향에 있다. 도너레벨은 전도대의 바닥에 인접해 있으며, 도너레벨 중의 전자는 열에너지에 의해 간단히 활성화되어 전도대로 이동하여 전도전자가 된다. 도너원자의 5번째 전자는 공유결합과 관계가 없기 때문에 이 전자를 P원자로부터 자유롭게 하기 위하여 에너지는 Si의 4개의 가전자 중 1개를 자유롭게 하기 위하여 에너지보다도 작게, 따라서 $E_P < E_g$가 된다. 이 5번째 전자는 쿨롱력에 의해 헐겁게 P^+ 양이온에 트랩되는 것이라고 생각된다. n형의 불순물 반도체에서는 2개의 전도전자원(源)이 있다. 그 중 1개는 도너원자이며, 이온화된 전도전자를 방출한다.

반도체 중의 불순물로부터 생기는 이러한 전도전자 외인성 전도전자라고 알려져 있다. 다른 전도전자원은 호스트원자에 의한 것이고, 이 원자는 가전자를 방출하여 그것에 의해 같은 수의 전도전자와 홀을 형성한다. 진성 반도체로부터 생기는 이런 전도전자와 홀은 진성 전도전자(intrinsic conduction electron) 및 진성 홀(intrinsic hole)로 알려져 있다. 이러한 n형 불순물 반도체의 전도전자 밀도에는 다음과 같은 2

개의 기여분이 있다.

$$n = n_1 + n_0 \tag{5.5}$$

여기에서 n는 전도전자의 전체 밀도, n_1은 진성 전도전자의 밀도, n_e는 외인성 전도전자의 밀도이다. 외인성 전도전자의 생성은 도너원자의 양이온화를 동반한다. 이 과정은 다음과 같은 식에 의해 표현된다.

$$D \rightarrow D^+ + e^-$$

여기에서 D는 도너원자를 표시하고, e^-는 원자를 의미하며, 따라서 도너이온 밀도 N_{P+} 하는 것은

$$n_e = N_{p+} \tag{5.6}$$

의 관계가 있다. 고용체 중의 도너원자 수는 한정되어 있다. n_e의 최대치는 N_P(고용체 중의 도너원자의 농도)이다. 모든 도너원자는 이온화되면 n_e는 최대치를 취하고, 이 상태를 도너의 고갈(donor exhaustion)이라고 부른다.

가전자를 전도전자로 하기 위한 가장 좋은 일반적인 에너지원은 열에너지이며, 따라서 n의 온도의존성을 논의하는 것에는 n_1와 n_e의 여러 가지 온도의존성을 고려해야 한다. 진성 반도체에 대하여 적용시키는 식 (4.27)에 의해

$$n_1 \propto e^{-Eg/2kT} \tag{5.7}$$

이 성립된다. 한편 외인성 전도전자는 에너지 E_p를 넘어 여기(勵起)되는 것에 의해 형성된다. 즉

$$n_e \propto e^{-Eg/2kT} \tag{5.8}$$

이 된다.

$E_g/2 > E_P$이기 때문에 식 (5.7)과 (5.8)을 비교하면 도너원자가 고갈되지 않는 경우

$$n_1 << n_e \tag{5.9}$$

가 된다. 그러나 전체 도너원자가 이온화되어 있는 고온에서는 n_e는 한정되어 있고, 식 (5.9)는 반드시 성립되지는 않는다.

n형의 외인성 반도체에서는 외인성 홀은 존재하지 않고, 즉

$$p = p_1 \tag{5.10}$$

이다. 또한 P_1=n_1이기 때문에 식 (5.10)은

$$p = n_1$$

이 된다. 그러므로 식 (5.9)가 유효한 이상 식 (5.5) 및 (5.10)은 여러 가지로 표현할 수가 있다.

$$n \simeq n_e \tag{5.11}$$

$$p \simeq 0 \tag{5.12}$$

반도체의 도전율은 식 (4.21)에 의해 주어진다. 즉

$$\sigma = qn\mu_n + qp\mu_p \tag{4.21}$$

이다. n형 외인성 반도체에서는 식 (5.11)과 (5.12)가 유효한 이상(즉, 도너 고갈이 생기지 않는 경우)

$$\sigma \simeq qn\mu_n$$

이 된다. 여기에서 n의 온도의존성은 식 (5.8)에 의해 제공된다. 따라서 $\log\sigma$ 의 $1/T$에 대한 아레니우스 플로트는 경사가 $-[Ep/2.3k]$의 직선이 된다.

이 도전율의 온도의존성은 그림 5-6의 저온영역에 나타낸 바와 같이 도너 고갈이 생기기 이전에는 유효하다. 온도가 상승하면 더 많은 원자가 이온화된다. 도너 고갈이 생기면 n_e은 그 이상 온도와 같이 상승하지 않기 때문에 그림 5-6의 중간 온도 범위에 나타낸 바와 같이 도전율이 온도가 상승해도 변화하지 않는 것이다.

조금 더 온도가 상승하면 반도체 중에 도너원자보다도 많은 호스트 원자가 존재하기 때문에 n_e가 일정해도 n_1가 식 (5.7)에 근거하여 온도와 함께 계속 증가한다. 따라서 충분히 높은 온도에서는 n_1은 n_e를 뛰어넘어 $n_1 \gg n_e$가 된다. 이 상황에서 식

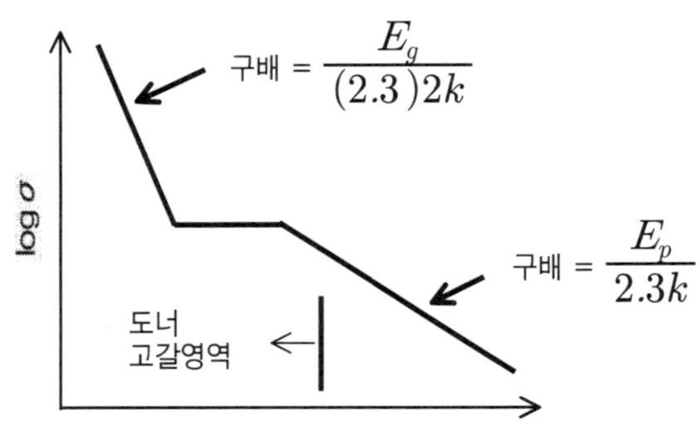

그림 5-6. n형 반도체에 의한 도전율의 온도의존성
$Eg \gg E_P$이기 때문에 생기는 2종류의 유사부분에 있어서 구배(경사)의 차이점에 유의하라.

(5.5)는

$$n \simeq n_1 \tag{5.13}$$

가 된다. 즉 n_1은 식 (5.7)에 따라 온도와 함께 변화한다. 이렇게 상당한 고온에서 아레니우스 플로트는 진성 반도체의 경우와 마찬가지로 경사가 -[$Eg/(2.3)2k$]의 직선이 된다. 이 플로트는 그림 5-6의 고온영역에 나타난다.

주기율표의 VA족(族)의 원소(N, P, As 및 Sb)는 전체 Ⅳ A족(族)의 반도체(Si, Ge) 안에서 전자도너가 될 수가 있는 것이다.

(b) P형 반도체

치환형 불순물로서 소량의 알루미늄을 함유한 Si를 생각해 보자. 이 결정구조의 이차원 투시도가 그림 5-7(a)에 나타내었다. 알루미늄은 주기율표의 Ⅲ A족(族)에 속해 있는 한편 실리콘은 Ⅳ A족(族)에 속해 있다. 따라서 알루미늄은 3개의 가전자를 가진 것에 비해 실리콘은 4개의 가전자를 가지고 있다.

그런 이유로 그림 5-7(a)에 점으로 표시된 것처럼 알루미늄 원자는 인접한 3개의 실리콘 원자와 3개의 σ 결합을 형성한다. 열에너지에 의해 가까운 실리콘 원소의 가전자가 알루미늄 원자의 위치로 이동함으로 알루미늄 원자는 A1 음이온이 되어 제4의 가전자를 가지게 되며, 그림 5-7(b)에 나타낸 바와 같이 인접한 Si 원자의 나머지 가전자와 결합을 형성한다.

전자의 이러한 이동에 의해 전자가 빠져나간 Si 원자에는 홀이 형성된다. 홀은 1개

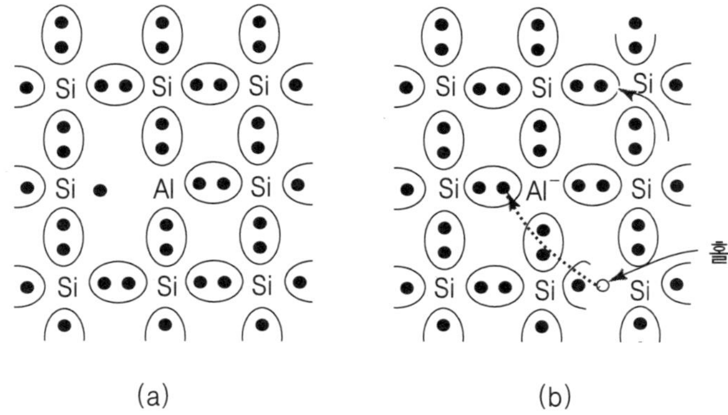

그림 5-7. 불순물에 의한 p형 외인성 반도

의 Si 원자로부터 다음의 Si 원자로 이동하여 양극의 하전캐리어로서 일을 한다. 이상과 같이 A1은 과잉 홀을 공급하고, 그 홀 밀도는 순수 Si의 홀 밀도보다도 높아지게 된다. 그 결과 $p > n$로 된다. 이렇기 때문에 A1은 Si의 전자~~수용~~체(acceptor)라고 불리며, 이 반도체는 p형이 된다.

그림 5-8에 나타낸 바와 같이 에너지밴드 모델에 의해서도 전자 acceptor의 행동을 설명할 수가 있다. $A1^{-1}$ 이온의 제4의 가전자는 Si의 밴드 갭에서 가전자대의 정상보다는 조금 높은 에너지 레벨에 위치해 있다.

이 에너지 레벨을 억셉터 레벨(acceptor level)이라고 부르며, 그림 5-8(b)에 있는 것과 같이 가전자대의 정상으로부터 에너지 $-E_A$에 위치한다. Si의 가전자가 A1 원자에 이동함으로 인해 이 가전자는 가전자대의 정상으로부터 억셉터 레벨에 여기(勵起)된다. 억셉터 레벨은 가전자대의 정상 가까이에 있으며, 따라서 이러한 여기(勵起)에 요구되는 에너지는 에너지밴드 갭을 넘어 전자를 가전자대로부터 전도대에 여

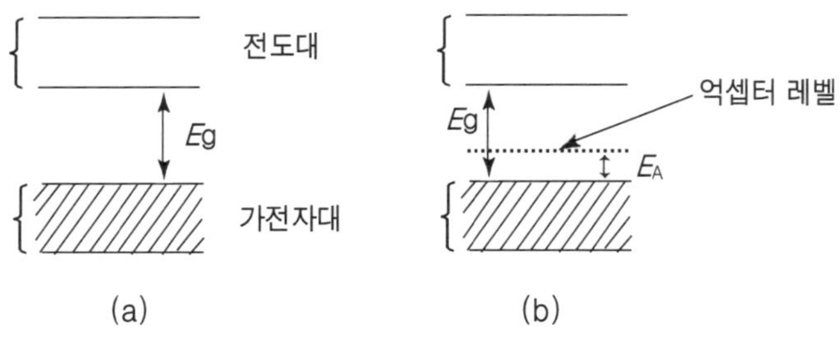

그림 5-8. 불순물에 의한 p형 외인성 반도체

기(勵起)하는 것에 요구되는 에너지에 비하면 훨씬 적다.

가전자대 안의 전자가 억셉터 레벨에 여기(勵起)되면 가전자대에 홀이 형성된다. 전자가 엑셉터 원자에 의해 받아들여지면 억셉터 원자와 인접한 호스트 원자와의 사이에 공유결합이 형성된다. 이 결합의 형성에 동반하여 에너지가 방출되어 호스트 원자로부터 가전자를 자유롭게 하기 위해 필요한 에너지의 일부분이 사용된다.

이렇게 전자 억셉터의 존재에 의해 생기는 홀(외인성 홀)의 형성에너지는 호스트 원자로부터 생기는 홀(외인성 홀)의 형성에너지에 비하면 작고 $E_A < E_g$가 된다. 이렇게 때문에 p형 외인성 반도체 중의 홀 밀도에는 다음의 식과 같이 2성분의 기여(寄與)가 있게 된다.

$$p = p_1 + p_e \tag{5.14}$$

여기에서 p는 전도홀의 전(全) 밀도, p_1는 진성홀의 밀도 및 p_e는 불순물 홀의 밀도를 나타낸다. 외인성 홀의 형성과 더불어 억셉터 원자는 음이온으로 변화한다. 이 과정은 다음과 같은 식으로 나타낼 수가 있다.

$$\mathrm{A+e^-} \rightarrow A^-$$

즉, A는 억셉터 원자를 나타낸다. 다른 표현으로 나타내면

$$\mathrm{A \rightarrow A^- + h^+}$$

라고 할 수가 있다. 즉 h^+는 홀을 나타낸다. 따라서

$$p_e = N_{A^-} \tag{5.15}$$

이 된다. 즉 N_{A^-}는 억셉터 이온의 농도를 표시하고, 고용체(固溶体) 안의 억셉터 원자의 숫자는 한정되어 있기 때문에 p_e의 최대치는 고용체 안의 억셉터 원자 농도인 N_A와 같게 된다. 억셉터 원자의 전체가 전자를 수용하면 p_e는 최대치를 얻고, 이 상황을 억셉터 포화(飽和, acceptor saturation)라고 부른다.

p_1과 p_e의 상대적인 중요성은 온도에 의존하여 결정한다. 다시 말하면 n_1과 마찬가지로

$$p_1 \propto e^{-Eg/2kT} \tag{5.16}$$

이 된다. n_e에 대한 식 (5.8)과 마찬가지로

$$p_e \propto e^{-E_A/kT} \tag{5.17}$$

이 된다.

$E_g/2 > E_A$이기 때문에 억셉터 원자가 포화될 때까지는 식 (5.16)과 (5.17)을 비교하면

$$p_1 \ll p_e \tag{5.18}$$

이라는 것을 알 수가 있다. 따라서 충분한 고온에서 모든 억셉터 원자가 가전자대로부터 전자를 수용할 경우 P_e는 한정값(최대치)를 얻어 식 (5.18)은 이제 유효하지 않게 된다. p형 외인성 반도체에서는 외인성의 전도전자가 존재하지 않기 때문에

$$n = n_1 \tag{5.19}$$

이 된다. $n_1 = P_1$이기 때문에 식 (5.19)는 $n = p_1$이 된다. 식 (5.18)이 유효한 이상 식 (5.14)와 식 (5.19)는 여러 가지로 다음과 같이 표현할 수가 있다.

$$p \simeq p_e \tag{5.20}$$

$$n \simeq 0 \tag{5.21}$$

p형 반도체란 그림 5-9에 나타낸 바와 같이 n형 반도체와 같은 도전율의 온도의존

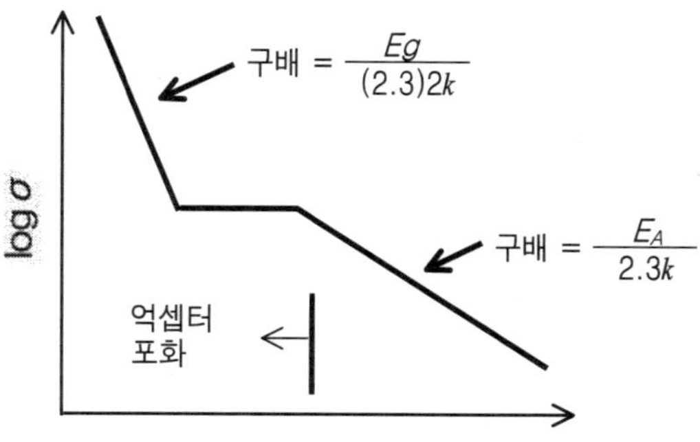

그림 5-9. P형 반도체에 있어서의 온도의존성

$E_g \gg E_A$이기 때문에 생기는 2종류의 경사부분의 구배가 틀린 점에 주의하라.

성을 나타낸다. 주기율표의 ⅢA족(B, A1, Ga 및 In)의 원자는 전체 ⅣA족의 반도체(Si, Ge)에 있어서 전자 억셉터(수용체)로서 역할을 한다.

3.2 결함 반도체

금속산화물 반도체 중의 격자(格子)간 원자, 즉 공공(空孔)과 같은 결함은 과잉 전도전자, 즉 과잉 홀을 공급하고, 금속산화물을 n형 또는 p형 반도체로 만든다.

(a) 과잉 반도체

과잉 반도체(excess conductor)라고 하는 것은 금속을 과잉으로 가지고 있는 금속 산화물을 말한다.

Zn^{2+} 및 O^{2-}로부터 만들어지는 이온성의 고체 Zn0를 생각해 보자.

감압(減壓)한 대기 중에 소량의 0^{2-}를 떼어버리면 Zn0은 $Zn^{1+x}0$이 된다. 즉 다시 말하면 x는 $0 < x \ll$이 된다. 화학 양론적(量論的) 화합물[정비(定比) 화합물, 스토이키오메탈 화합물]이라고 하는 것은 각 원소 간에 있어 원자량이 정수비(整數比)가 되는 화합물의 것이어서 이 이외의 화합물은 비화학 양론적(量論的) 화합물[부정비(不定比)성 화합물, 논스토이키오메탈 화합물]이라고 부른다.

Zn0은 스토이키오메탈이며, $Zn^{1+x}0$는 논스토이키오메탈이다. Zn^{2+} 이온은 0^{2-} 이온에 비해 이동이 용이하기 때문에 그림 5-10에 나타낸 바와 같이 $Zn^{1+x}0$는 0^{2-}의 공공(空孔)보다도 더 아연의 격자간 원자를 가지게 된다. 아연의 격자간 원자의 존재란 Zn^{2+} 위치에 2개의 아연이온이 존재한다는 것을 의미한다. 전기적 중성을 가지기 위해 Zn^{2+} 위치에 2개의 아연이온은 모두 +2의 전하를 가질 필요가 있다.

따라서 각 이온은 +1의 전하를 가짐에 따라 2개의 이온은 모두 Zn^{+}이다. Zn^{+} 이온은 Zn^{2+}보다 전자를 1개 더 가지고 있기 때문에 전자도너로서 일을 할 수가 있다.

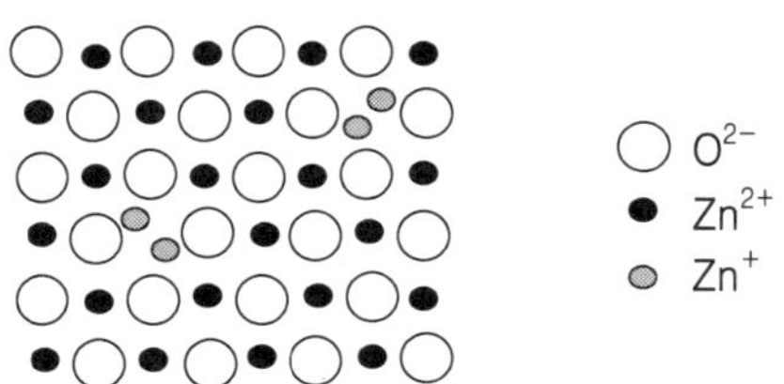

그림 5-10. $Zn^{1+x}0$ 결정구조 단면도

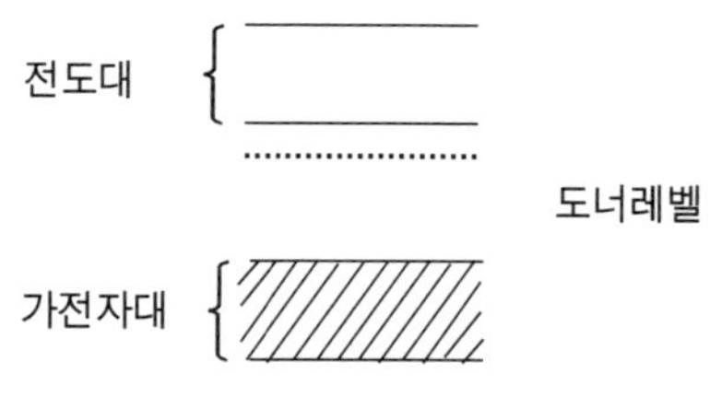

그림 5-11. $Zn^{1+x}0$의 에너지밴드

전자를 1개 제공하므로 Zn^{+} 이온은 Zn^{2+} 이온이 되는 것이다.

즉, $Zn^{+} \rightarrow Zn^{2+} + e^{-}$ 이다.

이와 같은 상황은 또한 에너지밴드 모델을 사용하여 설명할 수가 있다(그림 5-11). 각 Zn^{+} 이온상의 과잉 전자는 전도대의 바닥 근처에 위치하는 도너레벨에 존재한다. 열에너지에 의해 Zn^{+}이 Zn^{2+} 이온으로 변환되면 전자는 도너레벨로부터 전도대의 바닥으로 여기(勵起)되어 그곳에서 전도전자가 된다.

따라서 $Zn^{1+x}0$은 n형 반도체가 된다.

(b) 결손 반도체

결손(缺損) 반도체(deficit semiconductor)이라는 것은 금속원소의 수가 부족한 금속산화물을 가리킨다. 예를 들면 Ni^{2+} 이온과 0^{2+} 이온으로 이루어진 이온성 결정 NiO의 경우를 생각해 보자. NiO가 산화되면 Ni^{2+} 이온의 일부는 Ni^{3+}가 된다.

따라서 전기적 중성(中性)을 가지고 있기 때문에 그림 5-12에 나타낸 바와 같이 3개의 Ni^{2+} 이온이 2개의 Ni^{3+} 이온과 1개의 공공(空孔)에 놓여진다. 그 결과 금속원소량이 줄고, NiO는 Ni_{1-x}가 된다.

즉, x는 $0 < x \ll 1$이다. 이온전도도의 증가 이상으로 중요한 것은 공공의 존재에

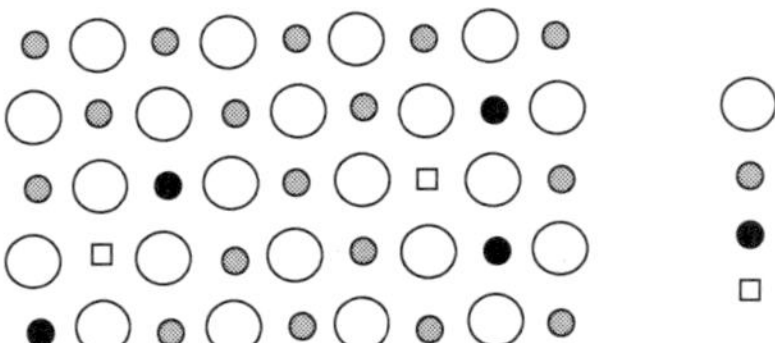

그림 5-12. $Ni_{1-x}0$ 결정 결함모델

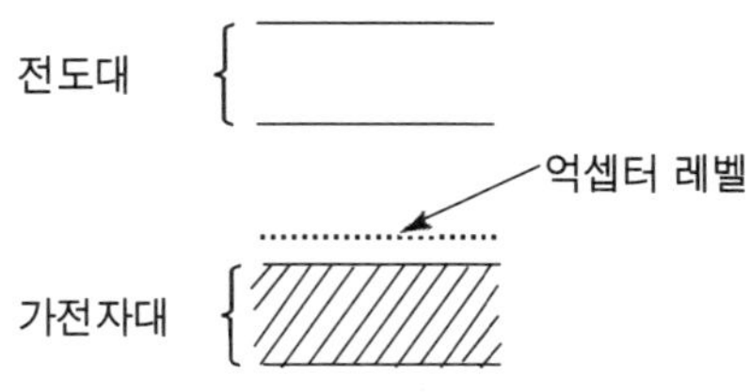

그림 5-13. $Ni_{1-x}O$ 에너지밴드

의해 확산이 용이하게 되어 Ni^{3+} 이온이 전자수용체(억셉터)로서 일한다는 사실이다. 다시 말해 $Ni^{3+} + e^{-} \rightarrow Ni^{2+}$가 되는 것이다. 인접한 Ni^{2+} 이온으로부터 전자를 받아들임으로 Ni^{3+} 이온이 Ni^{2+}이 되는 것이다. 반대로 인접한 Ni^{2+} 이온은 Ni^{3+} 이온이 되는 것이다. 이렇게 해서 Ni^{2+} 이온으로부터 Ni^{3+} 이온으로 바뀌지는 것이다. 동시에 Ni^{3+} 이온이 Ni^{2+} 이온으로 변환되는 것에 따라 홀(h^{+})이 형성되는 것이다.

다시 말해 $Ni^{3+} \rightarrow Ni^{2+} + h^{+}$가 된다. 홀은 Ni^{3+} 이온으로부터 Ni^{2+} 이온으로 이동하여 Ni^{3+}를 Ni^{2+}로 변환시킨다. 이 상황은 또한 그림 5-13에 나타낸 바와 같이 에너지밴드 모델에 의해서도 설명할 수가 있다. Ni^{2+} 이온의 가전자가 Ni^{3+} 이온으로 이동하면 전자는 가전자대로부터 억셉터 레벨에 여기(勵起)된다. 동시에 가전자대중에 홀이 형성된다.

따라서 Ni_{1-x} O는 p형 반도체로 되는 것이다.

예제 5-1

E_A를 가전자대의 정점과 억셉터 레벨 사이의 에너지라고 할 때 그림 5-14에 나타

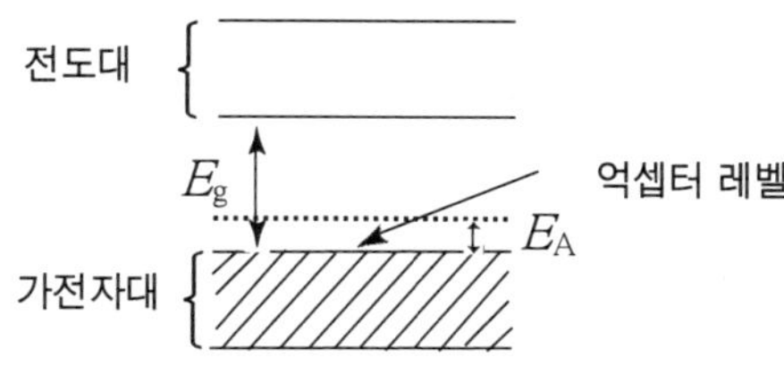

그림 5-14. P형 외인성 반도체의 에너지밴드

낸 바와 같이 어떤 P형 외인성 반도체의 E_A가 0.1eV이다. 이 반도체의 외인성 전도 홀 밀도는 20 ℃에 있고, 진성 캐리어 밀도보다도 훨씬 높다. 또한 이 외인성 반도체의 도전율은 20 ℃일 경우 $10\Omega^{-1}cm^{-1}$이다. 0도일 때의 이 반도체의 도전율을 계산하라.

볼츠만 정수 $k = 8.61 \times 10^{-5} eV \cdot K^{-1}$이다.

[풀 이]

문제를 보면 20도일 때 $Pe \gg P_1$이다. 0동일 경우에도 P_e는 P_1보다도 훨씬 작고, 따라서 P_1는 무시할 수 있다.

$$p = p_e$$

이다. 더욱이

$$n \simeq 0$$

이다. 그러므로

$$\sigma = qn\mu_n + qp\mu_p$$
$$= qp_e\mu_p$$

가 된다. 따라서

$$\sigma \propto e^{-EA/kT}$$

여기서 $$E_A = 0.1eV, E_g = 1.1eV$$

즉,

$$\sigma = \sigma_O e^{-EA/kT}$$

이다.

$$T = T_1 \text{일 경우 } \sigma = \sigma_1 = \sigma_O e^{-EA/kT_1}$$

$$T = T_2 \text{의 경우 } \sigma = \sigma_2 = \sigma_O e^{-E_A/kT} \text{이라고 하면,}$$

$$\frac{\sigma_2}{\sigma_1} = \frac{\sigma_O e^{-E_A/kT_2}}{e_o e^{-E_A/kT}} = e\frac{E_A}{k}\left(\frac{1}{T_2} - \frac{1}{T_1}\right)$$

가 된다. 이 문제에서는

$$T_1 = 20^O C = (273 + 20)K = 293K; \sigma_1 = 10\Omega^{-1}cm^{-1},$$

$$T_2 = O^O C = 273K;\ \sigma_2 = ?$$

이다. $E_A = 0.1\text{eV}$, $k = 8.61 \times 10^{-5}\text{eV} \cdot \text{K}^{-1}$를 위의 식에 대입시켜 이것을 풀면 $\sigma_2 = 7.48\Omega^{-1}cm^{-1}$를 얻을 수 있다.

4. 질량작용의 법칙

진성 반도체에 n형 불순물이 주입되면 전도전자 수가 증가하는 것만이 아니라 전도홀수가 진성 반도체에 존재하는 것 이하로 감소한다. 이 홀 감소의 이유는 전자의 수가 증가하면 전자와 홀의 재결합 속도가 증가하기 때문이다.

마찬가지로 p형 불순물의 주입에 의해서는 진성 반도체 중에 존재하는 숫자 이하로 자유전자 농도가 감소한다. 이상의 사실은 열 평형(平衡)에 있어 전도전자 밀도(n)와 홀 밀도(p)의 체적(體積)은 도너 불순물 및 억셉터 불순물의 양에도 불구하고 일정하게 유지된다는 것을 알려준다.

진성 반도체(즉, 주입이 없을 경우)에서는

$$n = n_1 = p_1 = p$$

이다. 따라서 진성 반도체에서는

$$np = n_1^2$$

가 된다. np는 주입의 레벨에 관계없이 일정하며, n_1를 진성 캐리어의 농도로 하면 그 수치는 n_1^2이다. 이렇게 진성 및 외인성 반도체의 양자 간에는

$$np = n_1^2 \tag{5.22}$$

의 관계가 존재한다. 다시 말해, n_1는 온도 및 재료에 의존해서 변화하는 양(量)이다. 실온 300k에서는

Si 에 대해서는 $n_1 = 1.5 \times 10^{10} cm^{-3}$
Ge 에 대해서는 $n_1 = 2.5 \times 10^{13} cm^{-3}$

이다. 식 5.22는 질량작용의 법칙(Mass. Action law)으로 알려져 있다. 이 식은 전도전자 밀도를 알고 있을 경우에 홀 농도를 얻기 위해 쓰이며, 홀 농도를 알고 있을 시에는 전도전자 밀도를 알기 위해 사용된다. 예를 들면 도너원자 농도가 n_p인 n형 반

도체의 경우를 생각해 보자. 상온에서는

$$n \simeq n_e = N_{P+} \tag{5.23}$$

이다. 지금의 이 온도는 n_e가 n_1에 필적할 만큼 고온은 아니지만, 도너고갈이 생기기에는 충분한 고온이라고 해두자. 실제 이러한 조건은 실온에서 일어난다.

따라서

$$N_{P+} = N_P$$

이며, 식 5.11은 다음과 같이 된다.

$$n \simeq N_P$$

질량작용의 법칙을 쓰면 홀 밀도는 다음과 같은 식이 얻어진다.

$$p = \frac{n_1^2}{n} = \frac{n_1^2}{N_P}$$

예제 5-2

홀 밀도가 $10^{11} cm^{-3}$에 도프된 실리콘 소편(小片)에 12V/cm의 전계가 인가(印加)되었다. 300k에 있어 이 물질의 전류밀도를 계산하라. 단 실리콘 안의 μ_p, μ_p는 표 4-2를 참조하라.

[풀 이]

$$J = J_p + J_n = qnv_n + qpv_p$$

$$v_p = \mu_p E = (500 \frac{cm^2}{V.sec})(12 \frac{V}{cm}) = 600 \frac{cm}{\sec}$$

$$v_n = \mu_n E = (1300 \frac{cm^2}{V.sec})(12 \frac{V}{cm}) = 15600 \frac{cm}{\sec}$$

$$p = 10^{11} cm^{-3}$$

질량작용의 법칙을 적용하면,

$$n = \frac{n_1^2}{p} = \frac{(1.5 \times 10^{10})^2}{10^{11}} cm^{-3} = 2.25 \times 10^9 cm^{-3}$$

따라서

$$J = q(nv_n + pv_p)$$

$$=(1.6\times 10^{-19}C)[(2.25\times 10^{9}cm^{-3})(15600cm/s)$$
$$+(10^{11}cm^{-3})(6000cm/sec)$$
$$=1.02\times 10^{-4}A/cm^{2}$$

예제 5-3

저항치가 0.02$\Omega\cdot cm$일 때의 300k에 있어서의 p형 게르마늄의 홀과 전자의 밀도를 계산하라.

[풀 이]

$$\sigma = q(n\mu_n + p\mu_p)$$

$p \gg n$이라고 가정하면

$$\sigma \simeq qp\mu_p$$
$$\sigma = \frac{1}{0.02\Omega \cdot cm}$$

300k의 Ge에 대하여 $\mu_p = 1800\dfrac{cm^2}{V\cdot sec}$

따라서

$$p = \frac{\sigma}{q\mu_p} = \frac{1}{(0.02\Omega \cdot cm)(1.6\times 10^{-19}C)(1800\dfrac{cm^2}{V.sec})}$$
$$=1.736\times 10^{17}cm^{-3}$$

질량작용의 법칙으로부터

$$np = n_1^2$$

이다. 300k의 Ge에서는 $n_1 = 2.5\times 10^{13}cm^{-3}$이며, 따라서

$$n = \frac{n_1^2}{p} = \frac{(2.5\times 10^{13})^2}{1.736\times 10^{17}}cm^{-3}$$
$$=3.6\times 10^{9}cm^{-3}$$

예제 5-4

(a) 300k에 있어서의 게르마늄의 저항률은 44.64$\Omega\cdot cm$이라는 것을 표시하라.

(b) 도너 불순물은 10^8개의 게르마늄 원자당 1개 주입된 경우 그 저항률은 3.73 $\Omega \cdot cm$로 내려가는 것을 표시하라.

[풀 이]

(a) 진성 반도체에 대하여 $n = p$이며, 따라서

$$\sigma = qn(\mu_n + \mu_p)$$

300k의 Ge에 대하여는

$$\mu_n = 3800\frac{cm^2}{V.sec}$$

$$\mu_p = 1800\frac{cm^2}{V.sec}$$

더욱이

$$n = n_1 = 2.5\times 10^{13}cm^{-3}$$

이며, 따라서

$$\sigma = (1.6\times 10^{-19}C)(2.5\times 10^{13}cm^{-3})(3800 + 1800)\frac{cm^2}{V \cdot sec}$$

$$=2.24\times 10^{-2}\Omega^{-1}cm^{-1}$$

$$\frac{1}{\sigma} = 44.64\Omega \cdot cm$$

(b)

$$N_p = \frac{4.4\times 10^{22}}{10^8}cm^{-3} = 4.4\times 10^{14}cm^{-3}$$

$$\sigma = q(n\mu_n + p\mu_p)$$

도너 고갈의 상태라고 가정하면

$$N = N_P = 4.4\times 10^{14}cm^{-3}$$

질량작용의 법칙을 이용하면

$$p = \frac{n_1^2}{n} = \frac{n_1^2}{N_P}$$

Ge에 대하여 $n_1 = 2.5\times 10^{13}cm^{-3}$이기 때문에 따라서

$$p = \frac{(2.5\times 10^{13})^2}{4.4\times 10^{14}}cm^{-3} = 1.42\times 10^{12}cm^{-3}$$

$$\sigma = q(n\mu_n + p\mu_p)$$

$$=(1.6\times 10^{-19}C)[(4.4\times 10^{14}cm^{-3})(3800\frac{cm^2}{V\cdot sec})$$

$$+(1.42\times 10^{12}cm^{-3})(1800\frac{cm^2}{V\cdot sec})]$$

$$=(1.6\times 10^{-19}C)(1.672\times 10^{18}+2.556\times 10^{15})\frac{1}{cm\cdot V\cdot sec}$$

$$=0.2679\Omega^{-1}cm^{-1}$$

$$\frac{1}{\sigma} = 3.73\Omega\cdot cm$$

예제 5-5

그림 5-15에 나타낸 바와 같이 크기가 2cm$\times 2mm\times 0.5mm$의 장방형의 진성 반도체 소편(小片)를 생각해 보자. 46v의 전위차가 2측면 간에 인가되어 있고, 그래서 그려진 방향으로 1μA (1μA=$10^{-6}A$)의 전류가 흐르고 있다.

(a) 전류밀도를 계산하라
(b) 고체 중의 전계를 계산하라
(c) 재료의 도전율을 계산하라
(d) 재료의 저항률을 계산하라
(e) 전도전자와 홀의 이동도는 두 가지 경우인 1300($cm^2/V\cdot sec$), 500($cm^2/V\cdot sec$)이다. 전하 $q=1.6\times 10^{-19}C$.단위 체적당 전도전자 수와 홀 수를 계산하라.
(f) 전자 억셉터가 진성 반도체에 주입되어 도전율이 $10\Omega^{-1}cm^{-1}$로 증가한다. 진성 캐리어 밀도가 외인성 캐리어 밀도에 비해 대단히 적을 때의 외인성 반도체의 홀 밀도를 계산하라.

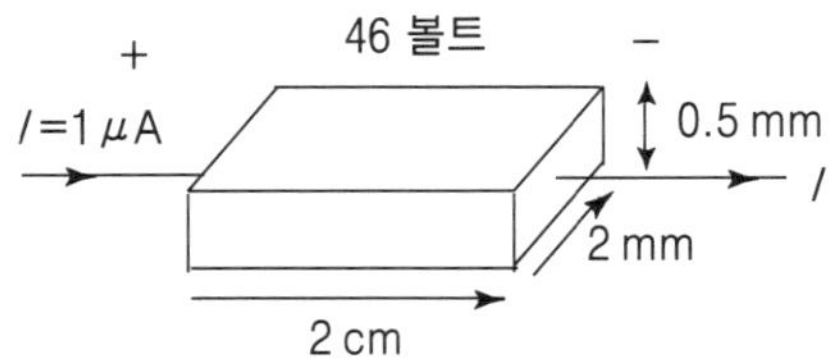

그림 5-15 반도체 소편(小片)의 사이즈

(g) 억셉터가 포화되어 있다고 가정할 때, 고용체(固溶体) 안의 억셉터 원자의 밀도는 얼마겠는가?

[풀 이]

(a) $J = \frac{1}{A} = \frac{1\mu A}{(2mm)(0.5mm)} = \frac{10^{-6}A}{10^{-6}m^2} = 1A \cdot cm^{-2}$

(b) $E = \frac{46V}{2cm} = 23V \cdot cm^{-1}$

(c) $\sigma = \frac{J}{E} = \frac{10^{-4}A \cdot cm^{-2}}{23V \cdot cm^{-1}} = 4.35 \times 10^{-6}\Omega \cdot cm^{-1}$

(d) $\rho = \frac{1}{\sigma} = \frac{1}{4.35 \times 10^{-6}\Omega^{-1}cm^{-1}} = 2.3 \times 10^{5}\Omega \cdot cm$

(e) $\sigma = qn(\mu_n + \mu_p)$

$$n = \frac{\sigma}{q(\mu_n + \mu_p)} = \frac{4.35 \times 10^{-6}\Omega^{-1}cm^{-1}}{(1.6 \times 10^{-19}C)[1300 + 500)cm^2/V \cdot sec]}$$

$=1.5 \times 10^{10}cm^{-3}$

(f) $\sigma = qp\mu_p$

$$p = \frac{\sigma}{q\mu_p} = \frac{10\Omega^{-1}cm^{-1}}{(1.6 \times 10^{-19}C)(500cm^2/V \cdot sec)}$$

$=1.25 \times 10^{17}cm^{-3}$

(g) $N_A = 1.25 \times 10^{17}cm^{-3}$

5. 다수 및 소수 캐리어

외인성 반도체에서는 일반적으로 한쪽의 캐리어 농도가 다른 쪽의 것보다 상당히 높다. 이 고농도의 캐리어를 다수(多數) 캐리어(majority carrier)라고 부른다. 저농도의 캐리어를 소수(少數) 캐리어라고 부른다. 따라서 n형 반도체에서는 전도전자가 다수 캐리어이고, 반대로 홀이 소수 캐리어이다. 소수 캐리어에서는 그 농도가 낮기 때문에 재결합에 의해 쉽게 농도변화가 생긴다. 그러나 다수캐리어는 그 수가 대단히 많기 때문에 재결합, 다시 말하면 캐리어의 주입에 의해 그 수가 다소 변화되어도 다

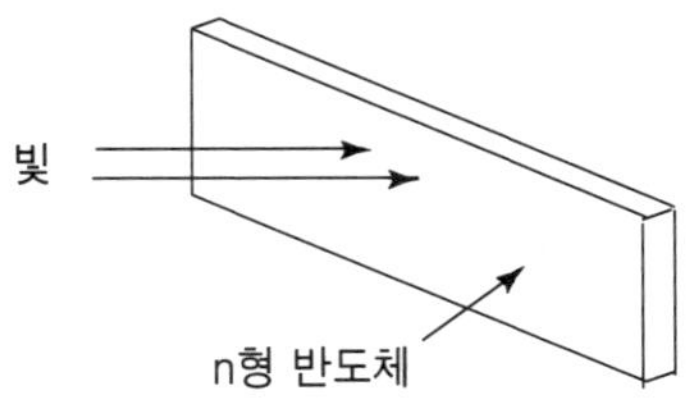

그림 5-16 균일한 광조사를 받는 n형 반도체 박판

수 캐리어에는 거의 영향이 없다. 그 결과 소수 캐리어가 반도체 장치의 특성을 좌우하는 경우가 많다.

그림 5-16은 빛을 받음으로 인해 반도체 중의 원자를 이온화한 전자와 홀의 대칭을 이루는 n형 반도체 박판(薄板)을 보여주고 있다. 이 박판은 대단히 얇아 빛은 이것을 완전히 통과하여 박판 전체가 균일하게 조사(照射)되어 있다고 가정하자.

박판 전체에 균일하게 광이온화가 일어나고, 소수 캐리어인 홀의 밀도가 열 평형(平衡) 이상으로 증가한다. 이 상황조건에서는 박판 중에 홀 밀도는 다음과 같이 나타낼 수가 있다.

$$p_n = p_{no} + p_n' \tag{5.24}$$

즉, p_{no}는 열 평형하의 밀도이며, p_n'는 빛에 의해 생긴 과잉의 밀도를 나타낸다. 첨자 n는 이 반도체가 n형이라는 것을 강조하기 위한 것이다. 식 5.3으로부터 재결합 속도 $R = ap_n n_n$이다. 캐리어 밀도는 이 재결합 속도와 열 및 빛에 따른 합계의 이온화 속도와 같은 값이 될 때까지 증가한다.

$t = 0$에 있어서는 빛이 스위치 오프 되면 재결합 속도는 이온화 속도를 상회하며, 과잉 밀도는 지수관수적(指數關數的)으로 감소하여 0에 달하게 된다. $t > 0$에 있어서는 홀 밀도는 다음과 같은 식으로 나타낸다.

$$p_n = p_{n0}' e^{-t/\tau h} \tag{5.25}$$

여기에서 τ_h는 n형 반도체 중의 홀의 수명(lige time)이라고 알려져 있다. 소수 캐리어의 라이프 타임은 반도체 재료에 있어 중요한 파라미터이다.

상기의 논의는 p형 반도체에 대해서도 적용될 수가 있다. p형 반도체 재료에 있어 소수 캐리어 전자의 수명(라이프 타임) τ_e를 정의할 수가 있다.

요 약

실리콘과 게르마늄에서는 외곽의 4개의 전자가 sp^3혼성궤도를 만들어 사면체 배위를 형성한다. 열에너지광 조사(照射)는 가전자를 전도대로 올려 실리콘, 게르마늄을 반도체화한다. 이것은 진성 반도체의 경우에는 전도전자 밀도 n와 홀 밀도 p는 같다.

$$n = p$$

한편, 불순물이나 격자결함이 있을 경우에는 n와 p는 같지 않다. 이 외인성 반도체는 $n > p$일 경우에는 n형, $n < p$일 경우에는 p형이라고 불린다. 예를 들면 불순물 반도체로서 Si에 P가 소량 포함되어 있는 경우에는 n형이 된다. 그것은 P가 가전자를 5개 보유하여 Si의 4개보다는 많기 때문에 여분의 가전자 1개가 P^+ 이온에 가볍게 트랩된 것 같은 모델을 형성하기 때문이다. 이 가전자는 온도가 조금 올라가면 쉽게 전도전자로 변신한다. 에너지 밴드로 설명하면 불순물 레벨이 전도대에 조금 밑으로 형성되며, 이 레벨을 도너레벨이라 칭한다. Si에 A1이 첨가되는 경우에는 A1을 억셉터 원자라고 한다.

금속산화물 반도체 안의 격자간 원자($Zn_{1+x}O$) 또는 공공(空孔)과 같은 결함도 여러 가지 과잉 전도전자 또는 과잉 홀을 공급하여 금속산화물을 n형 또는 p형의 반도체로 만든다. 외인성 반도체(n형이든 p형이든)에 있어서 전도율의 온도의존성은 그림 5-17과 같이 3개의 영역으로 나뉜다. 저온에 있어서는 (Ⅰ), 도너(즉 억셉터) 위치로부터 전도대(가전자대)로의 여기(勵起)가 열에너지에 의해 부드럽게 이루어진다. 그러나 고체 중의 불순물 원자 수는 제한되어 있어 도너원자(즉, 억셉터 홀)가 전체 여기되어 버리는 온도영역에서는 (Ⅱ), 도전율은 거의 일정하게 된다(도너고갈 내지는 억셉터 포화). 더욱이 온도가 올라가면 반도체 안에 도너원자보다도 많은 호스트 원자가 존재하기 때문에 가전자대로부터 전도대에로의 여기가 시작된다. 따라서 다시 한번 온도 상승으로 도전율이 커지게 된다.

진성반도체를 예를 들면 n형 불순물이 주입되면 전도전자 수 n는 증가하지만, 전도홀수 p는 반대로 감소한다. 단 n와 p의 누적은 일정하여

$$np = n_1^2 \ (n_1 = \text{진성 캐리어 밀도})$$

가 유지된다. 이 관계식을 질량작용의 법칙이라고 하며, 매우 유용하다.

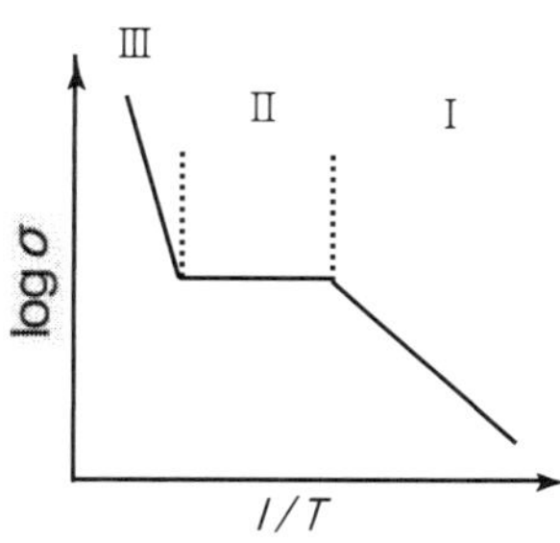

그림 5-17. 외인성 반도체의 전도율의 온도의존성

제 6 장

유 전 체

유전체(誘電體)는 절연체와 동등한 물질 범주(範疇)로서, 전계를 지날 때 정상적 전류가 흐르지는 않지만 전하를 축적하는 것이 가능하다. 본 장에서는 유전체의 특성에 있어서의 전반적인 것을 다룬다.

유전분극의 기원, 강(强) 유전체의 주요 성질에 대해 다루며, 후반부는 강유전성, 압전성(壓電性)을 상전이(相轉移)을 포함한 현상론을 이용해 설명한다.

1. 유전분극

유전체에 전계 E[V/m]를 인가하면 유전체 중의 전하입자가 조금씩 시프트하여 양극전하와 음극전하의 중심이 조금 흐트러진다. 즉 전기적 쌍극자(雙極子) 모멘트 [C.m]가 생긴다. 이 상황을 그림 6-1에 나타내었다.

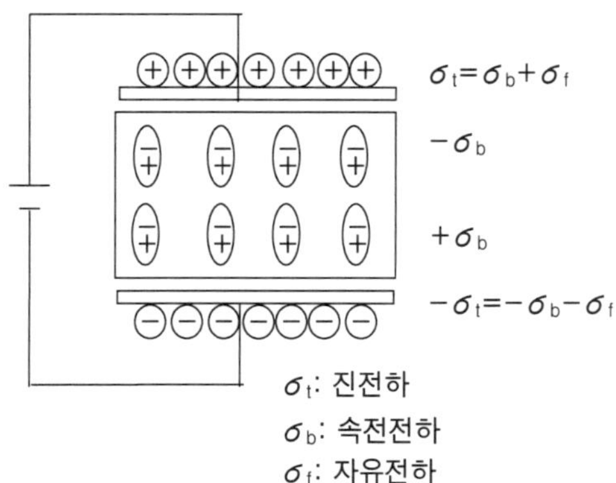

그림 6-1. 전계를 인가한 때의 유전체의 분극모델

단위 체적 중의 쌍극자 모멘트의 총화(總和)를 유전분극(誘電分極) 전기분극(dielectric polarization) P[C/m^2]이라고 부른다.

지금 하나의 원자에 E^{1OC}라고 하는 전계가 작용하고 있다고 하자. 이 원자는 E^{1OC}에 비례한 양의 쌍극자 모멘트를 만들어 낸다.

$$p = aE^{1OC} \tag{6.1}$$

라고 표시할 때 비례정수 a를 원자의 분극률이라고 부른다. 진공콘덴서에 전계를 인가할 때는 콘덴서 중의 전계는 외부전계와 같지만, 유전체의 경우에는 물질 중의 전계는 외 부전계와 같지 않다. 이것을 국소 전계(電界)라고 하며, 그 이유는 외분 전계에 의해 쌍극자 모멘트 p가 유기(誘起)되어 p에 의한 전계가 중첩되기 때문이다.

일반적으로 국소 전계는 외부전계와 전기분극을 이루는 로렌츠 전계(電界)의 중복으로 표현되어

$$E^{1OC} = E + \left(\frac{\Upsilon}{3e_O}\right)P \tag{6.2}$$

라고 기록하며, Υ를 로렌츠 인자(Lorents factor)라고 부른다.

여기서 ϵ_O는 진공의 유전율로 8.854×10^{-12}[F/m]이다.

예제 6-1

분극률 a[F.m^2]이 같은 2개의 원자가 a[m] 사이를 두고 존재한다. 전계 E가 2개의 원자의 중심을 묶는 방향으로 인가되었을 때, 각 원자의 위치에 있어서의 내부전계 E^{1OC}를 구하라.

또한 $a = 2\times10^{-40}$[F.m^2], $a = 4$[Å]로 하면 E^{1OC}/E 비(比)는 얼마나 될 것인가?

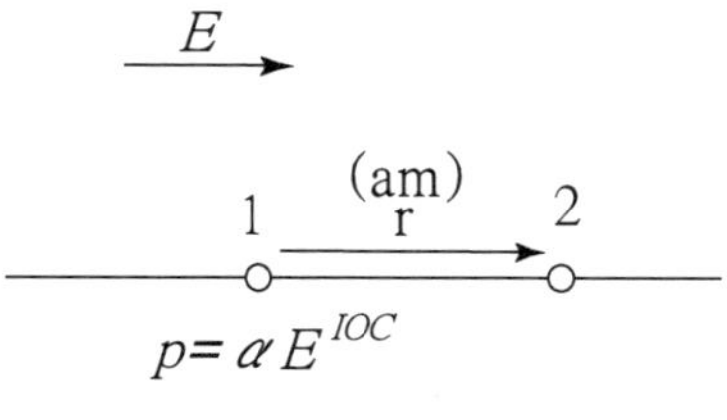

그림 6-2. 두 개의 원자의 배열

[풀 이]

쌍극자 모멘트 P로부터 ϒ 떨어진 점의 전계는

$$E_d = \frac{1}{4\pi\epsilon_o}\frac{3(p\cdot r)r - r^2p}{r^5}$$

라는 식이 얻어진다.

원자 2의 국소 전계 E_2^{1OC}는 원자 1의 쌍극자 모멘트로부터의 도움을 받아

$$E_2^{1OC} = E + E_d = E + \frac{1}{4\pi e_O}\frac{2p}{a^3}$$

$$= E + \frac{1}{4\pi e_O}\frac{2aE^{1OC}}{a^3}$$

이 된다. 대칭성 $E_2^{1OC} = E_1^{1OC}$이기 때문에 그것을 E^{1OC}로 하면

$$E^{1OC} = E + \frac{1}{4\pi e_O}\frac{2aE^{1OC}}{a^3}$$

을 얻을 수 있다. 따라서

$$E^{1OC} = E/(1 - \frac{1}{4\pi e_O}\frac{2aE^{1OC}}{a^3})$$

$e_O = 8.854\times10^{-12}[F/m], a = 2\times10^{-40}[F.m^2], a = 4\times10^{-10}[m]$

를 대입시켜

$$E^{1OC}/E = 1(1 - 0.056) = 1.06$$

예제 6-2

$1m^3$ 중에 분극률 $2\times10^{-40}[F.m^2]$이 되는 같은 원자 5×10^{28}개를 포함한 고체가 있다. 내부전계가 로렌츠 인자 $\Upsilon = 1$의 로렌츠식을 이용하여 내부전계와 인가전계를 계산하라.

[풀 이]

$$E^{1OC} = E + \frac{1}{3e_O}P = E + \frac{1}{3e_O}NP = E + \frac{1}{3e_O}NaE^{1OC}$$

$$E^{1OC}/E = \frac{1}{1 - \frac{1}{3e_O}Na}$$

$$= \frac{1}{1 - 5 \times 10^{28}[m^{-3}] \times 2 \times 10^{-40}[F \cdot m^2] / 3 \times 8.854 \times 10^{-12}[F \cdot m]}$$

$$= \frac{1}{1 - 0.376} = 1.60$$

전기분극은 그 기구에 따라 배향(背向)분극, 이온분극, 전자분극으로 구분된다. 물질을 구성하는 분자가 원래 쌍극자 모멘트를 가진 경우(가령 HCl나 물 H_2O)에는 외부전계에 의해 모멘트 방향이 정해져 마크로에 분극이 관측되곤 한다. 이것을 배향분극이라고 한다. 이온분극은 양극의 전하를 가진 이온이 전계인가에 의해 상대적으로 시프트하는 것에 기인하는 분극이며(가령 암염NaCl 이나 $SrTiO_3$), 전자분극은 원자, 즉 이온자신으로 전자운(電子雲)과 원자핵이 상대적으로 시프트하는 것에 기인하는 것이다.

마크로한 전자기(電磁氣)적인 관계식을 정리하여 보자. 유전체(誘電體) 안의 전속밀도(電束密度) D는 전계, 전기분극과

$$D = e_O E + P \tag{6.3}$$

의 관계에 있다. E와 P와의 비례관계에 있어서의 경우에는 식 6.3은

$$D = ee_O E \tag{6.4}$$

와 같이 고쳐 쓸 수 있으며, e를 비유전율(比誘電率)이라고 부른다. 전속밀도(電束密度)는 유전체로서 형성된 콘덴서의 단위 면적당 축적된 전하량에 상당하는 물리량이라고 생각할 수가 있으며, 유전율 e은 같은 모양의 진공콘덴서에 축적된 전하량(eoE)의 몇 배 정도의 마크로한 지표이다. E와 P가 평행이 아닌 경우에는 유전율은 텐솔량이 된다.

2. 상유전체

2.1 그라지우스 몬티의 식(式)

상유전체(常誘電體)에 있어서 마크로스픽크한 유전율 e를 미크로스코픽한 원자의

분극률 a를 이용하여 표현하는 것을 생각해 보자. 여러 종류의 원자로부터 나온 일반적인 물질에 있어서 j번째의 원자밀도를 $N_J[m^{-3}]$, 그 원자 분극률을 a_j[F.m^2], 국소 전계를 E_J^{1OC}로 하면 거시적인 전기분극 P는

$$P = \sum_J N_j p_j = \sum_j N_j a_j E^{1OC} \tag{6.5}$$

가 된다.

$$E_J^{1OC} = E + (\frac{1}{3_{\epsilon 0}})P \tag{6.6}$$

를 이용해서 식 6.3, 식 6.4를 조합하면

$$\frac{e-1}{e+2} = \frac{1}{3e_O}\sum_J N_J a_j \tag{6.7}$$

이라는 관계를 얻을 수 있다. 이 관계식을 그라지우스 몬티라고 한다.

예제 6-3

국소 전계가 일정한 물질에 대하여 그라지우스 몬티의 식을 도출하라.

[풀 이]

$$D = ee_O E$$

$$= e_O E + P = e_O E + E^{1OC}\sum_j N_j a_j$$

$$E^{1OC} = E + (\frac{1}{3e_O})P$$

를 대입시켜

$$ee_o E = e_O E + [E + (\frac{1}{3e_O})P]\sum_j N_j a_j$$

$p = (e-1)e_O E$ 를 이용하면,

$$(e-1)e_O E = [E + (\frac{e-1}{3})E]\sum_j N_j a_j$$

따라서 $\frac{e-1}{e+2} = \frac{1}{3e_O}\sum_J N_J a_j$를 얻을 수 있다.

예제 6-4

8μF의 정전(靜電) 용량을 가진 콘덴서가 있어 그 유효면적이 400cm^{2}이다. 유전체의 비유전율(比誘電率)은 800이며, 10v의 전압을 양극에 가하면 유전체 층의 전계의 강도 및 유기된 전(全) 쌍극자 모멘트를 구하라.

[풀 이]

먼저 콘덴서의 두께를 구하라.

$$C = e_O e\frac{S}{t}$$

로부터

$$t = e_o e\frac{S}{C} = 8.854\times10^{-12}[F/m]\times800\times\frac{400\times10^{-4}[m^2]}{8\times10^{-6}[F]}$$

$$=35.4[\mu m]$$

외부 전계의 강도는

$$E = V/t = 10[V]35.4\times10^{-6}[m]$$

$$=0.282[kV/mm]$$

국소 전계의 강도는

$$E^{1OC} = E + \frac{1}{3e_O}P = \frac{e+2}{3}E = \frac{802}{3}\times0.282[kV/mm]$$

$$=75[kV/mm]$$

전 쌍극자 모멘트는 분극과 면적의 합으로 주어진다.

$$SP = S(e-1)e_O E = 400\times10^{-4}[m^2]$$

$$\times799\times8.854\times10^{-12}[F/m]\times10^{-12}[F/m]\times0.282\times10^{-6}[V/m]$$

$$=80[\mu C]$$

이것은 정전(靜電) 용량과 인가전압의 합과 같다.

$$CV = 8 \times 10^{-6}[F] \times 10[V]$$
$$= 80[\mu C]$$

2.2 유전분극

유전율의 주파수 의존성, 즉 유전분극에 대해서 다뤄보자. 전 장에서 전기분극에 3 종류의 기원이 있다는 것을 기술하였는데, 인가전계의 교번(交番) 주파수에 의해 그런 추종성(追從性)은 달라진다. 구성분자의 영구 쌍극자 모멘트의 회전, 전향(轉向) 등에 의존하는 배향분극은 분자의 질량이 무겁기 때문에 측정 주파수가 비교적 낮을 때는 추종성을 잃어버린다. 유전율은 측정 주파수를 올림으로 단조롭게 감소하고, 이를 완화(緩和)형 분산이라고 한다.

이온분극은 이온의 시프트가 자유롭기 때문에 좀더 높은 주파수(-10^{13}Hz)까지 응답한다. 전자분극은 전자운(電子雲)의 변형으로 생기기 때문에 대변응답(大變應答)은 빠르다(-10^{16}hz). 단, 이온분극과 전자분극에서는 결정 격자와의 상호작용이 강해 유전율이 특정의 주파수로서 최대치를 취하는 공명(共鳴)형 분산을 나타낸다.

따라서 유전율의 주파수 의존성은 일반적으로 그림 6-3에 나타낸 바와 같이 마이크로 파대(波帶), 적외영역, 자외영역에 이상이 발견된다.

2.3 유전손실

분극이 측정 주파수에 따르지 않고 유전분극을 나타내는 경우에는 유전손실을 동

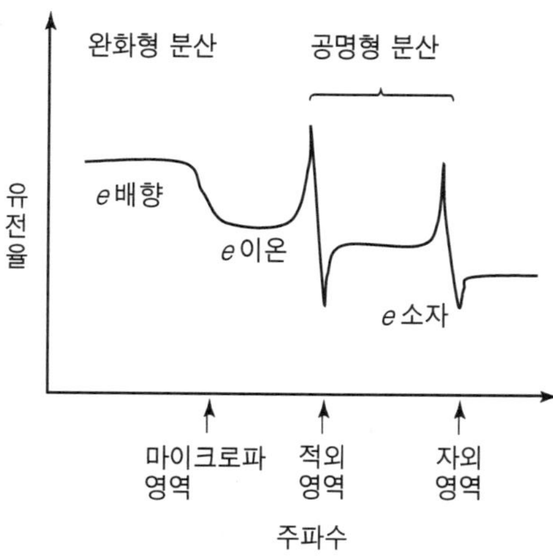

그림 6-3. 유전분극의 스펙트럼

반한다. 전계 E가

$$E = E_m e^{jwt} \tag{6.8}$$

과 같이 주파수 $f = w/2\pi$로서 진동하는 경우를 생각해 보자. 전속밀도(電束密度)도 정상상태에서는 주파수 f로서 진동하지만, 그 위상(位相)은 일반적으로 전계보다 δ 만큼 늦다. 다시 말해서,

$$D = D_m e^{j(wt-\delta)} \tag{6.9}$$

로 한다. D와 E를 형식적으로 묶으면 e는 유전율에 해당하는 양으로서 복소(復素) 유전율(誘電率)이라고 불린다. e'' 즉, tanδ가 유전체 내에 있어서의 에너지 손실을 나타내는 양이라는 것은 다음과 같이 나타낼 수가 있다. 교번(交番) 전계 1사이클의 사이에 단위 체적의 유전체에 공급되는 에너지를 계산하라.

$$w = \int EdL = \int_0^{2\pi/w} E \frac{dD}{dt} dt \tag{6.13}$$

이 된다. 식 6.13에 식 6.8, 식 6.9의 실부(實部)를 대입시키면,

$$w = \pi e' e_o E_m^2 = \pi e' e_0 E_m^2 tan\delta \tag{6.14}$$

를 얻을 수 있다. 위상(位相) 지체가 없는 (δ=0)의 경우에는 $w = 0$이 되며, 유전체에 일단 쌓인 정전적(靜電的)인 에너지는 사이클 종료 과정에 의해 완전히 회수되지만(효율100%), 위상 지체가 있으면 손실이 따르면서 열로 바뀐다. tanδ를 산일계수(散逸係數)라고 한다. $Q = 1/$tanδ를 가진 손실을 가지게 되는데, 이를 전기적 성능지수 또는 Q값이라고 한다.

예제 6-5

면적 10cm, 면 간격 0.1mm의 평행판인 콘덴서가 있다. 공극(空隙)은 비유전율(比誘電率) 2.25 tanδ가 4×10^{-4}의 유전체로서 가득 차 있다. 이것에 2V, 1MHZ의 교류전압을 가할 때, 이 콘덴서가 매초 소비하는 에너지를 계산하라

[풀 이]

$$w = f \times \pi \epsilon' e_o E_m^2 tan\delta \times V = 10^6 \times 3.14 \times 2.25 \times 8.854 \times 10^{-12} \times 2 \times [2/(0.1 \times 10^{-3})^2 \times 4 \times 10^{-4} \times 10^{-7} = 2.0 \times 10^{-6} [W]$$

3. 강유전체

결정 중에는 외부로부터 전계를 인가하지 않아도 자연히 정렬된 쌍극자 모멘트(단위 체적당 총화를 자발분극이라고 함)를 가지고 있는 것도 존재한다. 이런 종류의 결정을 극성결정이라고 부르며, 외부전계에 의해 자발분극의 방향을 바꾸는 것도 가능하기에 특히 이런 것을 강유전체(强誘電體)라고 한다.

강유전체를 크게 나누면 변위(變位)형과 질서-무질서형(예를 들면 $NaNO_2$)으로 분류할 수가 있다. 전자는 영구 쌍극자를 가지지 않고 고온상(高溫相)으로부터 이온 시프트에 의해 자발분극을 만드는 타입, 후자는 고온상의 랜덤 배열한 영구 쌍극자가 정렬하는 타입이다.

변위형의 티탄산(酸)바륨($BaTiO_3$)의 원자배열을 그림 6-4가 보여준다. 충분한 고온에서의 결정은 그림 6-4(a)와 같이 완전한 입방정(立方晶)이지만, 특정한 고온(약 130도) 이하에서는 Ti^{4+}, Ba^{2+} 등의 양이온이 O^{2-}과 같은 음이온에 대하여 상대적으로 그림 6-4(b)에 나타낸 바와 같이 변위(變位)하여 자발분극을 만들어 정방정(正方晶)으로 상전이(相轉移)된다. 이 상전이온도를 큐리온도라고 한다.

자발적인 이온 시프트의 유인력(誘引力)은 로렌츠 전계(국소 전계)에 의해 증폭된

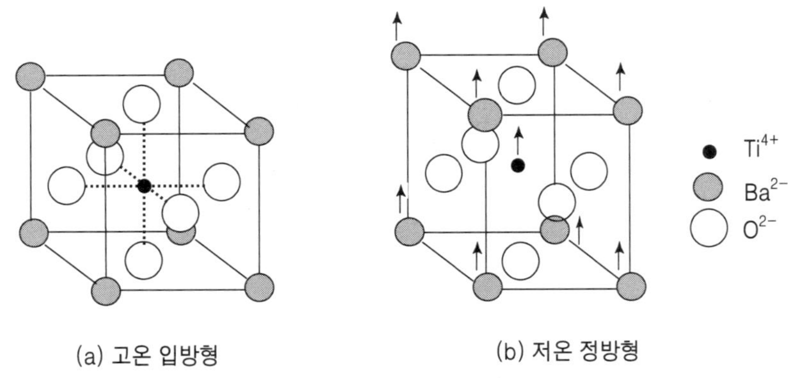

그림 6-4. 티탄산바륨의 결정구조

쌍극자 상호작용이라고 할 수 있다. 덧붙이면 자발적인 쌍극자의 배열이 결정 내에서 평행이 되므로 인해 반(反)평행이 되는 편이 쌍극자 상호작용 에너지가 낮아지는 경우도 있다. 이러한 결정(結晶)을 반(反)강(强)유전체라고 부른다. 이 예로서 지르코늄 산연(酸鉛)($PbZrO_3$)이 있다(그림 6-5).

이제 티탄산(酸)바륨의 저온일 때의 분극인가 전계 의존성을 그림 6-6을 통해 보자. 자발분극의 반전과 함께 하는 이력(履歷)이 특징이다.

자발분극은 온도상승에 의해 감소하고, 그래서 시료면 위에 여분의 전하가 방출되어 개방전압으로서 관측된다. 이것을 초전(焦電)효과라고 한다. 그림 6-7에 나오는 것은 유전율의 온도 T의존성이다. 강(强)유전상에 있어서 유전율은 결정(結晶) 방위

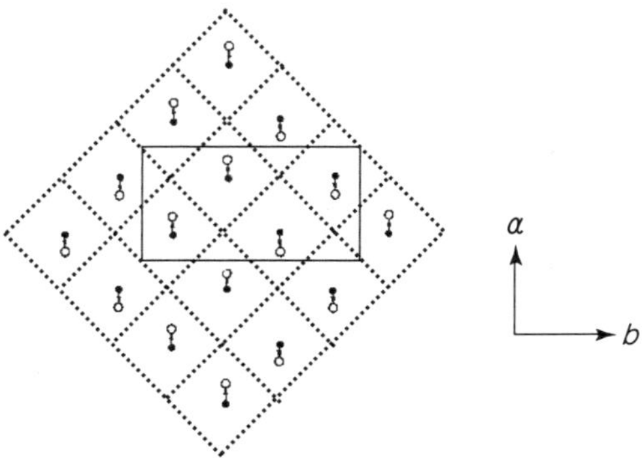

그림 6-5. 페로즈스카이트포(胞)(사선)을 기초로 하여 쓴 $PbZrO_3$의 부격자분극의 모식도

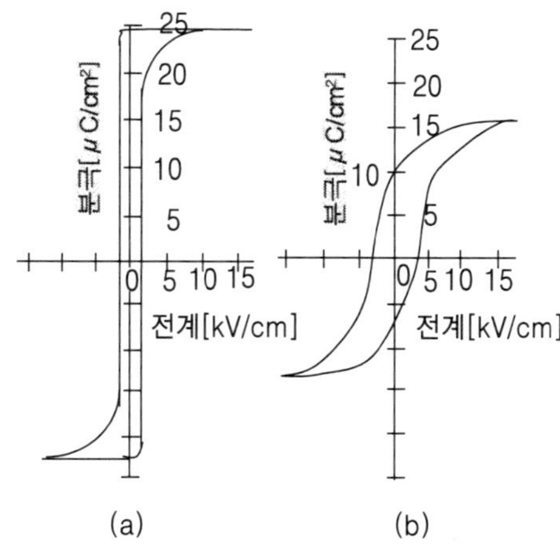

그림 6-6. 티탄산바륨에 있어서의 전계분극 특성(실온)
(a) 단결정(單結晶)과 (b) 다(多)결정(세라믹스)에 관한 측정 예

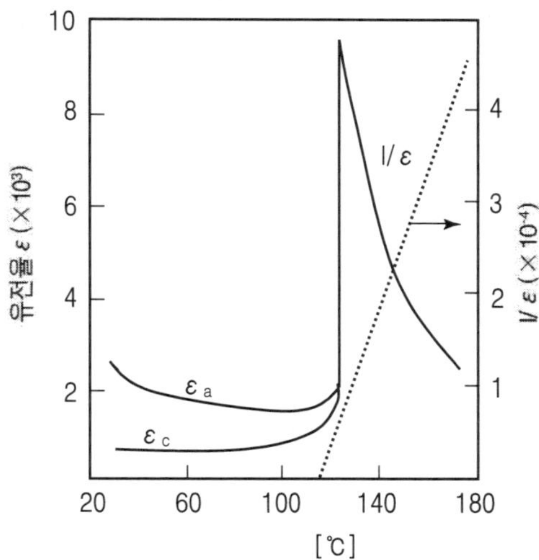

그림 6-7. 티탄산바륨에 있어서의 유전율의 온도의존성

(方位)에 따라 틀리며, 그림 6-7은 e_a방향, e_a방향은 여러 모로 a 방향, c방향(이것이 자발분극의 방향)에서 측정된 유전율을 나타내고 있다. 큐리온도 접근에서 유전율은 예리한 극대치를 가지게 되며, 고온에서의 유전율 변화는 큐리-와이즈 법칙이라고 불리는 다음과 같은 식에 따른다.

$$e = \frac{C}{T - T_O} \tag{6.15}$$

여기에서 C는 큐리-와이즈 정수라고 부르며, [K]의 차원을 가진다. T_o는 큐리-와이즈 온도라고 말하며, 통상 상전이온도 T_c(큐리온도)보다 조금 낮은 온도이다. 또한 강(强)유전체에 응력(應力) X를 더하면 분극 P(즉, 전계)를 발생시키고, 반대로 전계 E를 인가하면 변형 χ를 발생시킬 수 있다. 이러한 전기-기계 상호작용을 전압효과라고 하며, 다음의 선형관계로 표현된다.

$$P = ee_o E + dX \tag{6.16}$$

$$x = dE + sX \tag{6.17}$$

여기에서 d를 압전정수, e를 유전율, s를 탄성 콘프라이언스라고 한다. 결정이 압전성을 나타내는 필수요건은 그 결정이 공간 반전(反轉)에 대해 대칭성이 부족한 것이며, 강유전체보다도 큰 물질범주가 된다. 일반적으로 유전체(誘電體) > 압전체 >

초전체(焦電體)(극성결정) > 강유전체의 순으로 범주가 좁아진다.

예제 6-6

지르콤산티탄의 산연압전체 중 하나는 $e = 3400$, $d = 590 \times 10^{-12} C/N$, $s = 20 \times 10^{-12} m^2/N$의 값을 가진다.

(a) 응력이 $X = 3 \times 10^7 N/m$ 걸릴 때의 발생전계 및

(b) 전계가 $E = 10 \times 10^5 V/m$ 인가될 때의 변형, 변형을 그램프한 상태의 발생응력을 구하라.

[풀 이]

(a) $P = dX = 590 \times 10^{-12} \times 3 \times 10^7 = 1.77 \times 10^{-2} [C/m^2]$

$E = P/e_O e = 6.0 \times 10^5 [V/m]$

(b) $x = dE = 590 \times 10^{-12} \times 10 \times 10^5 = 5.9 \times 10^{-4}$

변형을 그램프한 상태에서는

$X = x/s = 3 \times 10^7 [N/m^2]$ 반대로 이 응력을 인가한 때에는 10kV/cm가 아니라 6kV/cm 밖에 발생하지 않는 것은 전기-기계 결합계수가 $k^2 = d^2/see_o 0.58$과 100%가 아닌 것에서 그 유래를 찾을 수가 있다.

예제 6-7

티탄산바륨 $BaTiO_3$을 실온에 놓고 그림 6-8과 같이 이온변위를 나타낸다. 자발분극 $P_S[C/m^2]$의 크기를 계산하라. 단, 격자정수 $c = 4.036$ Å, $a = 3.992$ Å로 한다.

[풀 이]

단위포당 쌍극자 모멘트의 총화(總和)는 Ba, Ti, O 이온 등의 쌍극자 모멘트를 합침으로 해서

$$P = 8 \times \frac{2e}{8} \times 0.061 \times 10^{-10} + 4e \times 0.12 \times 10^{-10}$$

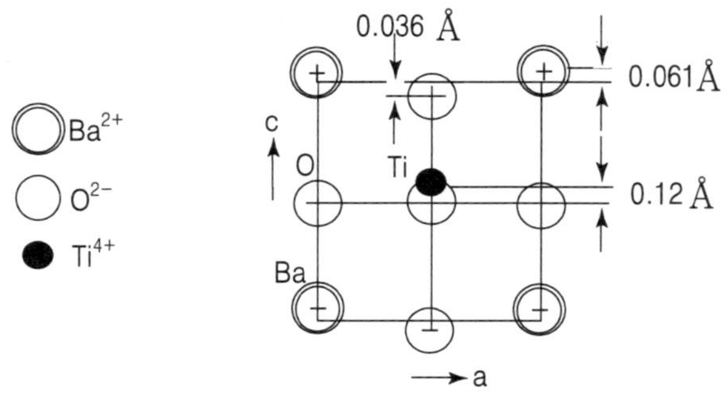

그림 6-8. 티탄산바륨에 있어서의 이온배열

$$+2 \times \frac{(-2e)}{2} \times (-0.036) \times 10^{-10}$$

$$= 0.674e \times 10^{-10} (\text{단}, e = 1.60 \times 10^{-19} [C])$$

$$= 1.08 \times 10^{-29} [C \cdot m]$$

단위표의 체적은

$$V = a^2 c = (3.992)^2 \times 4.036 [\text{Å}^3]$$

$$=64.3 \times 10^{-30} [m^2]$$

이기 때문에 자발분극 P_S의 크기(단위 체적당 쌍극자 모멘트의 총화)는

$$P_S = P/V = 1.08 \times 10^{-29} / 64.3 \times 10^{-30} = 0.17 [\mathrm{C/m^2}]$$

덧붙이면 20도에 있어서의 P_S의 실제 값은 0.25[C/m^2]이다.

4. 강유전체, 압전성의 현상론

강유전체(强誘電體)의 자세한 기원은 강자성(强磁性)만큼은 명확하지는 않다. 거기에 등장하는 것이 현상론이다. 현상론은 강유전성의 특질이 자유에너지의 표식에 어떻게 나타나는가를 검토하고, 이에 따라 자세한 이론이 해명되어야 할 문제점을 분명히 하는 것을 그 목적으로 하고 있다.

유전체결정의 자유에너지를 분극 P와 응력 X에 따른 전개형식으로 표현하는 것을 생각할 수 있다.

여기에서는 구성상, 강성(强性) 기브스에너지($dG_1(P,\ X,\ T) = EdP - xdX - SdT$)를 다뤄 보자. 생각할 수 있은 대상을 티탄산바륨과 같은 큐리온도보다 위에서는 압전성(壓電性)을 나타내지 않고, 아래에서는 압전성을 가지는 강유전체에 한정한다면 에너지 G_1은 상유전상(常誘電相), 강유전상을 통해(이점은 현상론의 이념이며 중요하다) 다음과 같은 식이 성립될 수 있다.

$$G_1 = \frac{1}{2}aP^2 + \frac{1}{4}\beta P^4 + \frac{1}{6}\gamma P^6 - \frac{1}{2}sX^2 - QP^2X \tag{6.18}$$

이하에서 알 수 있듯이 강유전성의 특질은 전개식에 있어서 P^2항의 계수 a가 온도에 의존되는 것에 있다. 강유전상태가 $T < T_O$로 되기 위해서는 P가 극단적으로 작을 때는 무시하고, 적어도 a가 $T < T_O$에서 마이너스가 되고(유한의 P에서 에너지는 감소한다), $T > T_O$에서 플러스가 될 필요가 있다.

여기서 a를

$$a(T) = \frac{T - T_O}{e_O C} \tag{6.19}$$

로 하자.

식 (6.18)의 제4항은 순수하게 탄성적인 에너지(s는 탄성 콘프라이언스), 마지막항은 전왜(電歪) 상호작용 에너지(Q는 전왜정수)를 의미한다. 일반적으로 두 개의 상태량 간의 상호작용 항은 변수 간의 합에 따라 구해진다.

전기-기계결합의 경우에는 PX, P^2X, PX^2 같이 많은 형태가 가능하지만, P의 기수승의 항이 상유전상에 있어 압전성을 초래한다. 따라서 지금의 경우에는 P^2X항을 도입한다.

식 (6.18)로부터 전계 E 및 결함 x의 표현식이 도입된다.

$$E = -\frac{\partial G_1}{\partial P} = P(a + \beta p^2 + \gamma p^4 - 2QX) \tag{6.20}$$

$$x = \frac{\partial G_1}{\partial X} = sX + QP^2 \tag{6.21}$$

식 (6.20)으로부터 응력무부하($X = 0$), 외부전계가 0이라도 자발분극 P_s를 가지는 것을 알 수 있다. 먼저 $\beta>0$의 경우가 알기 쉽다. P_S 값은 온도의 관수(關數)가 되며, 최대한 근사치로 계산하면

$$P_S^2=\begin{cases} -\dfrac{a}{\beta}=\dfrac{T_O-T}{e_O C\beta}\,(T\leqq T_0) \\ 0 \qquad\qquad\qquad (T>T_0) \end{cases} \tag{6.22}$$

로 표시될 수가 있다. P_S는 T_0에 있어 온도에 대하여 연속되기 때문에 상전이(相轉移)는 이차원이라고 할 수 있다. 이것에 비하여 $\beta<0$라면 P_S가 상전이 온도에 있어 불연속적으로 발생한다는 점이 크게 다르다. 이것을 일차상전이라고 부른다.

큐리온도 T_C는 T_O보다 약간 높은 온도가 된다.

$$T_C=T_O+\frac{3}{16}\frac{e_0C\beta^2}{\gamma} \tag{6.23}$$

다음에는 유전율에 대하여 생각해 보자. 역유전율 $1/\epsilon\epsilon_O$은 $(\partial E/\partial P)_{P=0}$로 주어지지만 상유전상에 있어서는

$$\frac{1}{ee_0}=\frac{T-T_O}{e_0C} \tag{6.24}$$

로 표시되어 식 (6.15)의 큐리-와이즈법칙이 도입된다. 유전율은 상전에 근접함에 따라 2차 전이에서는 발산하고, 1차 전이에서는 유한값에 머물게 된다.

마지막에 변수에 대하여 알아보자. $X=0$의 경우에는 식 (6.21)보다 변수 x가 상유전상 및 강유전상에도 불구하고 p^2에 비례하는 모양이 생긴다는 것을 알 수 있다.

외부 전계 E가 아무리 크다 하더라도 분극 P는 자발분극 P_S과 유기분극 P_1와의 합으로서 쓸 수가 있고, P_1는 E에 비례한 모양이 주어진다.

$$P=P_S+P_1=P_S+ee_0E \tag{6.25}$$

식 (6.25)를 식 (6.21)에 대입시키면

$$x=QP_S^2+2Qee_OP_S\cdot E+Q(ee_0)^2\cdot E^2 \tag{6.26}$$

를 얻을 수 있다. 강유전상에 있어서는 $P_S \neq 0$이며, 우변 1항은 전계가 인가되지 않고도 존재하는 자발변수 x를 의미하며, 제2항은 외부전계 E에 비례하여 유기(誘起)된 변수를 의미한다. 따라서 전압전수d(=$(\partial x/\partial E)$)는

$$d=2Qee_OP_s \tag{6.27}$$

와 전왜정수 Q에 비례한 양으로서 나타난다. 상유전상에 있어서는 $P_S=0$이기 때문에 2차 전기-기계결합인 전왜효과(제3항)가 직접 관측된다는 것이다.

예제 1-1

티탄산바륨은 실온에서 $d_{33}=320\times10^{-12}[C/N]$,e800, $Q_{33}=0.11[M^4 \cdot C^{-2}]$의 값을 가진다. 자발분극의 크기 P_S를 평가하라.

[풀 이]

$$P_S = d_{33}/2Q_{33}\ e_Oe_O = \frac{320\times10^{-12}[C/N]}{2\times0.11[m^4 \cdot C^{-2}]\times800\times8.854\times10^{-12}[F/m]}$$

$$=0.21[C/m^2]$$

요 약

유전분극에는 배향분극, 이온분극, 전자분극의 3종류가 있다. 쌍극자 모멘트에서 유래한 전계에 의해 유전체 내에는 외부 전계보다도 훨씬 큰 국소 전계가 생긴다. 전기분극에서 유래한 로렌츠 전계에 의해 외부 전계가 인가되지 않은 경우에도 자발적으로 분극을 만드는 경우도 있다. 이것을 강유전체라고 한다.

페로브스카이트형 결정의 강유전체에서 고온의 상유전상(常誘電相)(무극성상)에서는 자발분극을 가지지 않지만, 큐리온도 T_C 이하에서는 자발분극이 생기고, 게다가 결정구조가 길이가 조금 긴 정방정(正方晶)이 된다.

아래의 그림에서는 자발분극과 유전율의 온도의존성을 모식적으로 보여준다. 자발분극 P_S는 온도 상승과 더불어 감소하고, 큐리 점(点)에서 소실된다. 한편, 유전율 e은 T_c 근처에서 발산하는 경향을 나타낸다. 또한 역유전율 $1/e$은 상유전상에 있어 넓은 온도범위를 가로질러 온도와 비례관계가 있음을 알 수 있다. 이것을 큐리-와이즈법칙이라 한다.

$$e = C/(T - T_O)$$

여기에서 C는 큐리-와이즈 정수, T_O는 큐리-와이즈 온도이다. T_O는 T_C보다 조금 낮은 온도이다.

자발분극 P_S와 자발변수 x_s와의 사이에는

$$x_s = QP_S^2$$

가 되는 관계가 있으며, 더불어 x_c는 온도 상승에 대해서 거의 비례하여 감소한다. 강유전체는 압전성을 나타내며, 상유전상(常誘電相)에서는 비압전성, 즉 전왜효과가 생겨난다.

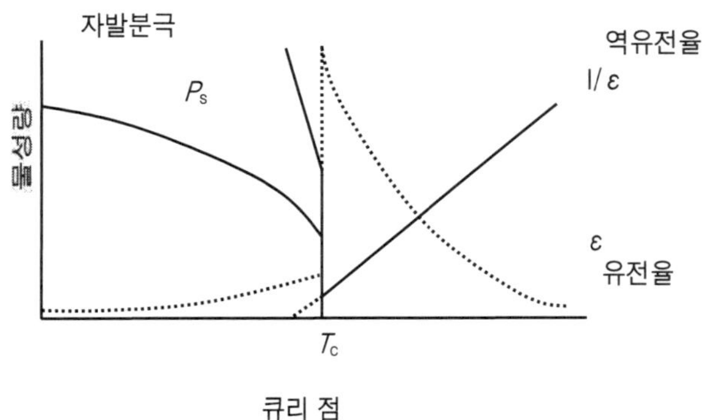

그림 6-9. 유전체에 있어서의 자발분극, 유전율의 온도의존성

제 7 장

세라믹스의 유전성과 결정구조

본 장에서는 적층(積層) 콘덴서 등에 이용되는 유전재료에 대하여, 특히 유전율 및 유전손실과 구조와의 관계에 대해 기술한다. 구조와 물성의 관계를 이야기할 때 몇 종류의 구조레벨을 고려할 필요가 있다. 즉 거시적 구조, 미시적 구조, 결함구조, 결정구조, 전자구조 및 핵 구조이다. 세라믹(다결정체) 기술에 대해 다루는 사람은 보통 미시적 구조와 결정구조에 주목하지만, 여기에서는 결정구조와 결함구조를 그 논의의 중심으로 하겠다.

처음에는 고유전율과 강유전성의 원인에 대해 기술하며, 다음에는 페로브스카이트, 특히 티탄산바륨과 같은 이성체에 관한 결정화학(結晶化學)에 관하여 검토한다. $BaTiO_3$를 기초로 한 치환체(置換體)는 큐리 점 이동형, 상전이 핀팅형, 폴리 타입형성형으로 나뉜다. 더욱이 치환기는 역벽(域壁)의 핀정지 효과에 의해 또는 유전체의 전기저항을 조정하는 것으로 인해 유전손실을 제어한다.

유전체에 있어서의 전기적 열화(劣化) 문제의 대부분은 산소 공공(空孔)이 존재하는 것에 기인한다. 결함 페브로스카이트에 대하여 최근의 구조해석에 의하면 이러한 공공이 어떻게 해서 응축하여 선장(線裝) 결함이나 전도 경로를 형성하는가를 분명히 알 수가 있다. 이온질서/무질서 배열효과에 대하여도 검토한다. 상당히 큰 이온이 질서형 페브로스카이트의 팔면체위에 들어가 손실 메카니즘에 커다란 영향을 미친다. 무질서형 페브로스카이트 중에서도 가장 중요한 유전체는 상당히 큰 유전율(誘電率, permitivity, dielectric constant)를 가진 완화형 강유전체이다.

1. 강유전체의 기원

적층(積層) 콘덴서는 티탄산바륨과 같은 산화물 강유전체(强誘電體)로 형성되어 있는 경우가 많다. 페브로스카이트, 텅스텐브론즈, 파이로크로아 및 층상구조의 티탄산비마스 등의 산화물 강유전체는 모두가 높은 유전율 및 굴절률을 가지고 있고, 결정구조는 Ti^{4+}, Nb^{5+} 또는 다른 d^0 이온을 중심으로 놓여진 산소 팔면체가 네트워크로 형성되어 있다. 이러한 천위(遷位) 금속원소는 콘덴서에 필요한 높은 유전율을 만들어 내어 분극능(分極能, polarization)의 큰 '능동적' 이온이 된다.

그림 7-1의 주기율표를 참조하면 능동이온에는 2개의 큰 그룹이 있다. 그 양자에 있어 다른 종류의 전자궤도 에너지가 근접하여 혼성궤도를 형성하기 쉬운 상태가 된다.

Ti^{4+}, Nb^{5+} 및 W^{6+}로 이루어진 제1의 그룹은 산소의 팔면체 배위를 가진 d^0이다. Ti^{4+}에 있어 전자에너지에는 3d, 4s 및 4p 궤도가 관계되어 있고, 이것들은 인접한 6개의 O^{2-}의 σ 및 π^- 궤도와 섞여$(TiO_6)^{8-}$ 착체(錯體)로서 많은 분자궤도를 형성한다.

이 착체의 결합에너지는 정팔면체가 변형되어 그 대칭성이 낮아지면 저하시키는 것이 가능하다. 이 변형에 의해 자발적 쌍극자 모멘트, 즉 강유전상태가 실현되어 높

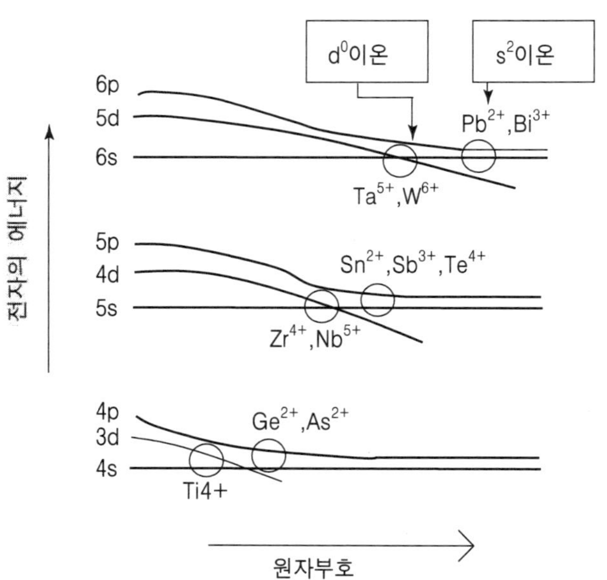

그림 7-1. 산화물 중의 강유전성과 높은 유전율을 초래하는 능동이온은 다음의 두 종류로 분류할 수가 있다. 다시 말해 이것들은 예를 들면 Ti^{4+}와 Nb^{5+}과 같은 d^0 이온과 Pb^{2+}와 Bi^{3+}과 같은 s^2 이온이다. 이 두 종류의 그룹 모두 에너지 레벨의 교차점에 위치하여 혼성결합과 비대칭적인 구조를 만드는 원인이 된다.

은 유전율이 나타난다. 이러한 변형은 결정 안에서만이 아니라 액체 중에서도 똑같이 나타난다. 수용액 중에서는 Ti^{4+}과 Nb^{5+}과 같은 능동이온은 수분자와 대칭성을 가지지 않은 착체를 형성한다(그림 7-2). 예를 들면 $[TiO(H_2O)_5]^{2+}$ 착체에서는 티탄은 1개의 산소이온과 짧지만 강한 결합을 형성하고, 인접한 5개의 수분자의 산소원자와 5개의 길고 약한 결합을 형성한다. 이 착체는 정방정계의 티탄산바륨과 같은 극성 대칭성(点群 $C_{4V} = 4mm$)를 가지고 있다.

이러한 구조상의 유사점을 볼 때 강유전체 $BaTiO_3$와 $[TiO(H_2O)_5]^{2+}$에 있어서의 분극결함의 전자적 기원은 같다고 결론을 내릴 수가 있다. 또한 이것과 같이 구조상의 유사성과 대칭성의 일치가 $KNbO_3$의 정방(正方) 강유전상과 수용액 중의 $[NbO(H_2O)_5]^{3+}$ 착체와의 사이에서 발견된다. 한편, 결정성 $BaSno_3$와 수용액 중의 $[Sn(H_2O)_6]^{4+}$ 착체 양자는 정방체점군인 $O_h = m3m$에 속하지만, 이 4개의 스즈의 상유전상은 완전한 정팔면체 대칭성을 유지한다니 참으로 흥미로운 사실이다.

Sn^{4+}의 크기는 Ti^{4+}와 Nb^{5+}에 거의 같지만 전자배열은 다르다. 세라믹 유전체의 분극, 변형에 공헌하는 제2의 능동원소 그룹은 그림 7-1 안의 독립대(獨立對) 이온

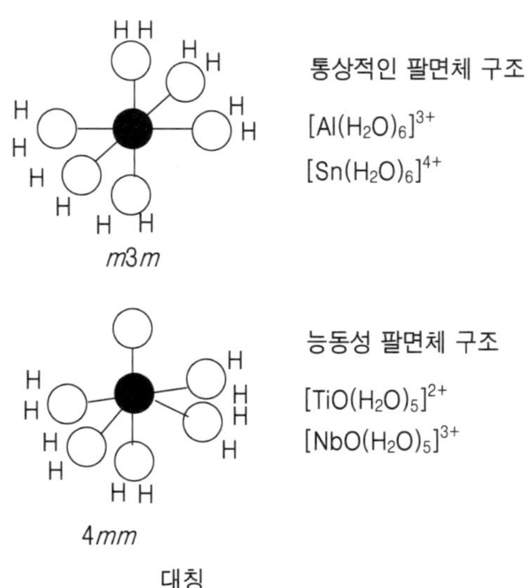

그림 7-2. 수용액 안에서는 스즈는 6개의 수분자에 대해 팔면체로 배열되고, 대칭성이 $O_h = m3m$인 $[Sh(H_2OO_6]^{4+}$를 형성한다. 한편 니오브와 티탄은 1개의 산소와 5개의 수분자로 결합되어 $[TiO(H_2O)_5]^{2+}$와 $[NbO(H_2O)_5]^{3+}$를 형성한다. 이러한 착체의 대칭성은 $C_{4V} = 4mm$이며, 정방정계의 $BaTiO_3$와 같다.

이다. 독립대(獨立對) 이온은 폐곡(閉穀)의 바깥쪽의 비대칭인 혼성궤도 안에 2개의 전자를 가지고 있다. 산화물 안에 가장 중요한 독립대(獨立對) 이온은 Pb^{2+}과 Bi^{3+}이며, 이것들은 높은 큐리온도를 나타내는 많은 강유전체($PbTiO_3$, $BiTi_3O_{12}$,$PbNbO_6$) 안에 함유되어 있다. 이런 화합물의 많은 것에서 Pb^{2+}, Bi^{3+}은 산소에 대하여 피라미드배열을 가지고 있으며, 그래서 자발분극을 만든다.

PbO와 Bi_2O_3도 이것과 같은 피라미드형의 배위(配位)를 가지지만 인접한 쌍극자 모멘트가 서로 충돌되어 사라져 결국 분극을 가지지 않는 결정구조를 가지게 된다.

2. 세라믹 유전체

2.1 티탄산바륨

많은 콘덴서 재료는 강유전체 물질 중 하나인 페로스카이트 결정구조의 $BaTiO_3$를 기초로 하여 형성되어 있다. 이 결정구조에서 바륨 원자는 단위격자의 구석에 위치하고, 산소는 면의 중심에 위치한다(그림 7-3). 바륨산소 이온의 이온반경은 약 1.4 Å 이며, 더욱이 이것들은 모두 격자정수(格子定數)가 약 4 Å 의 면심방(面心方) 배열을 형성한다.

페로스카이트의 입방체격자의 중심에 위치한 팔면체 배위의 티탄이온은 강유전성을 만들어 내기 위한 능동이온이다. 티탄의 낮게 가로지르는 d궤도 때문에 원자배치가 비(非)중심적이 되고, 그 결과 커다란 자발전기분극을 생성한다.

고온으로부터 냉각을 할 경우, $BaTiO_3$의 결정구조는 3종류의 강유전상을 가지게 된다. 이러한 3상(相)은 모두 원자의 0.1 Å 이하의 이동에 따라 생기는 것이다.

점(点) 대칭성은 130도의 큐리온도에서 입방정계의 3mm부터 정방정계의 4mm로 변화한다. [001]방향의 자발분극을 가진 정방정계의 상태는 사(斜)방정계(2mm)로의 전이온도인 0도까지 지속되며, 여기에서 P_SSMS [110]방향으로 변화한다. 더욱이 냉각을 하면 사방정계의 상태는 -90도 정도의 능면체정(菱面體晶)계(3mm)로 전이한다. 이 구조변화는 그림 7-3에 나타내었다. 유전율은 각 상전이점에서 피크치를 취한다(그림 7-3).

콘덴서로서는 넓은 온도범위에서 유전율이 높을 때가 대단히 중요하다. 저온에서의 2군데의 강유전성 전이의 존재에 의해 유전율은 큐리온도 이하에서 높은 값을 유지하는 것이 보증된다.

그림 7-3에서 a축 방향의 유전율은 분극축인 c축 방향의 유전율보다도 크다는 점

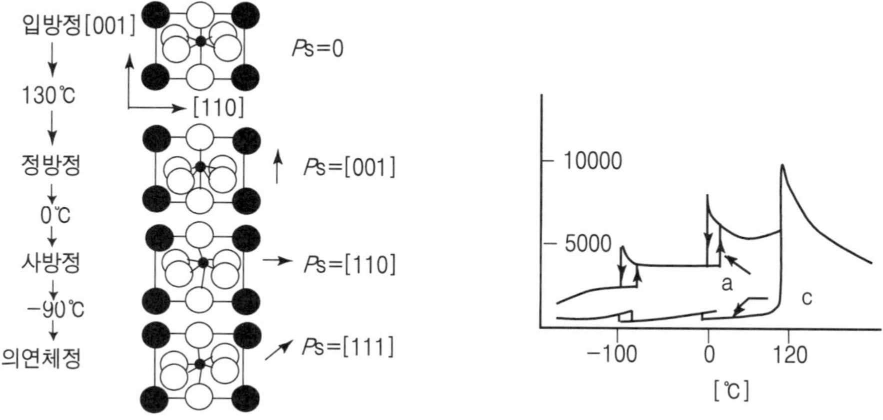

그림 7−3. $BaTiO_3$의 3종류의 강유전상 전이점에 있어서의 구조변화는 넓은 온도범위에 걸쳐 큰 유전율을 초래하는 결과를 가져온다.

에 주목할 필요가 있다. 결정구조의 불안정성에 의해 자발분극 베크틀은 전계에 끌려 직각방향으로 기울어진다.

예제 7-1

티탄산바륨 단결정(單結晶)의 [100]방위의 자발분극 P_S의 온도의존성은 그림 7-4와 같다. 각 상(相)의 P_S 값의 비(比)를 취해 그런 값이 어떤 의미를 가지는가를 고찰하라.

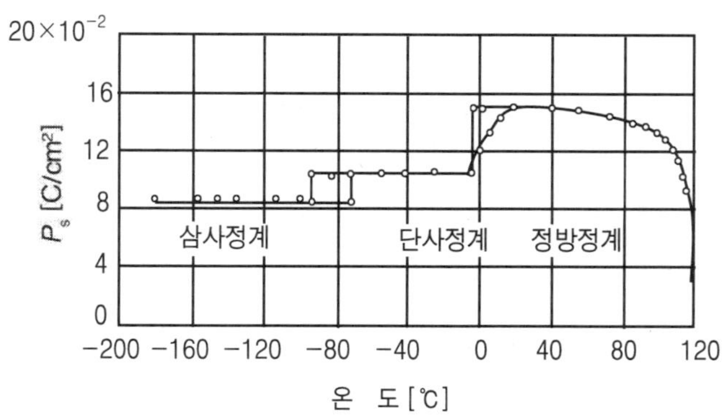

그림 7−4. 티탄산바륨의 P_S 온도의존성

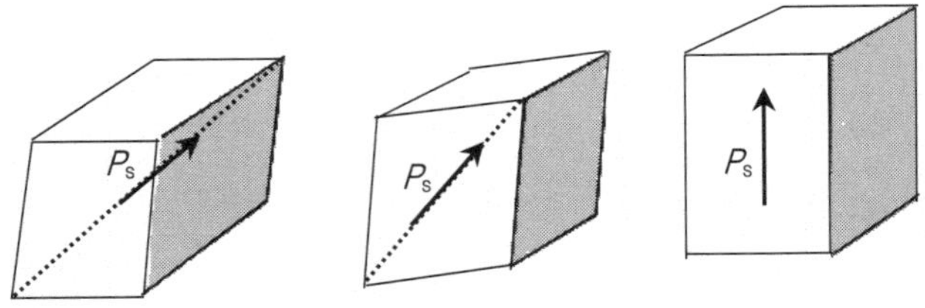

그림 7-5. 삼사정, 단사정, 정방정계에 있어서의 쌍극자 모멘트

[풀 이]

$$\frac{P_S(\text{단사정계})}{P_S(\text{정방정계})} = \frac{10.5}{15.0} = 0.70 \approx \frac{1}{\sqrt{2}}$$

$$\frac{P_S(\text{삼사정계})}{P_S(\text{정방정계})} = \frac{8.5}{15.0} = 0.57 \approx \frac{1}{\sqrt{3}}$$

거의 동일한 쌍극자 모멘트가 정방정계, 단사정계, 삼사정계에 따라서 [100], [110], [111] 방향으로 기울어져 그 [100]방위 방향의 사영(射影)을 P_S로 하여 측정하였다고 생각할 수 있다(그림 7-5 참조).

2.2 $BaTiO_3$의 고용계(固溶系)

티탄산바륨은 적층(積層) 세라믹 콘덴서로서 가장 일반적인 재료이며, 그 고용체에 대하여도 많은 연구가 행해지고 있다. 그림 7-6에 나타낸 바와 같이 $BaTiO_3$는 MX O_3의 이온반경을 기초로 한 결정구조 지도에 있어 흥미 있는 위치를 점하고 있다. 티탄산바륨은 상경계(相境界)의 가까이에 위치하여 베로즈카이트 구조는 이 지점에서는 불안정해서 여러 종류의 육방정(六方晶) 폴리타입가 되기 쉽다.

$BaTiO_3$가 고온에서 입방정(立方晶) 페로스카이트 구조로부터 육방정 폴리타입으로 상전이 되는 것도 이러한 불안정성을 나타내는 것이다. 결정구조 지도상에서의 $BaTiO_3$의 이런 위치 때문에 그 성질을 변화시키는 것과 같이 $BaTiO_3$의 결정구조를 변화시키기 위해서는 기본적으로 다음 3종류의 방법이 있다. 즉 ① 바륨으로 바꾸는 것보다는 이온반경의 작은 2개의 이온을 치환한다. ② 티탄으로 바꾸는 것보다는 큰 4개의 이온을 치환한다. ③ 티탄으로 바꾸는 것보다 작은 이온을 치환한다는 등의 세 방법이 있다.

4번째의 가능성, 즉 바륨을 보다 크게 2개의 이온에 의해 치환하는 것은 Ba^{2+}가 비

방사성의 2개의 양이온에서는 가장 큰 이온이기 때문에 불가능하다. 물론 마찬가지로 같은 개수가 아닌 이온에 의해 치환도 가능하다. 도너 및 억셉터의 주입에 대한 문제는 나중에 검토한다. 광범위한 고용체의 치환(예를 들면 Ba_{1-x} $Na_xTi_{1-x}Nb_xO_3$)도 또한 중요하지만 여기서는 다루지 않겠다.

$BaTiO_3$ 안의 바륨을 이온반경의 작은 2개의 이온에 의해 치환함으로 전이온도를 변화시킬 수가 있다(그림 7-7).

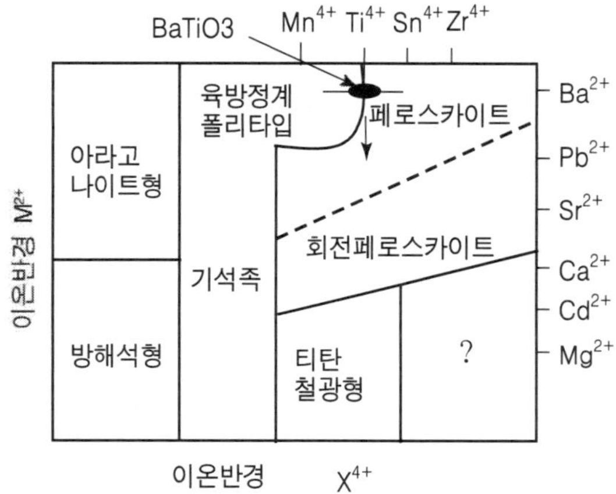

그림 7-6. $M^{2+}X^{4+}O_3$ 구조의 결정구조 지도

$BaTiO_3$의 위치는 페로스카이트영역과 육방정계 폴리타입 영역과의 경계상에 있다.

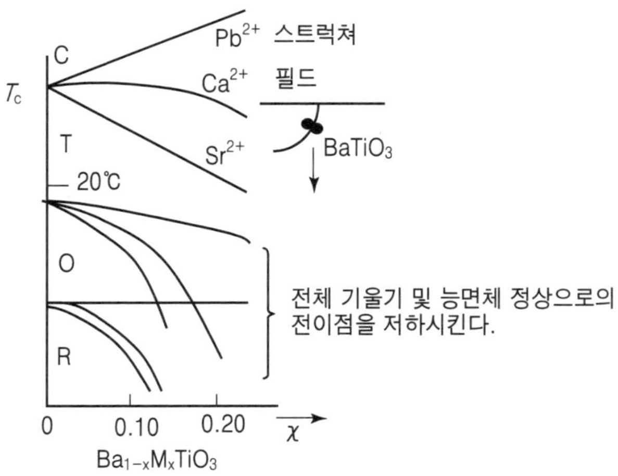

그림 7-7. 첨가물인 Pb^{2+}, Sr^{2+} 및 Ca^{2+}의 큐리온도로의 영향은 서로 다르다. 그러나 이러한 전체의 이온은 사방정계(斜方晶系) 및 사면체정상(斜面體晶相)으로의 전이온도를 저하시킨다.

가장 일반적인 큐리점 이동체는 Pb^{2+}, Sr^{2+} 및 Ca^{2+}의 3종류의 이온이다. 적당량의 Pb^{2+}는 *Tc*를 올리고, Sr^{2+}는 *Tc*를 내리고, 한편 Ca^{2+}는 *Tc*의 변화에 거의 기여하지 않는다. 3개의 Pb는 전이온도를 올리는 숫자가 적은 첨가물 중 하나이다. 이것은 정방정계의 피라미드형 배위를 선호하는 Pb^{2+}가 인접한 입방 및 사방정계상보다도 정방정계상에서 안정하는 경향이 있기 때문이다. Pb^{2+}, Sr^{2+} 또한 Ca^{2+}가 다량으로 첨가되면 저온측의 2종류의 전이온도가 저하되기 때문에 이러한 3종류의 큐리점 이동체는 $BaTiO_3$의 사방정상 및 능면체 정상을 불안정하게 한다고 할 수 있다. 티탄을 큰 4개 이온으로 치환함으로 인해 이것과의 반대의 현상을 일으킬 수가 있다. 티탄을 커다란 4개 이온으로 치환함으로 인해 상전이에 있어 핀팅효과가 생긴다.

이 가장 전형적인 예가 그림 7-8의 $BaTi_{1-x}Zr_xO_3$ 상도(相圖)에 나타나 있다. 지르코늄의 첨가량을 늘리면 큐리온도는 내려가지만 저온측의 2종류의 전이온도는 상승하고, 그 결과 3종류의 전이온도는 X=0.1과 T_c=50도의 근방에서 한 점으로 집중한다. 그래서 유전율에 있어 3종류의 피크치는 합체되어 하나로 되고, K=8000이나 되는 거대한 피크를 형성한다. 더욱이 국재(局在)하는 성분비의 흔들림으로 인해 완화

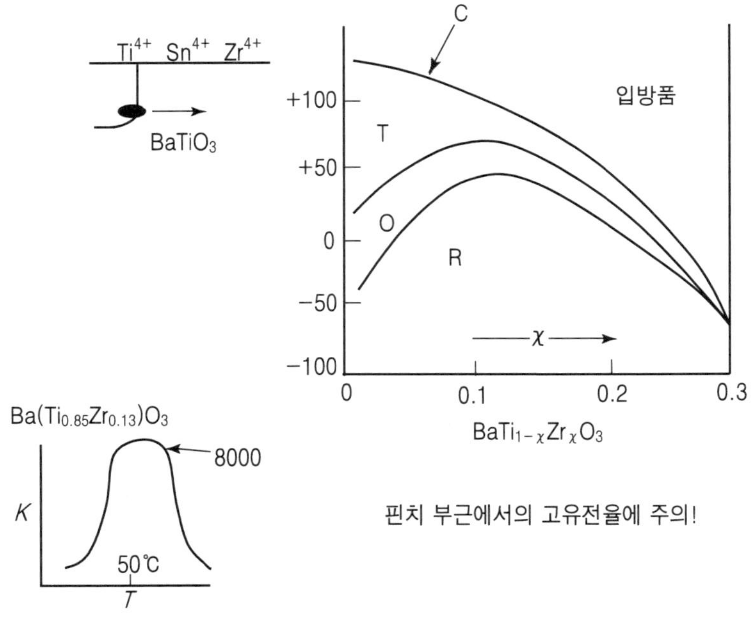

그림 7-8. $BaTiO_3$ $BaZrO_3$의 상도(相圖) 일부분

$BaTiO_3$의 전이온도가 지르코늄의 첨가물에 의해 어떻게 변화하는가를 알려준다. 이용가치가 높은 콘덴서 화합물이 15%의 지르코늄을 포함하는 부근에서 취해진다.

작용이 생기기 때문에 피크 폭이 커진다(4.2항 참조). 마찬가지로 같은 상도(相圖)를 일련의 고용체인 $BaTi_{1-x}Sn_xO_3$와 $BaTi_{1-x}Hf_xO_3$에서도 볼 수가 있다.

2.3 페로스카이트 폴리타입

티탄에 비하여 이온반경이 좀 더 작은 4개의 이온이 치환되면 완전히 다른 사태가 발생한다. $BaMnO_3$, $BaCrO_3$, $BaFeO_3$ 및 $BaRuO_3$의 결정구조는 거의 대부분의 경우 페로스카이트 폴리타입(층상구조)이다. 페로스카이트를 함유한 이런 모든 결정구조는 BaO_3라는 가장 촘촘한 팩킹 층을 기본으로 하고, 그 정팔면체 위의 틈을 4개의 양이온이 점하고 있다. BaO_3층은 저온 폴리타입형에서는 육방 최밀(最密) 구조를 가지고 있다.

그림 7-9에 나타낸 바와 같이 $BaTiO_3$와 $BaMnO_3$의 고온에서의 결정구조는 가장

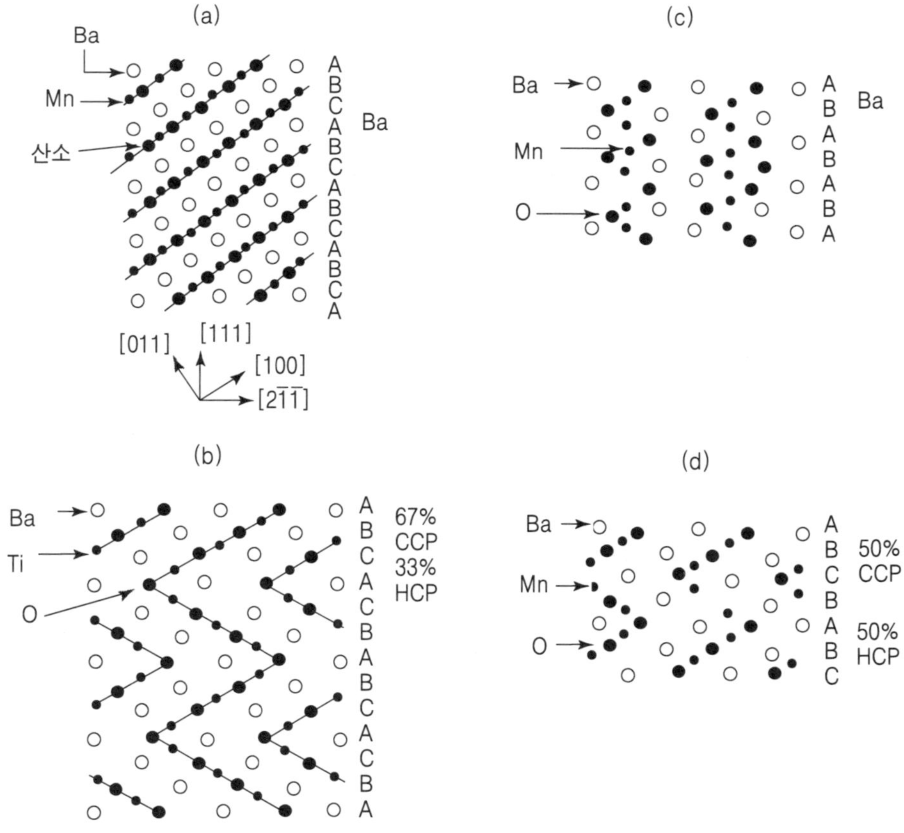

그림 7-9. (a) 육방정계 $BaTiO_3$, (b) 고온 $BaTiO_3$, (c) 실온 $BaMnO_3$, (d) 고온 $BaMnO_3$에 있어서의 최밀 팩킹 BaO_3층의 중첩구조 나중 3종류의 구조는 6, 2 및 4층의 육방정계에 속한다.

길게 반복되는 스택킹 구조를 가지고 있다. $BaCrO_3$는 12, 14 특히 27층의 긴 반복이 보고되어 있다. $BaRuO_3$, $BaIrO_3$, 및 $BaFeO_{2.9}$도 똑같이 폴리타입적인 움직임을 보인다. 특히 $BaFeO_{2.9}$는 화학량론성과 층상 구조성과의 사이의 관련을 연구하는 데 있어 흥미로운 물질이다. 상당히 강하게 환원(還元)된 티탄산바륨($\sim BaTi^{4+1}{}_{0.5}Ti^{3+}{}_{0.5}O_{2.75}$)은 고온상의 육방적계 $BaTiO_3$와 비슷한 구조를 가지는 것이 보고되어 있다. 폴리타입 간의 중요한 상이점은 산소 팔면체가 구석 또는 면을 공유하는 방법에 있다.

페로스카이트 구조에서는 이 정팔면체는 구석만을 공유하며(그림 7-10 a), 저온 $BaMnO_3$ 구조에서는 면만을 공유한다(그림 7-10 a). 보다 복잡한 폴리타입에서는 그림 7-10의 (b)~(d)에 나타낸 바와 같이 면(面) 공유 및 구석공유가 혼재되어 있다.

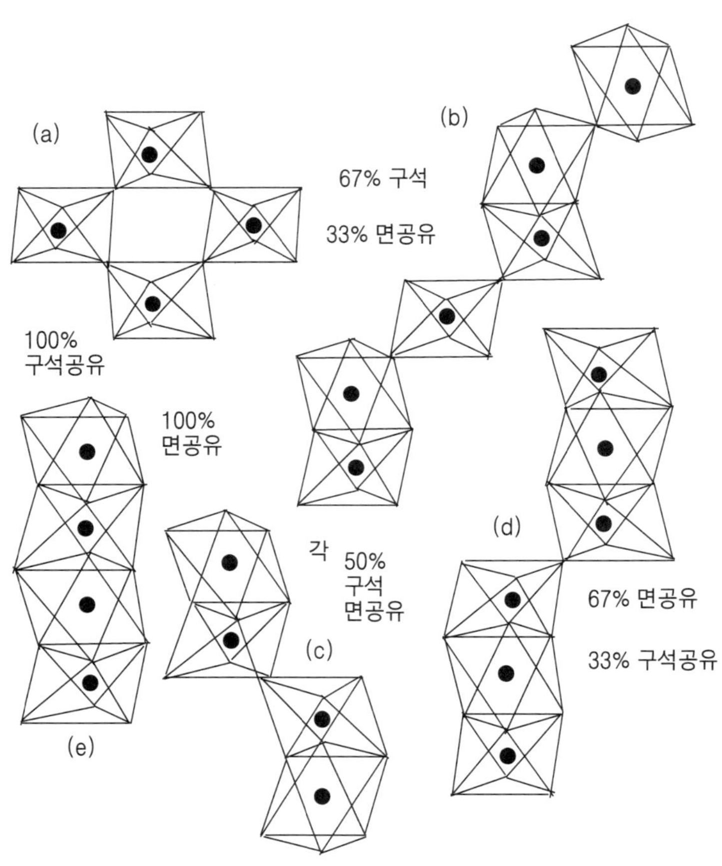

그림 7-10 페로스카이트 구조의 폴리타입은 코너(구석) 및 면 공유의 정팔면체가 혼재되어 있다.

(a) 100% 코너 공유의 페로스카이트, (b) 67%코너, 33% 면 공유의 육방정계 티탄산바륨, (c) 50%코너, 50% 면 공유의 고온 $BaMnO_3$, (d) 33%코너, 67% 면 공유의 $BaRuO_3$, (e) 100% 면 공유의 고온 $BaMnO_3$

육방정계의 폴리타입의 다수는 강유전성을 띄지 않음으로 유전율은 작고, 그래서 강유전성 폴리트카이트에 폴리타입을 고용(固溶)시키면 그 유전율을 감소시키는 효과를 가진다. 그러나 적당량의 폴리타입의 고용은 유전손실의 감소에 효과적이다. 이것은 층상구조성이 분역벽(分域壁)의 이동에 영향을 미치어 필시 그 이동을 제한하여 유전손실을 저하시키는 것이라고 생각된다.

그 외에 흥미로운 문제로서 $BaTiO_3$ 세라믹스에서 폴리타입을 유도하는 소량의 첨가물의 영향에 관한 것이다. 소량의 망간(필시 불균질에 분포되어 있다)은 유전 손실에 커다란 영향을 미치는 것으로 알려져 있다. 이것은 폴리타입 층에 있어서 산소와 전도전자의 확산을 제한하는 $BaMnO_3$ 영역이 형성됨으로 인한 것이 유전 손실의 감소에 관계되어 있다고 생각된다.

$BaTiO_3$에 있어서 폴리타입성(性)과 쌍정(雙晶)과의 관계를 조금 다뤄보자.

많은 입방적 최밀구조의 경우와 마찬가지로 페로스카이트 안에서의 쌍정성장이 우세한 타입은 (111)면상의 반사쌍정이다. 이러한 쌍정의 형태와 결정구조가 그림 7-11에 나타내었다. $BaTiO_3$에 있어서 이러한 스핀넬 쌍정은 육방최밀층의 삽입과 같은 의미를 가진다. 즉, 이런 구조는 저온형 $BaTiO_3$ 안에 소량의 고온형 $BaTiO_3$를 삽입함으로 실현된다.

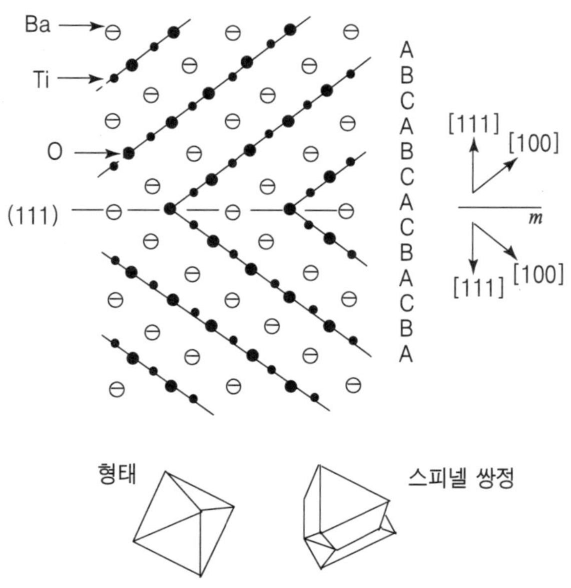

그림 7-11. (111)면의 쌍정을 가진 입방 $BaTiO_3$의 결정구조
쌍정의 재입각은 불규칙한 입자성장을 위한 핵을 형성하는 장소가 된다.

$BaTiO_3$ 세라믹스에 있어서의 쌍정성과 세라믹 입자의 사이즈와의 사이에는 중요한 관계가 있다. 이 가장 조밀한 (111)면은 대단히 천천히 성장하여 페로스카이트 결정은 정팔면체가 가장 일반적인 결정형태가 된다. 재입각(再入角)의 존재 때문에 쌍정은 성장속도를 변화시킨다. 재입각에서의 핵형성이 쌍정벽의 부근에서 연속하여 일어나고, 이로 인해 쌍정벽에 평행방향의 쌍정성장이 급격해진다. 단일쌍정(그림 7-11)에서는 재입각이 성장하여 소멸될 때까지 결정성장이 진행된다. 오래된 재입각이 소멸되면 새로운 재입각이 형성되기 때문에 재입각은 소멸되지 않는 것이다. $BaTiO_3$에 있어서 보통은 액상이 존재하지 않는 소결정도(燒結晶度)에서는 쌍정제어에 따른 입자성장이 중요시 된다.

3. 유전 손실의 기원

3.1 분역벽과 유전 손실

분역벽은(分域壁) Tc 이하의 온도에서의 유전(誘電) 손실에 크게 기여한다. 전계가 인가되면 분역벽의 이동이 일어나고, 에너지가 소비된다. $BaTiO_3$에서는 이동도가 다른 다수의 상이한 타입의 분역벽이 존재한다.

그림 7-12에 나타낸 바와 같이 정방정계의 $BaTiO_3$에서는 180도벽(度壁)과 대전(帶電)한 90도벽 및 대전하지 않은 90도벽이 존재한다. 대전한 분역벽은 도전성 $BaTiO_3$에서 전하를 중화하는 전류가 흐를 수 있는 경우에만 중요하다. 90도벽에는 커다란 기계적응력을 동반하기 때문에 일반적으로 180도벽 쪽이 90도벽 쪽보다 이동하기 쉽다.

콘덴서 재료의 개발 당시 $BaTiO_3$ 3종류의 전이온도를 한점으로 수속(收束)시키는 빈팅효과가 자주 이용되었다. 이 경우는 사방정 및 능면체정의 분역벽이 세라믹 안에 동시에 존재한다는 것을 의미한다. 사방정의 분역벽에는 자발분극이 60도, 90도 및 180도와 70.5도의 분역벽이 존재한다.

분역벽의 상호작용은 대단히 복잡한 것이다. 일반적으로 강유전성 세라믹의 유전손실은 3개의 온도영역에서 그 특성을 생각해 볼 수가 있다(그림 7-13). 온도가 Tc 이하에서는 유전손실은 비교적 크고, 또한 이 유전손실은 분역벽에 의해 생기는 것이다. $\tan\delta$ 값은 전계의 인가와 함께 급속히 증가하지만 주파수에 강하게 의존하는 것은 없다. 제2의 온도영역(보통 큐리온도보다 100～200도 위에 있는) 경우에는 대단히 작은 유전손실을 나타낸다. 온도가 T_C보다도 위에서는 유전손실을 만드는 분역은 존재하지 않고, 게다가 이 온도는 전기전도에 따른 손실을 인정하기에는 너무 낮다.

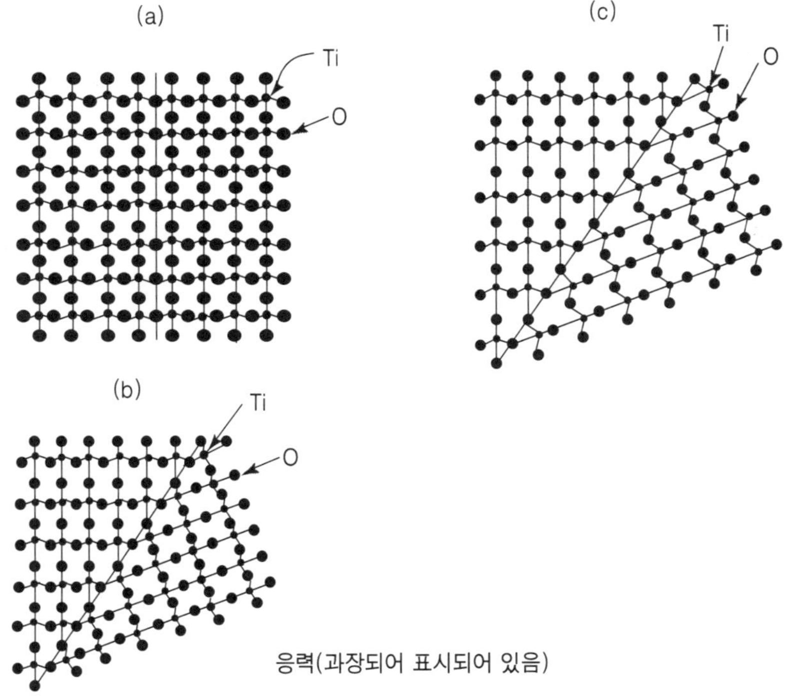

그림 7-12. 정방정계의 티탄산바륨의 분역벽

(a) 180도벽, (b) 대전되지 않은 90도벽, (c) 대전된 90도벽을 의미한다. 180도벽이 주로 유전손실의 원인이 되고, 90도벽은 이동하기 어렵다. 그림에는 티탄과 산소원자만을 표시하고 있다.

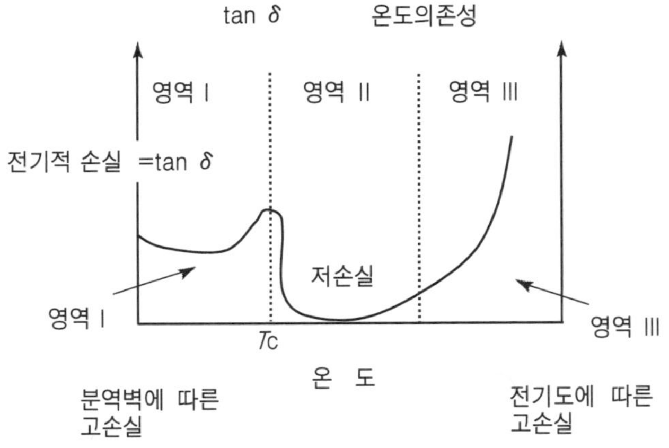

그림 7-13. 유전 손실 $\tan\delta$ 의 온도의존성

고온에서는 이 손실이 도전성에 기인하는 한편 저온에서는 분역벽이 관계한다.

고온 영역에서는 전기전도성에 기초한 손실이 중요하며, tan δ 값은 온도와 함께 급속히 증가한다. 전기전도 손실은 측정 주파수에 대해 역비례한다.

예제 7-2

각 주파수 ω 에 있어서의 유전율이 $\varepsilon^*=\varepsilon'-j\varepsilon''$의 유전체를 채운 극판(極板) 면적 1m^2, 면의 폭 1M의 평행판 콘덴서는 $R=1/\omega\varepsilon''$,ε'되는 CR 병렬구조로 나타낸다는 것을 보이라.

[풀 이]

유전체에 있어서는 $\dot{D}=\varepsilon^*\dot{E}$

에서 면적 S, 두께 d라고 할 때 $S\dot{D}=(\varepsilon^*\frac{S}{d})\dot{V}$

양변시간으로 미분하면 $\dot{I}=(\varepsilon^*\frac{S}{d})\frac{\partial\dot{V}}{\partial t}$

을 얻을 수 있다. $S=1\text{m}^2$, $d=1\text{m}$ 대입하여 $\left(\frac{\partial\dot{V}}{\partial t}\right)=j\omega\dot{V}$을 고려하면,

$$\dot{I}=(\varepsilon'-j\varepsilon'')j\omega\varepsilon'\dot{V}=(\omega\varepsilon''+j\omega\varepsilon')\dot{V}$$ 이 된다.

이것은 $\dot{I}_1=\omega\varepsilon''\dot{V}$와 $\dot{I}_2=j\omega\varepsilon'\dot{V}$의 병렬접속회로라고 이해되며, 결국

$$R=\frac{1}{\omega\varepsilon''}$$

$$C=\varepsilon'$$

과의 병렬접속회로와 같은 값이 된다.

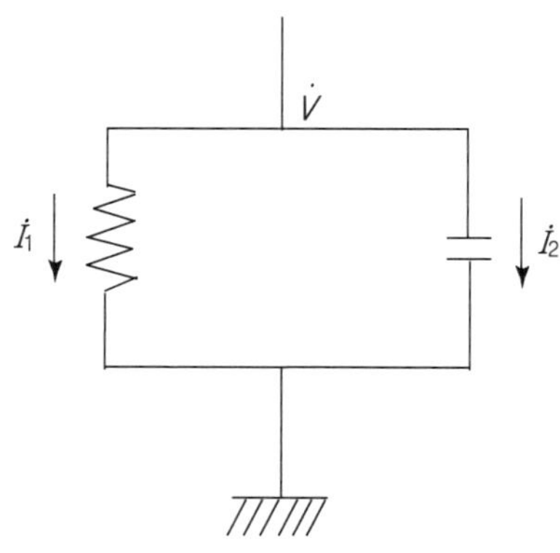

그림 7-14. 콘덴서의 등가회로

3.2 이온공공의 형성기구

전기적 손실은 이온주입에 의해 많은 영향을 받는다. La^{3+}와 Nb^{5+}와 같은 도너 주입체는 $BaTiO_3$ 안에서 양이온 공공(空孔)을 형성한다. 그러나 이 공공이 바륨 또는 티탄 어느 위치에서 일어나는가는 확실하지 않다. 반도체 $BaTiO_3$의 연구결과를 보면 도너 주입체 일부분은 전자에 의해 일부분은 바륨의 공공에 의해 보상된다고 볼 수 있다. LaO_3-BaO-TiO_2(a)와 Nb_2O_5-BaO-TiO_2(b)의 상관계도 죤커와 해빙커에 따르면 램던한 주입은 티탄공공을 형성하는 반면에 니오브의 주입은 바륨과 티탄의 공공을 형성한다.

그림 안의 구조적으로 관련된 $BaLa_4Ti_4O_{15}$, $La_4Ti_3O_{12}$ 및 $BaNb_4O_{15}$의 위치에 주의하라. 그러나 최근의 연구에서는 티탄의 공공도 마찬가지로 중요하다고 한다. 그림 7-15(a)에 나타낸 바와 같이 고용체$(Ba_{1-x}La_x)(Ti_{1-x}Nb_{x/4})O_3$ 안에 티탄의 공공이 형성된다. 이 현상은 바륨과 티탄 2종류의 공공이 형성되는 니오브 주입인 $BaTiO_3$에서는 확실하게 일어나지 않는다.

왜, 이 보상의 메카니즘이 La주입과 Nb주입인 $BaTiO_3$에서는 다른가를 추측하는

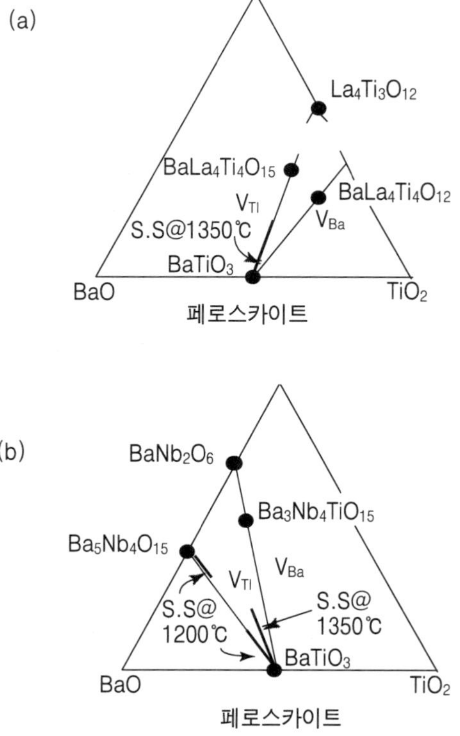

그림 7-15. 도너 주입의 $BaTiO_3$ 고용체를 보여주는 3원계

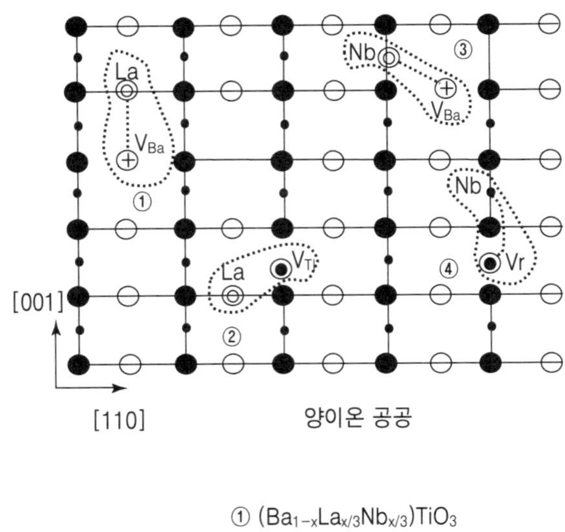

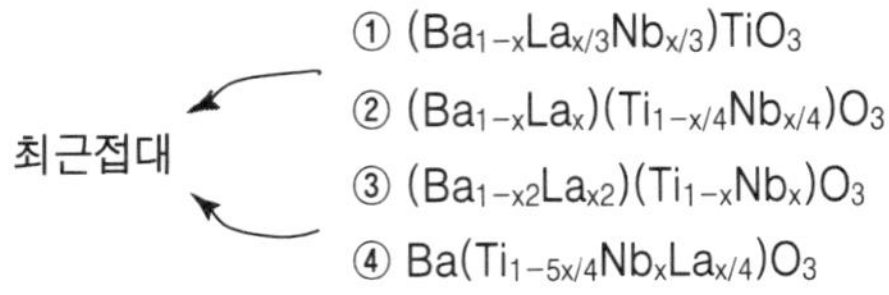

그림 7-16. 도너 주입 $BaTiO_3$에 있어서의 결함대
La-VT1대가 가장 접근했다는 것은 La주입 $BaTiO_3$에 있어서의 티탄공공의 안전성을 십분 설명하는 것이다.

것은 흥미로운 일이다. 이온사이즈와 개수가 비슷하기 때문에 Nb는 페로스카이트 구조의 정팔면체 위치에 있는 Ti와 치환된다. 반대로 La는 Ba를 대신하여 면심방 위치에 들어간다. 더욱이 몇 명의 연구자들에 의해 지적된 바와 같이 높은 레벨의 주입에 의해 결함이 형성되기 쉽다. 그림 7-16에는 4종류의 결함대를 보여주고 있다. 바륨 위치의 La^{3+}이온으로부터 최인접의 Ti공공까지의 거리는 최인접 바륨공공까지의 거리보다 13% 적다.

정팔면체 위치의 Nb^{5+}의 경우에는 그 반대, 즉 바륨의 공공 쪽이 가까운 거리라고 말할 수 있다. 정전(靜電)에너지의 관점에서는 보다 인접한 결함대를 더 선호하며, 관찰결과도 이와 일치하다.

다른 흥미 있는 점은 $BaLa_4Ti_4O_{15}$와 이미 언급한 $BaTiO_3$ 육방정 폴리타입과의 구조상의 유사성이다. 이 결정구조는 최밀(最密) 팩킹인 BaO_3층을 ABCABABCAB의 순으로 배열한 5층 구조로서 그릴 수가 있다(그림 7-17). 이 5층 안의 3층은 페로스카이트 구조의 경우와 마찬가지로 입방 최밀 팩킹이지만 나머지 2층은 이런 층 사이에 있는 팔면체 위치를 빈 공간으로 만든 육방 최밀 팩킹이다. 이렇게 $BaLa_4Ti_4O_{15}$

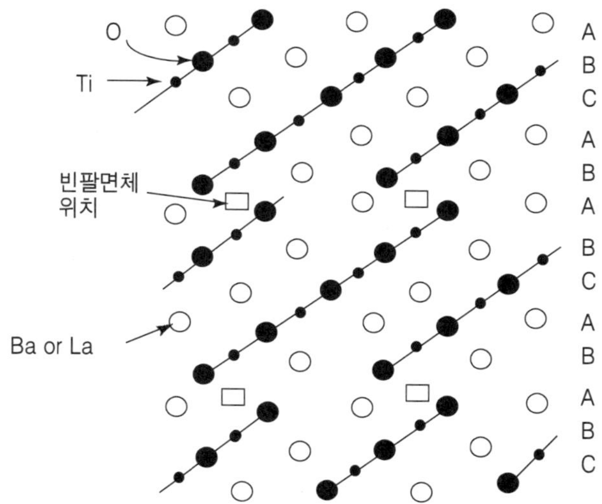

그림 7-17. 육방 최밀 팩킹층에 응집된 팔면체 공공(□로 표시됨)을 가진 $BaLa_4Ti_4O_{15}$의 결정구조

구조는 규칙적인 순서로 발생한 중첩된 실패와 공공의 집단을 포함하므로 결함 페로스카이트$(Ba_{0.2}La_{0.8})(Ti_{0.8}Nb_{0.2})$ 구조로 간주할 수 있다.

한편, 이 중첩되는 실패는 도너 주입 $BaLa_4Ti_4O_{15}$ 고용체(固溶体)에 있어서 동일한 역할을 하는 것인가. 같은 상황이 Nb_2 O_5–BaO–TiO_2 상도(相圖)에 있어서도 발견된다. $BaNb_4O_{15}$는 $BaLa_4Ti_4O_{15}$와 동일한 구조이다. K^+ 또는 Fe^{3+}과 같은 억셉터 주입체는 $BaTiO_3$ 안에서 산소의 공공 $(Ba_{1-x}K_x)Ti(O_{3-x/2}Nb_{x/2})$과 $Ba(Ti_{1-x}Fe_x)(O_{3-x/2}Nb_{x/2})$를 형성한다. 산소공공은 유전 손실에 대하여 바륨과 티탄공공보다도 큰 영향을 미친다*.

*격자간 결함이 왜 공공과 같이 중요하지 않은 것인가. 이것은 페로스카이트 구조가 최밀 팩킹인 BaO_3층을 기초로 하고 있어 구조 중에 격자간 원자가 들어갈 공간이 거의 없기 때문이다.

3.3 분역벽(分域壁)의 핀닝과 유전손실

산소공공이 $\tan\delta$에 어떻게 영향을 주는가는 온도범위와 손실이 주요인이 될 수 있다(그림 7-13). 분역벽 손실이 우세한 온도 Tc 이하의 영역에서는 산소공공은 $\tan\delta$를 저하시킬 수 있다. 이 효과를 그림 7-18에 나타내었다.

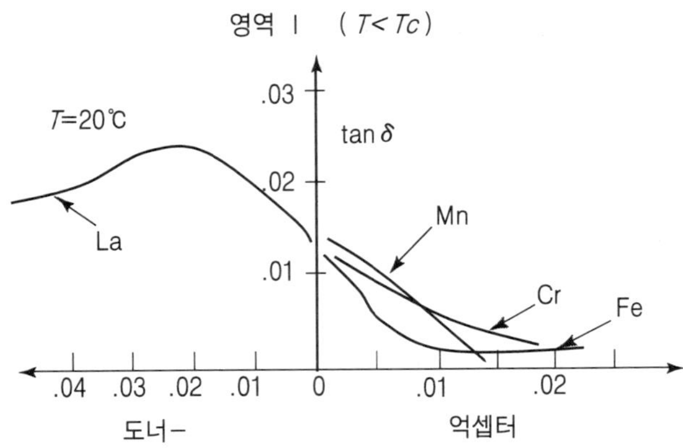

그림 7-18. 강유전성 페로스카이트에 있어서 분역벽 손실은 도너 주입에 의해 증가하고, 억셉터 주입에 의해 감소한다.

여기에서는 첨가물인 랜턴은 산일계수(散逸係數, dissipation factor, $\tan\delta$)를 올려, 반대로 철(鐵)은 이것을 저하시킨다. 왜 도너 및 억셉터가 산일계수에 대해 다른 영향을 미치는가에 대한 설명은 분역벽의 핀닝현상이 관계되어 있다.

도너가 주입된 페로즈카이트 강유전체는 억셉터 주입형의 페로스카이트와 비교해서 *D-E* 히스테리즈는 작고, 분역벽의 이동도는 크다.

결함에 따른 분역의 핀닝에 대해 얼마의 설명은 되어 있다. 즉, ① 관계된 격자결함이 자발분극의 방향으로 흐른 전기쌍극자 모멘트를 형성하고, 이것에 의해 분역벽은 적당한 장소에 고정된다. ② 결함이 분역벽에 확산되고, ③ 입계(粒界) 영역 중의 결함이 분극에 따른 전하를 소멸시키도록 위치를 조정하고, 다시 한번 분역배열을 안정화하여 분역벽을 핑스톱시킨다는 이유이다.

그림 7-19에 억셉터 주입형의 페로스카이트에서 왜 분역벽의 핀닝이 보다 현저하게 나타나는가를 모식적으로 보여준다. 일반적으로 산소공공은 양이온공공보다 훨씬 빠르게 확산된다. 그것은 인접한 산소원자 간의 거리가 2.8Å인 것에 비해 가장 짧은 Ti-Ti 간, 다시 말해 Ba-Ba 간의 원자간 거리가 4Å이나 된다는 것에도 추찰(推察)이 될 것이다.

억셉터 주입형인 $BaTiO_3$에 있어 철 원자대(原子對)와 산소공공으로부터 되는 결함 모멘트는 도너 주입형 물질과 같은 쌍극자보다도 간단히 재배향(再配向)된다. 따라서 억셉터 주입형인 $BaTiO_3$에서는 이 결함 쌍극자는 분역구조의 자발분극에 따라 배향되고, 분역벽은 핑스톱되고, 그것에 의해 *Tc* 이하의 온도 영역의 손실 $\tan\delta$를

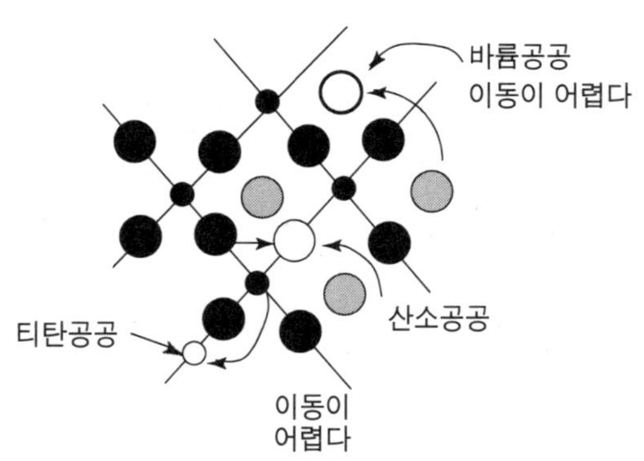

그림 7-19. 페로스카이트 구조에서는 산소는 그 짧은 O-O거리 때문에 양이온보다도 쉽게 확산한다. 따라서 산소공공은 고온 및 저온에서의 손실현상에서 중요한 역할을 한다.

감소시킨다. 주의하지 않으면 안 되는 것은 분역벽의 핑스톱은 인가 전계진폭이 작은 상태에서는 이력(履歷)이 작지만, 항전계를 크게 하기에 전계진폭이 클 때의 이력은 오히려 크게 한다는 점이다.

3.4 전도손실과 붕괴

더 나아가 산소공공은 고온영역에서도 중요하다(그림 7-13). 이것은 자유케리어 전도에 의해 산일계수가 급격히 증가하지만, 이 자유캐리어의 농도가 첨가물과 온도에 달려 있기 때문이다. 산일계수는 이 온도범위에서는 주파수에 반비례한다. 많은 실험결과에 근거해서 티탄산바륨 세라믹스에 있어 DC붕괴(degradation) 과정에 대해 다음과 같은 점들이 논의되고 있다(그림 7-20).

티탄산염(酸塩)의 다결정체는 세라믹 콘덴서의 소성(燒成) 온도에서 상당히 환원된다. 이것을 냉각하는 경우 1100도 이상에서는 급속한 재산화가 일어나고, 이것은 600도로부터 900도 사이의 온도에서는 끝나버린다. 그 결과 시료의 바깥쪽, 더욱이 각 입자의 바깥쪽의 곡부(穀部)는 충분히 산화된다.

입자의 안쪽은 산소가 결핍된 채로 남게 된다. 산소원자는 유효전하 +2e를 가지고, 이것은 티탄원자상의 3d 원자에 의해 중화되고, 그 결과 각 산소공공에 대해 2개의 Ti^{3+}가 형성된다. 저온영역에서 산소공공과 Ti^{3+}이온은 0.1~0.2eV의 낮은 에너지로 결합되어 있다. 이 에너지는 수개의 결함을 분리하기에는 충분한 크기이다.

결합되어 있지 않은 Ti^{3+} 이온은 좁은 3d 전도대를 형성하여 전기전도에 기여한

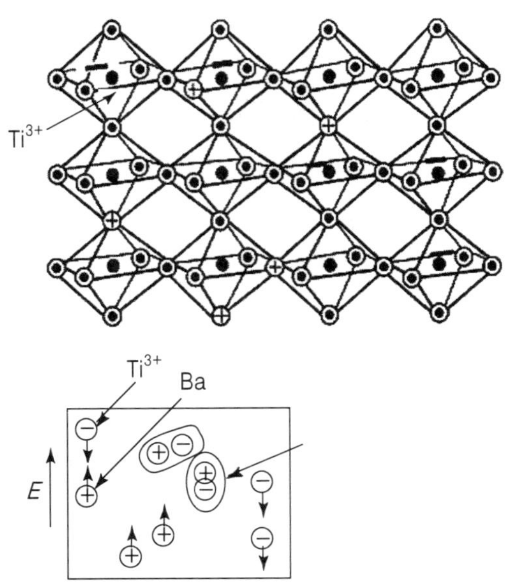

그림 7-20. 산소공공과 3개의 티탄이온을 포함한 환원된 $BaTiO_3$의 구조 전도손실은 자유전자와 산소공공에 의해 생긴다.

다. 이 전도과정은 또한 다음과 같이 설명할 수가 있다. 즉 Ti^{3+}를 사이에 둔 전자호핑(electron hopping)에 의해 $Ti^{3+} \leftrightarrows Ti^{4+} + e^-$로 되며, 이 e^-가 전도에 기여한다. 결합되지 않은 산소공공도 마찬가지로 전도에 기여하지만, 그 이동도는 전자의 이동도에 비해 대단히 작다. 중화(中和)된 결합결함은 직접 전도에 관여하는 일이 없지만 쌍극자 모멘트를 인가전계의 방향에 배향시키는 토르크를 받는다.

이 토르크에 의해 유전분극과 유전손실이 형성된다. 산소공공은 또한 $BaTiO_3$ 세라믹스의 AC 붕괴에 있어 중요한 역할을 한다. 전왜(電歪)를 통한 입계(粒界)에 산소공공이 모일 수 있는 것은 이 AC붕괴에 대한 하나의 메카니즘으로서 제안되고 있다.

그림 7-17에서는 $BaLa_4Ti_4O_{15}$와 $BaNb_4O_{15}$의 결정구조에 있어 동일한 양이온공공에 대해 검토했다. 산소공공도 또한 그 농도가 충분히 높으면 응집하는 경향이 있다고 생각된다. 규칙적으로 배열된 산소공공을 가진 결함 페로스카이트구조를 관찰하면 $CaFeO_{2.5}$와 $CaMnO_{2.5}$의 양자의 초격자배열은 산소공공의 일차원 쇄상(鎖狀)배열을 나타낸다.

그림 7-21에 나타낸 브라운미러-라이트($CaFeO_{2.5}$) 구조에서 Fe^{3+}은 2개의 다른 배위를 가지고 있다. 이 철원자의 반은 정팔면체 위치에 있으며, 나머지 반은 정사면체 위치에 있다.* 배위상의 이러한 변화는 이상적인 페로스카이트 구조로부터 시작하면

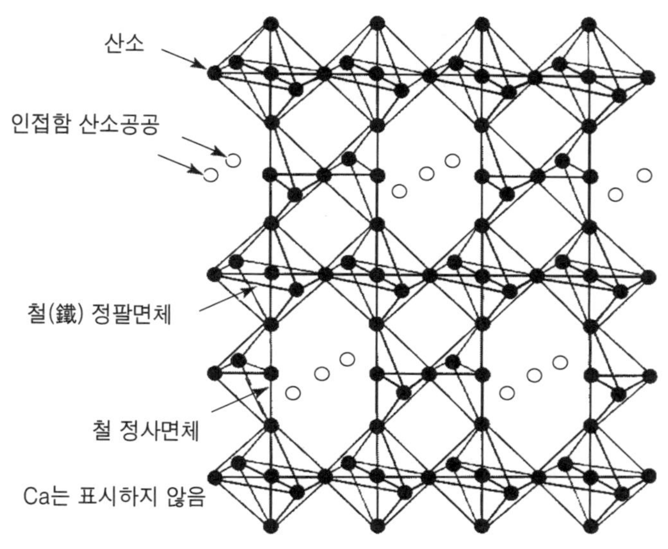

그림 7-21. $CaFeO_{2.5}$의 결정구조
산소공공의 직선상의 쇄(鎖, 자물쇠)를
포함한 결함 페로스카이트 구조

팔면체의 반으로부터 인접한 2개의 산소원자를 제거하여 Fe^{3+} 이온을 나머지 4개의 산소와 함께 사면체배위 위치로 이동시킴으로 발생할 수가 있다.

*어떤 점에서는 이것은 페라이트 중의 3개의 이온의 움직임과 비슷하다. 역스피넬 구조를 가진 마그네사이트 및 다른 페라이트에서 Fe^{3+}는 사면체 및 팔면체 위치에 똑같이 배치되어 있다.

다른 팔면체는 6개의 산소이온에 대하여 Fe^{3+}를 상태 그대로 유지하고 있다. 팔면체 층과 사면체 층은 플로트타입의 페로스카이트 구조의 (100)면에 평행으로 교환하면서 놓여져 있다. 브라운미러-라이트 구조에서는 산소공공은 평행한 쇄상(鎖狀)으로 배열되어 있으며, 그래서 이 광물은 자연발생적인 연약한 방향을 가지고 있다.

$CaFeO_{2.5}$상(相)은 세라믹 중에서 발생하며, 다른 성분보다도 화학적으로 불안정한 것이라는 것에 주목할 필요가 있다. 촉매(触媒)로서 널리 쓰이는 $CaMnO_{2.5}$는 비슷한 결함구조를 가지고 있지만, 양이온의 배위는 다르다. 그림 7-22에 나타낸 바와 같이 산소공공은 결정축 하나에 평행한 자물쇠모양으로 배열되어 있다.

이 구조에서는 3개의 망간이 정방피라미드 구조를 형성하는 5개의 산소에 결합되

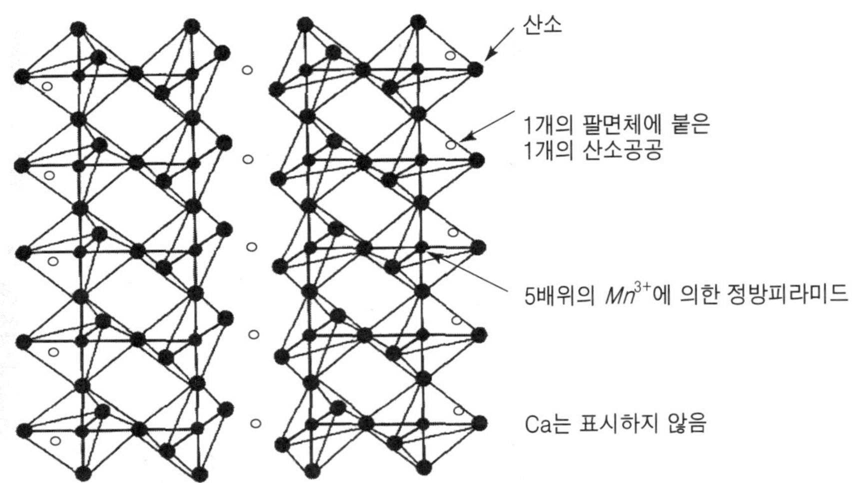

그림 7-22. $CaMnO_{2.5}$의 결정구조
산소공공의 평행쇄와 5배위의 Mn^{3+} 이온을 포함하는 별도의 결함 페로스카이트 구조

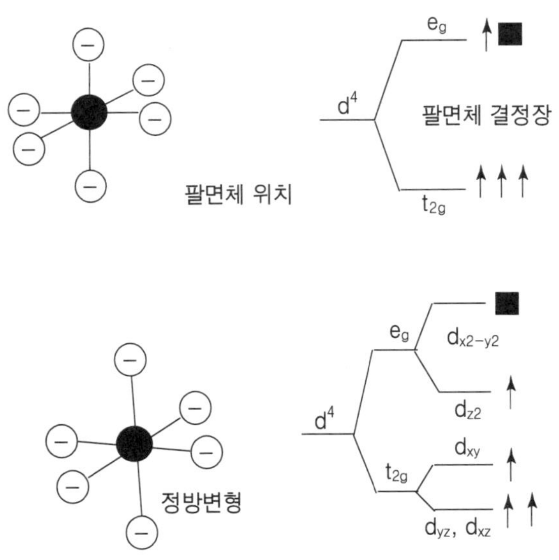

그림 7-23. Mn^{3+}과 같이 $3d^4$ 이온의 정방배위는 거의 모든 환이 금속산화물에 공통적으로 보다 더 대칭성이 높은 팔면체 결합으로 변형함에 따라 안정적이 된다. 팔면체를 변형하는 것은 e_g 레벨의 축퇴(縮退)를 제거하고, 전체 에너지를 낮추는 것이다.

어 있다. 별로 일반적이지 않은 배위는 이상(理想) 페로스카이트 구조 중에 각 팔면체로부터 1개의 산소를 제거함에 따라 형성된다. Mn^{3+}는 $3d^4$의 전자배위를 가지고 있으며, 영테라이온으로서 알려져 있다. 큰 정방형의 변형을 만듦에 따라 단일의 e_g전자는 낮은 에너지 상태로 천이(遷移)한다(그림 7-23).

3.5 불가사이한 첨가물 망간

3개의 망간은 많은 콘덴서 성분 중에서 전도 손실을 저하시키는 데 중요한 역할을 한다. Mn^{3+}이온은 $CaMnO_{2.5}$ 안에서 발견된 피라미드형의 배위로 산소공공과 결합되어 있다고 생각된다. 망간은 여러 종류의 산화상태를 가지고 있으며, 화학량론적인 $CaMn^{3+}O_{2.5}$로 변화하는 것이 가능하다. 화학량론적인 $CaMn^{4+}O_3$(페로스카이트 구조)를 300도의 수소분위기 안에서 열을 가하면 $CaMn^{3+}O_{2.5}$로 변화할 수가 있다. 망간이 그 갯수가 잘 변화하기 때문에 오랫동안 콘덴서의 제조자와 홍매(触媒) 화학자에게 있어 "불가사이한" 첨가물이라고 생각되고 있다.

학자들의 최근 보고에 따르면, 망간은 난곡(卵穀)의 중요한 성분이라는 것이 지적되고 있다. Mn이 결핍된 먹이를 준 닭은 알을 힘들게 낳는다. 세라믹 기술자 및 콘덴서 제조자에게 있어서도 마찬가지라고 말할 수가 있다.

이미 설명한 바와 같이 $BaMnO_3$는 육방 및 입방 최밀 팩킹이 혼합된 $BaMnO_3$층을 기초로 한 여러 종류의 다형(多形) 구조로 결정화된다. $SrMnO_{3-a}$ 및 $BaMnO_{3-a}$계의 연구에 따르면, 이러한 구조 간의 전이는 완전한 다형체가 아니라 오히려 산화상태의 변화를 포함하는 것에서 일어난다고 결론이 났다. 산소 함유량에 있어 화학량론성(정비례)을 생각하면 육방 최밀 팩킹층의 산소공공에 기인하지만 $CaMnO_{2.5}$에 관하여 연구결과를 보면 공공과 Mn^{3+} 이온은 육방 층에서 면을 공유하고 있다고 생각된다. 확실하지는 않지만 폴리타입성(性)과 연결하여 고찰하는 것도 흥미롭다.

4 양이온배열 질서성과 유전성

4.1 양이온의 질서-무질서 현상

페로스카이트 구조 중에는 많은 다른 양이온이 들어 있어서 때로 이온의 장거리 질서상태가 발생한다. $Ba(Bi_{0.5}Nb_{0.5})O_3$ 구조는 2배의 격자정수를 가진 육방 단위격자를 가지고 있으며, 그 안에는 8개의 페로스카이트와 닮은 격자가 포함되어 있다.

그림 7-24에 나타낸 바와 같이 비스마스이온과 니오피온은 (NbO_6)의 팔면체가 여기저기 6개의 (BiO_6) 팔면체와 구석을 공유하며, 더욱이 공유관계가 반대로 되어 상

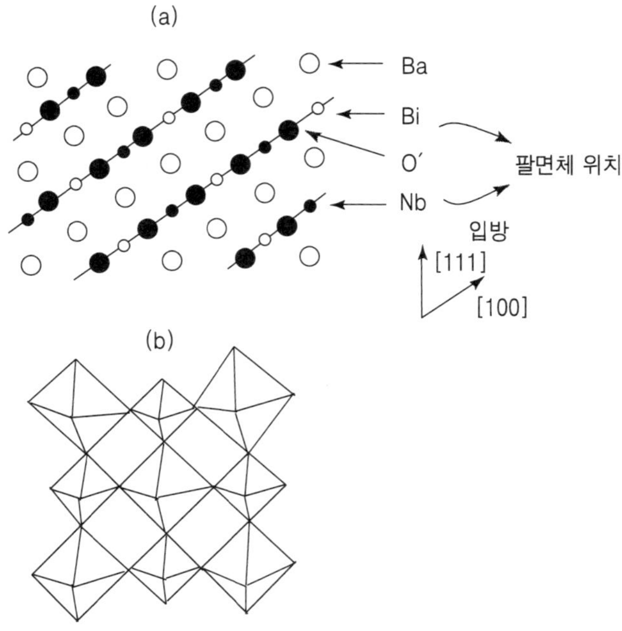

그림 7-24. (a) 페로스카이트 구조의 팔면체 위치를 서로 점유하는 Bi^{3+} 이온과 Nb^{5+} 이온을 가진 $Ba(Bi_{0.5}Nb_{0.5})O_3$ 구조의 (110)단면
(b) 질서형 페로스카이트에 있어서 상호간에 존재하는 대소(大小)의 팔면체

호간에 팔면체 배치를 점유한다. Bi^{3+}는 Nb^{5+}에 비해 훨씬 큰 이온과 긴 결합길이를 가지고 있지만, 양자가 상호간에 배치되면(그림 7-24(b) 그러한 팔면체는 대단히 유효하게 팩킹된다.

Bi^{3+} 외에도 다른 많은 크거나 중간 정도의 이온이 질서형 페로스카이트의 팔면체 위치에 들어간다. 예를 들면 La^{3+}, Sr^{2+}, Ca^{2+}, Na^{+}, Ba^{2+}가 있다. 필시 $BaTiO_3$를 기초로 한 고용체에서는 단거리 질서성이 어느 정도까지 치환(置換)을 허용할 것이다.

콘덴서의 관점에서 보면 질서형 페로스카이트는 낮은 유전 손실을 가졌다고 하는 흥미로운 특성을 나타낸다. 팔면체 위치에 천이금속 이외의 금속을 삽입하면 전자의 전도경로가 효과적으로 차단되어 $\tan\delta$ 가 감소하는 것이라고 생각된다. 이것에 관하여 중요한 2가지 예를 생각해 볼 수가 있다. 최근 니켈을 내부 전극금속으로서 사용하는 기판-금속형의 모노리시크 구조가 일본의 과학자들에 의해 제안되었다. 니켈은 Pt 및 다른 대부분의 다층 전극금속보다도 훨씬 저렴하다. 니켈은 공기 중에서의 세라믹 소결(燒結) 온도에서는 쉽게 산화되기 때문에 환원분위기 중에서 콘덴서를 소성(燒成)할 필요가 있다. 유전체의 성분은 $\tan\delta$ 를 적게 가지고 있기 때문에 주의깊이 제조해야 한다. $BaTiO_3$를 기초로 해서 약 15%의 $CaZrO_3$를 가진 세라믹에서는

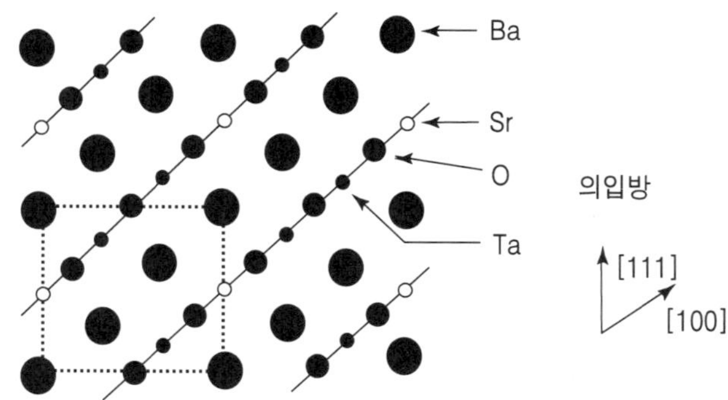

그림 7-25. $Ba(Sr_{0.33}Ta_{0.67})O_3$ 구조에서 스트로폼은 팔면체 위치의 3분의 1을 차지하며, 탄탈은 3분의 2를 차지한다. 이것은 (SrO6)의 팔면체를 (111)층의 3층마다 존재하게 한다. 질서형 페로스카이트의 유전체이다.

유전율이 8000이며, $\tan\delta$ 가 0.02보다 작은 것을 얻을 수가 있다.

유전 손실을 허용하는 레벨까지 저하시키기 위해서는 CaO를 2% 과잉으로 첨가할 필요가 있다는 흥미 있는 사실을 발견할 수가 있다. Ca^{2+}이온의 얼마인가는 질서형 페로스카이트 안에서와 마찬가지로 팔면체 위치로 들어가 산소공공을 보상하는 것이라고 생각된다. 그 결과 절연저항이 크게 개선되었다.

제2타입의 양이온 질서성은 $Ba(Sr_{0.33}Ta_{0.67})O_3$ 안에서 볼 수 있다. 이 결정구조(그림 7-25)에서는 (TaO_6)팔면체와 (SrO_6)팔면체는 각 Sr층마다에 2개의 Ta층이라고 하는 규칙으로 페로스카이트 구조의 (111)층을 점유한다. 2종류의 초격자 구조(그림 7-24, 7-25)의 어느 쪽엔가 결정화 되는 산화물은 일반적으로 강유전체가 아니기에 유전율은 상당히 낮다(K～20-40). 그러나 유전율은 온도와 주파수에 민감하지 않고 유전 손실은 대단히 작은 경향이 있다. 그 결과 이러한 질서형 페로스카이트의 여러 종류는 4-10 GHz의 마이크로 파대(波帶)에서 유전체 공진기(共振器)와 휠터로서 쓰인다.

$Ba(Mg_{0.33}Ta_{0.67})O_3$ 세라믹스에서는 유전율이 25에서 Q값이 17,000 정도의 것이 보고되어 있다.

4.2 완화형 강유전체

"능동" 이온 간의 결합이 단절되었기 때문에 질서형 페로스카이트의 유전율은 일반적으로 낮다. 한편, 완화형 강유전체(relaxor ferroelectronics)와 같은 무질서형 구조에서는 그 유전율이 대단히 커서 콘덴서용 유전체로서 유용하다. NEC에 의해 개발된 Pb를 기본으로 한 모노시리크 구조의 화합물은 이의 좋은 예이다.

이 $Pb(Fe_{0.6}Nb_{0.5})O_3$- $Pb(Fe_{0.67}w_{0.33})O_3$ 세라믹스는 15,000 이상의 유전율을 가질 뿐만 아니라, 이것을 850도의 공기 중에서 은(銀)전극과 함께 소결(燒結)할 수가 있다. 완화형 강유전체의 특징은 무질서한 팔면체 구조 중의 다수의 다른 "능동" 이온의 결합의 결과물로서 생기며, 온도에 민감한 미소(微小) 유전분역에서 유래한다.

일례로 $Pb(Mg_{0.33}Nb_{0.67})O_3$의 팔면체 네트워크 모식도를 그림 7-26에서 보여준다. 이 팔면체는 마그네슘 또는 니오브이온에 의해 랜덤하게 충진(充塡)되어 있다.

각 (NbO_6)팔면체는 0부터 6개의 다른 (NbO_6)에 결합되어 있다. 이러한 팔면체 간의 결합이 강유전성 및 높은 K값에 대한 중요한 원인이 된다고 생각된다. 그림 7-26(a)에서는 여러 종류의 니오브밀도가 높은 아이랜드가 인정되며, 그것들은 또한 다른 별도의 니오브밀도가 높은 아이랜드에 약하게 결합되어 있다.

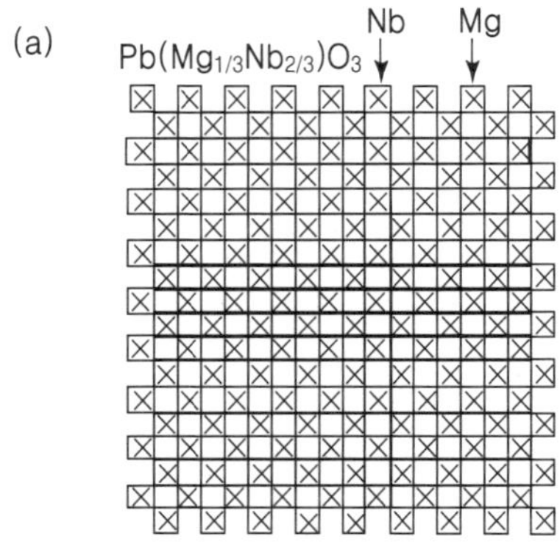

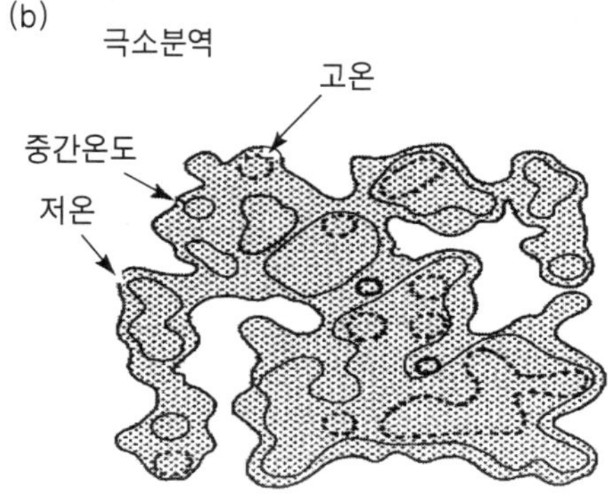

그림 7-26. (a) 무질서형 페로스카이트 구조를 가진 전형적인 완화형 강유전체인 마그네슘니오브산연의 팔면체 네트워크
(b) 산만상(散漫相) 전이점을 통과하여 냉각할 경우 미소 분역은 서로 합쳐져서 거대 분역을 이룬다.

고온의 상유전상태로부터 온도를 저하하는 것에 따라 이러한 미소(微小) 분역은 서서히 합체(合體)하여 거대 분역이 되며, 산만(散漫) 상전이(相轉移)을 일으킨다. 이 합체과정을 그림 7-26(b)에 나타내었으며, 이 그림에서는 어떻게 독립한 미소 분역이 저온에서 성장하여 3차원 네트워크를 형성하는가를 보여준다. 니오브밀도에 따라 큐리온도(상전이온도)가 국소적으로 다르기 때문에 온도가 내려감에 따라 서서히 강유전상 영역이 증대하여 가는 것이다. 또한 이러한 분역의 흔들림은 바이어스 전계 및 측정 주파수에 의존하고 있다.

분역의 흔들림이 주파수에 응답하는 것에는 시간이 걸리기 때문에 유전율은 주파수의 증가에 반해 급속히 감소한다. 유전율의 주파수 의존성(유전분극)이 크다는 것은 “완화형”이라고 불리는 이유이다. DC바이어스 전계에서는 합체현상이 일어나기 쉽고, 이 현상은 온도를 저하시키는 것에 의해서도 마찬가지로 발생한다.

완화현상은 Pb베이스 페로스카이트에서 대단히 일반적이다. 이것은 Pb^{2+}와 그 독립대(獨立對) 전자가 미소 분역의 성립과정에서 필시 독립대 배열방향을 조정하는 것으로 어떤 역할을 하고 있다는 것을 알려주고 있는 것이다.

요 약

이 장에서는 $BaTiO_3$를 기본으로 한 콘덴서 재료의 특성과 결정구조의 관련성에 대해 고찰했다. 특히, 대칭성을 가지지 않은 이온과 3종류의 강유전상의 전이에 대해 서 강조하여 설명하였다. $BaTiO_3$에 있어 그러한 이온에 따른 취환이 규리온도를 변화시켜 이러한 3종류의 전이를 한점으로 집속(集束, 핀팅)시킨다.

현시점에서는 폴리타입성(性)의 역할은 알 수가 없다. 유전 손실의 메카니즘은 분역벽의 이동과 전기전도에 원인이 있다고 생각된다. 이 2종류의 메카니즘 또한 불순물 주입에 매우 의존해 있다. 이온반경이 상당히 다를 경우 양이온의 질서상태가 발생한다.

이 현상은 이온의 배열 질서성이 유전 손실을 경감하기 때문에 고주파 유전재료로의 응용에 관하여는 특히 중요하다. 무질서한 팔면체를 구성하는 양이온을 가진 Pb 베이스 페로스카이트에 있어서는 특유의 미소 분역현상이 발견된다. 이러한 완화형 강유전체는 산만상(散漫相) 전이와 대단히 높은 유전율을 가지고 있다.

제 8 장

세라믹스의 센서 / 액튜에이터 특성과 결정구조

본 장에서는 서미스터, 바리스터 및 트랜스듀서(변환소자)의 구조-특성 관계에 대해 기술한다. 다층 콘덴서 구조-특성 관계에 대해서는 전장에서 설명하였다.

페라이트, 다층 콘덴서, 전자기판, 압전변환소자, 바리스터 및 각종의 서미스터를 포함한 전자세라믹 시장은 현재 수억 달러에 이르는 규모이다. 분역(分域, domain) 현상은 칩콘덴서와 압전변환소자에 사용되는 강유전성 세라믹스의 경우와 마찬가지로 하드와 소프트의 페라이트에서 모두 중요하다.

NTC 서미스터와 지르코늄 센서에서는 그 반도체(전기전도도)는 입괴(粒塊, grain) 자신에 의해 제어되지만, PTC 서미스터는 ZnO 바리스터, 경계층 콘덴서 등의 특성은 입계(粒界, grain boundary)에 의해 지배된다. 표면층은 습도센서와 촉매 세라믹스에 있어서 중요한다.

온도검출 세라믹스(서미스터), 압력검출 세라믹스, 전계 또는 자계(磁界)를 검출하는 세라믹스, 분위기(雰圍氣) 검출 세라믹스, 전기화학적 및 이온교환 세라믹스 등 센서세라믹스를 많은 나라에서 개발 중이다.

1. 온도센서

온도센서는 자동차의 전자스파크 타이밍에 사용된다. 표면저항(그림 8-1)은 습도에 의해 4행(桁)을 넘나들며 바뀐다. 표면의 면적이 큰 동시에 염분을 함유한 표면층을 가진 금속 산화기판(ZnO, TiO_2, $Fe_3 O_4$)은 특히 습도에 민감하다. 표면전도의 물리적인 메카니즘은 물분자가 옥시겐이온과 하이드로겐이온으로 분리되는 것, 즉

$$2H_2O \rightleftarrows (H_3O)^{+}+(OH)^{-}$$

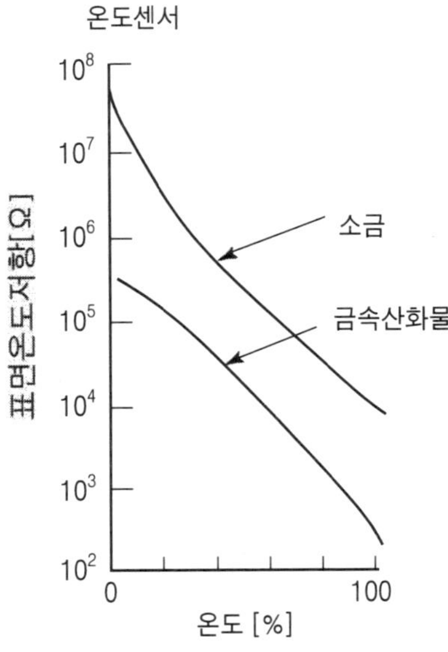

그림 8-1. 산화물 습도센서의 전기저항

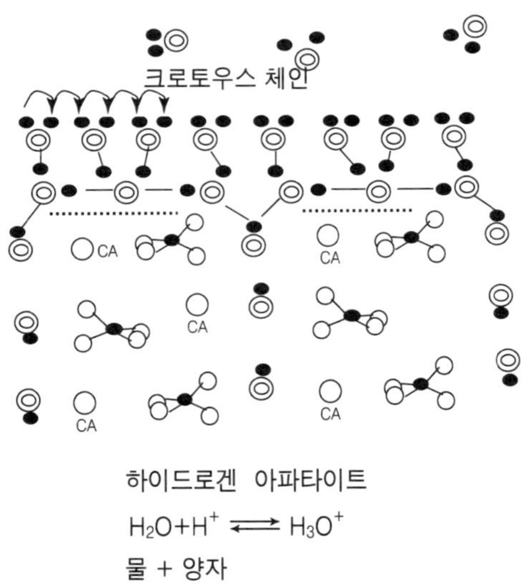

그림 8-2. 하이드로겐 아파타이트 습도센서 표면의 모형도
전도는 물 흡착기에서 크로토우스 반응과 함께 발생한다.

에 의해 생기는 수증기의 흡착이 관련되어 있다. 전기전도는 산화물 표면의 물 흡착기에서 양자를 1개의 물분자로부터 다음 분자로 전송하여, 이것에 의하여 옥시겐이온을 체인반응의 방향을 따라 효과적으로 이송한다는 크로토우스의 체인반응에 의해 생긴다. 하이드로겐 아파타이트 세라믹스(그림 8-2)는 표면의 하이드로겐 그룹과 인접 물분자와의 사이의 인력(引力) 때문에 대단히 유력한 온도센서를 만든다. 이 센서의 화학적 흡착층은 전도현상을 만드는 물리적 흡착층에 의해 둘러싸여져 있다. 더욱이 고습도 상태에서는 액체상의 표면층이 형성되어 전도메카니즘이 변화한다.

2. 서미스터

3종류의 세라믹 서미스터가 널리 사용되고 있다. 즉 NTC 서미스터, PTC 서미스터 및 임계온도 서미스터이다. 그림 8-3에 이러한 전형적인 온도에 따른 저항변화를 보여준다.

2.1 임계온도 서미스터

이산화 바나지움은 임계온도 서미스터로서 자주 사용이 되고 있다. 80도 이하에서 VO_2는 저항이 마이너스 온도계수를 가진 반도체이다. 80도 이상에서는 전도대가 크게(보통 2행(桁) over) 증가하고, 금속적인 성질을 나타낸다. 즉, 이 저항치는 온도에 의해 거의 변화하지 않는다. 화학적인 조성을 변화시킴으로써 임계온도를 80도에서부터 기분(幾分) 변화시킬 수가 있다.

VO_2에 있어 V^{4+} 이온은 폐곡(閉穀)의 바깥쪽에 1개의 3d 전자를 가진 독특한 전자배위를 가지고 있다. 저온도 상태에서는 인접하는 V^{4+} 이온끼리 전자대(電子對)

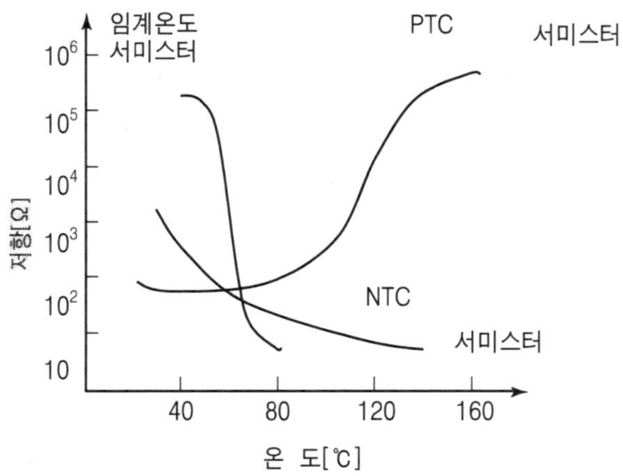

그림 8-3. 일반적으로 서미스터의 전기저항은 온도에 의해 여러 행을 건너뛰면서 변화한다. NTC 서미스터에서 저항은 온도가 상승하면 단조롭게 감소하지만, PTC 서미스터와 임계온도 서미스터에서는 상전이점에서 갑자기 저항값이 변화한다.

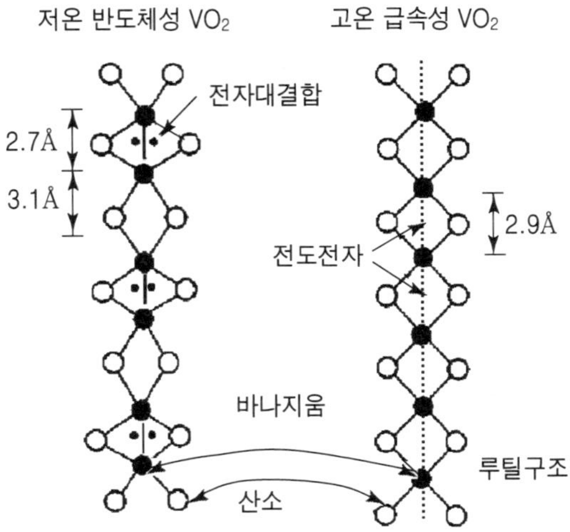

그림 8-4. 임계온도 서미스터로서 이용되는 VO_2 세라믹스에서는 결정구조의 변화가 생긴다. 금속 ⇄ 반도체 전이에서는 저항치가 몇 행 over하면서 변화하고, 결합길이도 변화한다. 고온에서의 금속과 비슷한 구조는 정방정계의 루틸과 같지만, 80도 이하에서는 반도체성의 단사정계로 변화한다.

결합을 이루고, 이것에 의해 밴드 팩킹이 생겨 반도체적인 성질을 나타내게 된다. 80도에서 상전이가 일어나며, 3d 전자가 결합상태에서 자유롭게 되어 전기전도에 기여하게 된다. 결정구조상의 변화(그림 8-4)는 상전이를 동반한다.

고온에서 관찰되는 루틸과 비슷한 구조는 80도 이하에서는 비뚤어진 단사정계로 전이한다. 전자대 결합의 형성은 원자간 거리에 반영된다. 루틸구조에서는 공유되고 있는 팔면체의 능간(陵間)의 V^{4+}-V^{4+} 거리는 2.9Å이다. 전이온도 이하에서는 절반이 2.7Å이며, 나머지 반이 3.1이다. 결정구조의 이러한 변형에 의해 전자는 국재화된 상태로 닫혀지므로 하드팩킹이 형성되고, 반도체로서의 성질을 가지게 된다.

2.2 NTC 서미스터

NTC(negative temperature coefficient) 서미스터에서 전기저항은 온도 상승과 함께 지수관수적으로 감소한다. 임계온도 서미스터의 경우와는 다르게 이 서미스터에서 상전이는 관계하지 않는다. 대부분의 NTC 서미스터는 불순물 주입형의 천이금속산화물로 이루어져 있다. 이러한 가수제어형(價數制御型) 반도체의 전형적인 것으로는 Fe_2O_3 : Ti과 NiO : Li가 있다. 공기 중에서 Fe_2O_3와 TiO_2를 반응시키는 것에 의해

$$(1-\chi)\ Fe_2O_3+_x\ TiO_2 \rightarrow Fe^{3+}_{2-2x}Fe^{2+}_{x}Ti^{4+}_{x}O_3$$

로 나타내는 반응이 생긴다. 생성물은 전자가 다른 몇 개의 철원자 사이에서 주고받는 상태와 같은 n형 반도체이다. 즉,

$$Fe^{3+}+e^{-} \rightleftarrows Fe^{2+}$$

로 해서 전자가 전송된다. 전자밀도와 전기저항치가 티탄의 밀도에 의해 좌우된다.

p형 NTC 서미스터는 리튬을 주입한 산화니켈로부터 다음 식과 같이 형성된다.

$$(1-\chi)NiO+(\chi/2)Li_2O \rightarrow Ni^{2+}_{1-2x}Ni^{3+}_{x}Li^{+}\ O$$

홀에 의한 전도의 메카니즘은 2개와 3개의 니켈 사이의 전하의 전송과 관련되어 있다. 즉 이 메카니즘은

$$Ni^{2+} + h^{+} \rightleftarrows Ni^{3+}$$

불순물 주입형의 산화니켈은 양이온 위치의 니켈을 부분적으로 리튬 치환한 암염 구조를 하고 있다(그림 8-5(a)). Ni^{2+}(0.84Å), Ni^{3+}(0.74Å), Li(0.88Å)에서는 그 이온 반경 때문에 산소와의 팔면체 배위를 갖기 쉽다.

그림 8-5(b)에 나타낸 바와 같이 저항률은 리튬의 함유량이 증가함에 따라 감소한다. 전도도가 증가하면 결정의 색이 변화한다. 순수한 산화니켈의 녹색은 주입량이 증가함에 따라 깊이가 깊어져 결국 검은색이 된다.

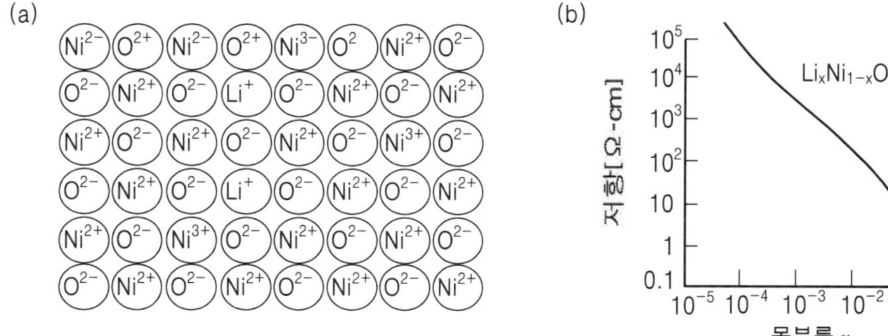

그림 8-5. 불순물 주입형 산화니켈 NTC 서미스터

(a) 결정은 Ni^{2+}, Ni^{3+}과 Li^{+} 이온의 암염(巖鹽)과 비슷한 고용체로부터 만들어진다.

(b) 전기저항치는 리튬의 함유량이 증가함에 따라 간소한다.

대개 $Ni_{0.95}Li_{0.05}O$에 가까운 반도체 조성에서는 그 밴드갭이 약0.15eV이다. 그 밴드갭 생성의 물리적인 원인은 주입이온인 Li^+과 전기적인 보상을 하는 이온인 Ni^{3+}의 인력에 있다. 이러한 이온이 제2의 인접관계에 있을 때(산소이온이 가장 가까이 있다) 가장 잘 전기적인 중화(中和)가 보존된다(그림 8-5 a). 주변 구조에 있어서 분극 또한 밴드갭 에너지에 기여한다.

도전률은 하전캐리어 밀도 n, 각 캐리어 전하 q 및 이동도 μ에 다음 식과 같이 비례한다.

$$\sigma = nq\mu \tag{8.1}$$

서미스터 재료에서는 도전률의 온도의존성이 중요한 문제가 된다. n 및 μ는 양쪽 모두 온도 T에 의존한다. 반도체 안에서 캐리어 밀도는 온도에 대해 지수관수적, 즉 $n \sim \exp(-E/kT)$와 같이 변화한다. E는 하전캐리어를 자유롭게 하기 위한 에너지이다. 이동도의 온도의존성은 그 물리적인 왕래에 기인한다.

대부분의 확산과정에서 이동도는 마이너스 지수법칙($\mu \sim T^{-b}$)을 따른다. 이 법칙에서의 이동도는 열에 의한 기여에 의존하며, 온도에 대하여 지수관수적, 즉 $\mu \sim \exp(-E' /kT)$로 증가한다.

이러한 점을 종합하면 도전율의 온도의존성은 다음과 같은 식으로 된다.

$$\sigma(T) = T^{-b}e^{-(E+E)kT} = T^{-b}e^{-E/kT} \tag{8.2}$$

이 식에서는 지수가 우세하기 때문에 NTC 서미스터의 전기저항은 다음과 같은 식으로 표시된다.

$$R = Ae^{B/T} \tag{8.3}$$

일반적으로 서미스터(그림 8-6)에 대하여 R은 1-$10^4\,\Omega$의 범위에 있으며, B는 2000~6000K의 범위에 있다. 온도계수 a는 다음과 같이 나타내며, 온도 상승에 동반하는 저항률 퍼센트 변화를 표시한다.

$$a = \frac{1}{R}\frac{\vartheta R}{\vartheta T} = \frac{1}{R}\frac{d}{dT}(Ae^{B/T}) = \frac{-B}{T^2} \tag{8.4}$$

NTC 서미스터는 속도를 2개의 서미스터 간의 온도차로서 모니타함으로 측정하는 유속계로서 사용된다. 이 온도차는 2개의 서미스터 사이에 놓인 히터 때문에 생긴다.

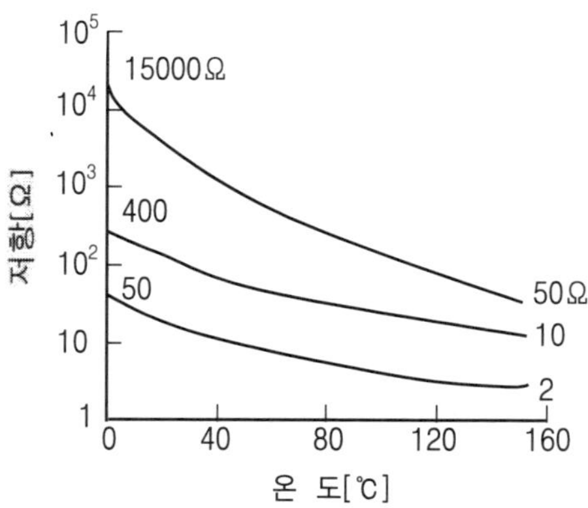

그림 8-6. 전형적인 NTC 서미스터에 있어서의 저항의 온도 의존성은 온도가 1도 상승할 때마다 약 4% 감소한다.

그 외 서미스터의 응용으로서 다이오드, 휴즈, 스위치 또는 전구등을 보호하기 위한 입력제한기가 있다.

전구의 필라멘트는 전구를 끄는 경우에 생기는 갑작스러운 서지전류에 의해 파괴되는 경우가 있다. NTC 서미스터를 이 전구에 직렬로 접속하여 두면 초기 서지의 에너지가 서미스터에 있어 열로서 흡수되어 버린다.

예제 8-1

전형적인 NTC 서미스터에서 B=3600K인 것이 있다. 0도일 경우 저항온도계수 α는 어느 정도인가?

[풀 이]

$$\alpha = \frac{-B}{T^2} = \frac{-3600K}{(273K)^2} = -0.04K^{-1}$$

2.3 PTC 서미스터

PTC(positive temparature coefficient) 서미스터는 중요한 점에서 NTC서미스터와 다르다. NTC 서미스터의 저항은 온도와 함께 증가하지만, 이 증가는 상전이점의 부근 온도까지만으로 한정된다. 이 온도 부근에서는 입계효과에 의해 저항치 변화가 대단히 크다.

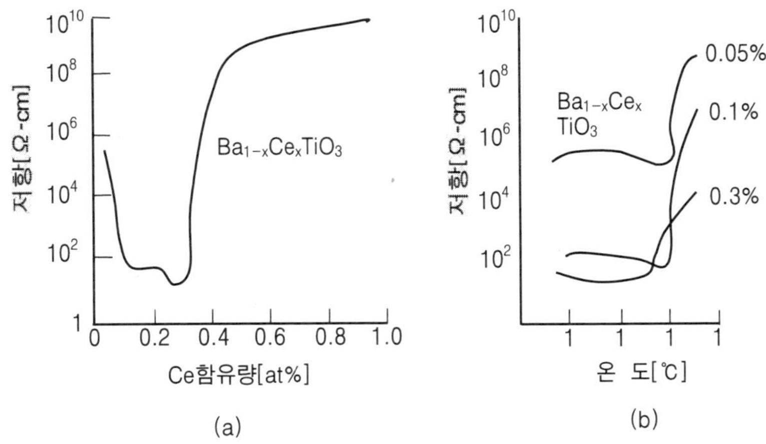

그림 8-7. (a) 조성의 관계로서 나타난 셀리움 주입의 티탄산바륨에 있어서의 저항치
(b) 온도의 관수로서 측정된 다른 3종류의 셀리움 주입량의 티탄산바륨에 있어서의 저항치 PTC 이상은 큐리온도 부근에서 일어난다.

티탄산바리움 세라믹스는 NTC 서미스터의 재료로서 널리 이용되고 있다. La^{3+}, Ce^{3+}(Ba에 대해) 또는 Nb^{5+}(Ti^{4+}에 대해) 등의 도너이온을 주입하면 그 저항률은 급속히 감소한다(그림 8-7 a). 저항치가 낮은 재료는 공기 중에서 연소한 경우 현저한 PTC 효과를 나타낸다(그림 8-7 b). 환원성의 분위기 중에서 소성된 세라믹스만이 통상의 NTC 특성을 나타낸다.

PTC 효과의 설명을 위해 결함구조의 이해가 필요하다. 랜턴을 주입한 $BaTiO_3$를 고온에서 소결(燒結)하면 n형 반도체가 된다. 즉

$$Ba_{1-x}La_xTiO_3 = Ba^{2+}{}_{1-x}La^{3+}{}_xTi^{4+}{}_{1-x}Ti^{3+}{}_x\ O^{2-}{}_3$$

가 된다. 전기전도는 티탄이온 간의 전자의 이동, $Ti^{4+} + e^- \rightleftarrows Ti^{3+}$를 끼여 발생한다. 따라서 세라믹스 중의 티탄산 바륨입자는 도전성을 가지며, 실온에 이를 때까지는 냉각시켜도 그 도전성은 유지된다. 따라서 입계영역은 냉각과정에서 변화한다. 세라믹스 표면에 산소가 흡착되어 이것이 입계위치에까지 확산하여 입계로 흐른 결함구조를 변화시킨다.

첨가된 산소이온은 인접한 Ti^{3+} 이온으로부터 전자를 끌어당겨 입자 간에 절연성 장벽이 형성된다. 1분자당 y과잉산소를 첨가시키면 입계영역은 다음 식과 같이 된다.

$$(Ba^{2+}{}_{1-x}La^{3+}{}_x)(Ti^{4+}{}_{1-x+2y}Ti^{3+}{}_{x-2y})\ O^{2-}{}_{3+y}$$

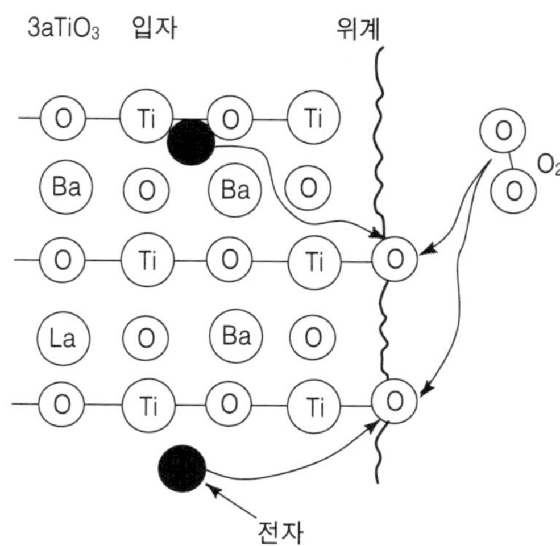

그림 8-8. $Ba_{1-x}La_xO_3$ 구조의 입계 표면 부근의 모형도
공기 중의 산소가 해리(解離)되어 입계로 흘러 급속히 분산되어 그곳에서 전자를 당겨 붙여 절연장벽을 형성한다.

그림 8-8에서 이런 결함 페로스카이트 구조를 보여준다. 결국 PTC 세라믹스의 모델로서 반도체 입자가 얇은 절연성의 입계에 의해 분산된 것이라고 생각된다. 입경이 작은 세라믹스만큼 절연성의 높은 입계가 많고, 저항은 크게 된다. 즉, 이 세라믹스의 전기저항은 입자의 사이즈에 반비례하는 것이 된다.

PTC 효과를 설명하기 위해 $BaTiO_3$에 있어서 강유전상 전이가 입자 간의 절연장벽에 미치는 영향에 대해 고찰할 필요가 있다. 티탄산바륨은 입방정계이며, 큐리온도 130도 이상에서는 상유전체이다(앞장 7.2항 참조).

이 온도 이하에서는 페로스카이트 구조는 변형하여 정방정계의 강유전상태가 되며, (001)면상에 큰 자발분극 P_S을 가진다. 유전율은 온도 P_C에서 극대가 되며, 그것보다 고온에서는 큐리-와이즈의 법칙에 따라 상유전상태가 된다. 즉 큐리-와이즈의 법칙은 다음과 같은 모양으로 나타난다. C는 큐리정수이며, 약 $10^{5°}$이다.

$$K \approx \frac{C}{T-T_C}(T > T_C) \tag{8.5}$$

주입형 $BaTiO_3$의 PTC 효과는 온도 Tc 부근에서 생기며, 강유전성의 출현에 크게 영향을 받는다. 자발분극과 큐리-와이즈 법칙은 모두 PTC 효과에 대해 중요한 역할을 한다. 입계영역에 사로잡힌 전하가 자발분극에 의해 부분적으로 중화되기 때문에

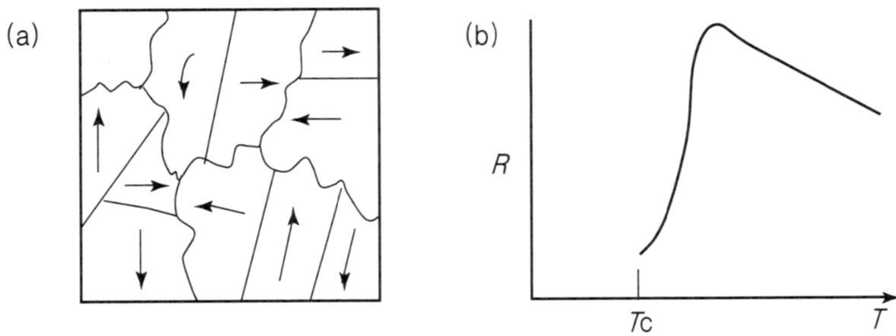

그림 8-9. (a) T_C 이하 온도에서는 자발분극의 전하가 위치에너지 장벽을 중화한다.
(b) T_C 이상 온도에서는 유전율이 감소하여 전기저항이 증가한다.

실온에서의 PTC 세라믹스 저항값은 낮다. 분역구조가 효과적인 위치에 있는 한 플러스분극전하는 도전성의 양자간에 존재하는 마이너스로 대전한 장벽을 부수고, 세라믹스 글레인을 관통하는 저항값이 낮은 통로가 형성된다(그림 8-9 a).

T_C 이하에서는 자발분극은 소멸하고 저항값이 증가하여 PTC 효과가 발생한다. 최초의 저항값의 증가는 큐리점의 고유전율 때문에 대단히 천천히 진행된다. 장벽 높이가 주위의 매체가 입계(粒界)에 사로잡힌 전하를 방어하여 장벽의 높이와 전기저항을 감소시키기 때문이다.

T_C보다 상당히 온도가 상승하면 유전율 K는 큐리-와이즈 법칙에 따라 급속히 감소한다. K의 감소는 입자간의 장벽을 급속히 증가시켜 더욱더 전기 저항값을 증가시킨다. 마지막에는, 저항값 증가는 유전율 감소가 늦어 일정하게 되며, 반도체성(性)의 입자에 의해 통상적인 NTC 효과가 계속해서 일어난다.

PTC 서미스터는 전압 이상과 회로의 단락(短絡)에 대한 보호를 위해 사용되고 있다. PTC 서미스터는 부하에 대해 직렬로 접속함으로 인해 전류를 안전한 레벨까지로 제한한다. 큰 전류를 흘리면 서미스터의 온도가 상승하여 PT C효과의 범위로 들어가 저항값이 증가하고, 전류량을 저하시킨다. 그외 응용예로서 액체레벨 표시기와 모터스타트 제어소자가 있다.

3. 금속산화물 바리스타

바리스타라고 하는 것은 전류, 전압이 비직선적인 세라믹 반도체를 말한다(그림 8-10). 저전압에서 바리스타는 온도의존성이 적다. NTC 서미스터와 비슷한 움직임을

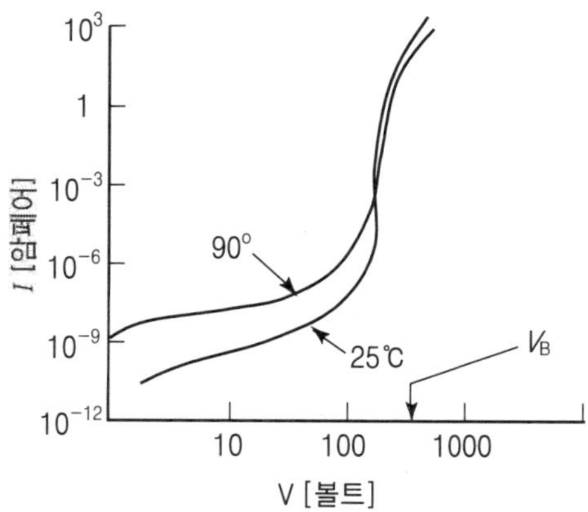

그림 8-10. ZnO 바리스타에 있어서의 전형적인 $I-V$ 특성
전류는 강복 전압 V_B에서 급속히 증가한다.

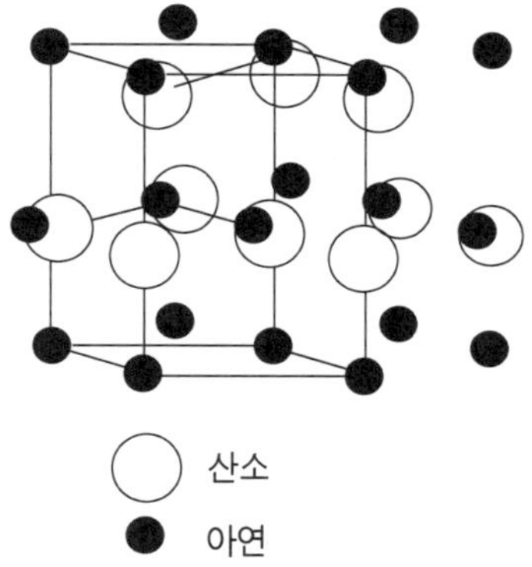

그림 8-11. 바리스타에 쓰인 육방정 ZnO 구조의 단위세포
격자정수는 α=3.24, c=5.19Å 이다.

한다. 그러나 특정 임계(臨界)의 강복(降伏) 전압 V_B에서는 돌연 저항치가 소멸하여 전류가 비약적으로 증가한다.

이 현상은 I-V 특성이 가역적이며, 게다가 세라믹의 미소(微小) 구조에 의해 제어하는 일이 가능하다는 점에서 통상적 전기적인 강복 현상과는 다르다. PTC 서미스터와 마찬가지로 그 전기적인 특성은 주로 입계(粒界)의 얇은 장벽에 의해 지배된다. 그러나 서미스터의 경우에는 전자터널 현상이 관계되어 있다. 현재 바리스트의 다수는 몇 퍼센트의 첨가물을 함유한 산화아연으로 형성되어 있다. ZnO는 육방정계의 울트라이트 결정구조를 가지며(그림 8-11), 그 사면체 Zn-O결합은 1.97Å이다. 상품화된 바리스타의 전형적인 조성은 다음과 같은 식으로 나타난다.

$$(100 - \chi)\mathrm{ZnO} + \frac{\chi}{6}(Bi_2O_3 + 2Sb_2O_3 + Co_2O_3 + MnO_2 + Cr_2O_3)$$

χ는 첨가물의 몰 퍼센트이다. χ가 3~10%의 경우 우수한 특성을 가진 바리스타를 얻을 수 있다. 이 바리스타의 상도(相圖)는 비교적 복잡하지만, 1350도에서 열을 가하면 2조밖에 존재하지 않게 된다.

바리스타의 미소구조는 주입된 Bi_2O_3의 입계영역에 의해 사이가 떨어진 불순물 주입형인 ZnO 입자로 구성되어 있다. 투과형 전자 현미쇄(顯微鎖)에 의한 관찰에서는 산화 비스마스층은 거의 모든 장소가 대단히 얇다는(<30Å) 것을 알게 된다.

이 층은 전도과정에 중요한 역할을 하고 있다. 이 세라믹 서미스타는 전기적으로는

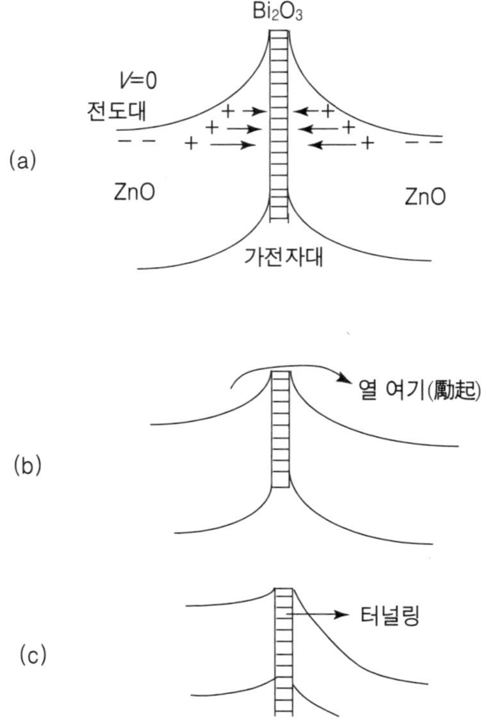

그림 8-12. (a) ZnO 바리스타에 있어 이중 공핍(空乏) 층에 의해 생긴 쇼트크 장벽 산화아연 입자로부터 도너전자가 입자간의 얇은 산화 비스마즈층 중의 트립을 충진하여 그것으로 밴드가 만곡된다.
(b) 저온에서는 열 여기(勵起)에 의해 전도가 생기지만,
(c) 강복전압에 있어서는 터널현상이 생겨 큰 전류가 흐른다.

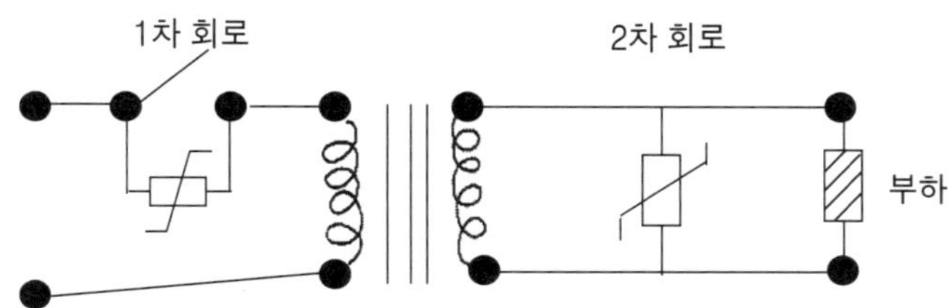

그림 8-13. 바리스타는 전기접점 및 부하를 유도서지로부터 보호하기 위해 쓰인다.

절연성의 Bi_2O_3입계에 의해 사이가 벌어진 거의 1Ω · cm의 저항치를 가진 전도성 ZnO 입자로 되어 있다.

이 입자는 n형이고, 경계층은 p형이다. 경계층 부근의 전자는 이온화된 도너를 경계의 양측에 남긴 채로 Bi_2O_3의 중간 입자상 가운데 둘러싸여져 있다. 그 결과 높이가 0.8eV의 대칭 쇼트키 장벽이 형성된다(그림 8-12 a).

바리스타의 비직선형 *I-V* 특성은 쇼트키 장벽모델을 이용하여 설명할 수가 있다. 강복(降伏) 이전의 영역에 있어서의 저전압 상태에서는 하전캐리어는 열 여기(勵起)에 의해 0 쇼트키 장벽을 뛰어넘는 것이 가능하며(그림 8-12 b), 그 결과 온도에 의존하는 소(小)전류가 생긴다. 인가전압이 강복전압 V_B에 가까이 가면 중간 입자영역에서 가득 찬 상태로부터의 터널현상이 시작된다(그림 8-12 c). 더 나아가 전압을 올리면 이 터널현상에 의해 보다 다량의 전류가 흐른다.

금속산화물 세라믹바리스타는 접점(接點), 릴레이 다시 말해 정류기(整流器) 등에서 발생하는 서지전압으로부터 회로소자를 보호하기 위해 쓰인다. 바리스타를 회로소자와 병렬로 접속함(그림 8-13)으로 인해 V_B보다도 큰 전압 바리스타는 회로소자보다도 오히려 바리스타를 통하여 흐른다. 산화아연의 바리스타는 피뢰기로서도 대단히 유용함이 증명되었다.

4. 압전 변환소자

압전(壓電) 변환소자는 기계적 에너지를 전기에너지로 변환(정압전 효과)하거나, 전기적 에너지를 기계에너지로 변환(역압전 효과)하는 것이다.

$Pb(Zr,Ti)O_3$와 같은 강유전체는 전기적으로 분극시킨 압전체가 된다. 이 분극처리는 분역이 최상의 배향(背向)을 한 것 같은 강유전성 큐리점 바로 아래 온도에서 그

물질에 강한 전계를 인가함으로 행한다.

4.1 지르코늄산티탄 산연(酸鉛)

그림 8-14(a)에서는 $PbZrO_3$-PbTiO 고용체의 상도(相圖)를 보여준다. 고온에서 완전한 고용체가 형성되어 Zr과 Ti는 입방체 페로스카이트 구조의 팔면체 위치에 랜덤하게 분포한다. 냉각과정에서 이 구조는 변위형의 상전이를 감소시켜(그림 8-15) 굽은 페로스카이트 구조로 된다. 티탄을 다량 함유한 조성(助成)에서는 [001]방향은 긴 정방정계의 변형을 좋아하며, 이 방향에 커다란 자발분극을 만든다.

정방정계 상태에서는 입방상 유전상태의 [100], [100], [010], [001] 및 [001]에 대응한 6개의 등가(等價)의 분극축이 있다. 능면체(菱面體) 강유전상태는 지르코늄을 다량 함유한 조성에서 일어나기 쉽다. 이 경우 변형 및 분극은 [111]방향으로 따라 흘러 발생하여 8개의 가능한 분역상태, 즉 [111], [111], [111], [111], [111], [111], [111] 및 [111]를 만든다.

가장 잘 분극을 하는 조성은 능면체정과 정방정 강유전상 간의 몰포트로 피크 상경계[相境界 : 조성을 변화시킬 때의 상도(相圖)의 상경계를 의미하며, 온도를 변화

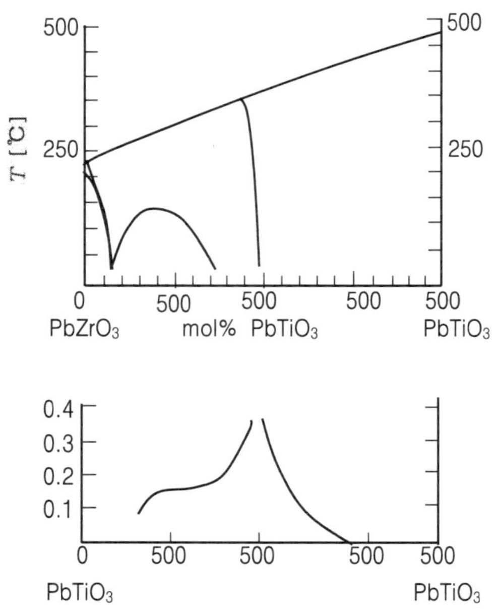

그림 8-14. (a) 트랜스듀서로서 이용되는 지르코늄산연-티탄산연 세라믹즈의 2차원 상도
(b) 분극성의 세라믹스에 있어 몰포트로 피크 상경계 부근의 조성에서 그 압전정수가 대단히 크게 된다.

시킬 때의 상전이점에는 사용하지 않는 용어]의 가까이에 존재한다. 이러한 조성은 넓은 온도범위에 걸쳐 가능한 14개의 분극방향을 가진다. 이것은 압전계수가 몰포트로 피크 상경계의 부근에서 최대가 되는 이유를 직감적으로 설명한다(그림 8-14 b). Pb를 포함하는 페로스카이트에 있어서 몰포트로 피크 상경계의 양상은 다른 페로스카이트 상도(相圖)에 비해 비교적 같다. $BaTiO_3$를 기초로 한 고용체에서는 그 상전이는 다른 순서로 나타난다.

고온에서 냉각되는 경우 입방정상은 정방정, 사방정, 능면체정으로 전이된다. 중간의 사방정상은 정방정상으로부터 능면체 정상으로 전이가 가능해진다. 따라서 $BaTiO_3$를 기초로 한 세라믹스는 몰포트로 피크 상경계는 존재하지 않는다. 그림 8-15에 나타낸 바와 같이 대칭성의 계통은 강유전상도에 따른 것이다.

$PbTiO_3$를 베이스로 한 계(系)에서는 사방정계상이 빠져 있기 때문에 몰포트로 피크 상경계선이 보인다. Pb^{2+} 이온이 사방정상의 결여에 중요한 역할을 하고 있다.

Pb^{2+}는 독립대(獨立對) $6s^2$의 전자배열을 위해 피라미드형의 결합을 형성하려고 한다. 이러한 결합(그림 8-15 b)는 정방정계 및 능면체정계의 페로스카이트에서 생기지만, 사방정계의 강유전상에서는 생기지 않는다. 이것은 이 사방정계 강유전상에서 Pb^{2+}는 직접 인접하는 산소이온의 방향으로 이동하도록 강제되며, 가장 선호하지 않는 배위를 형성하기 때문이다.

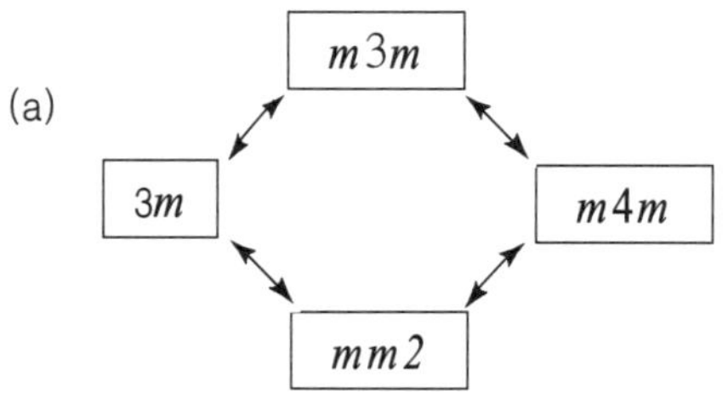

(b) 몰포트로피크상경계의 원인

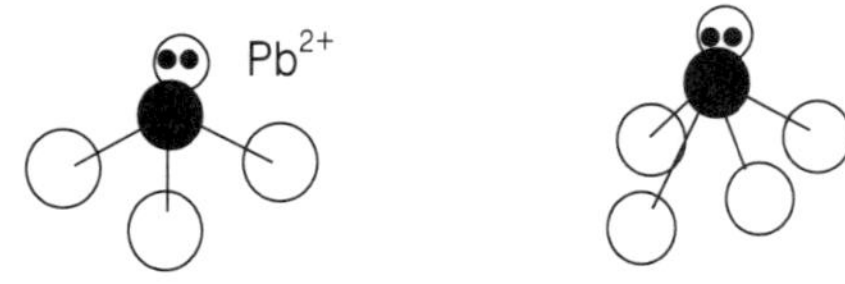

그림 8-15. (a) 페로스카이트 강유전체는 그림 나온 순서로 전이된다. 입방 ⇄ 능면체의 상전이는 온도로는 일어나지 않는다.
(b) 정방정계의 페로스카이트에 있어 Pb^{2+} 배위의 모형도. 독립대(獨立對) Pb^{2+} 이온은 능면체에 있어서 단일 인접체와 정방 또는 삼사정계의 피라미드 배위를 선호한다.

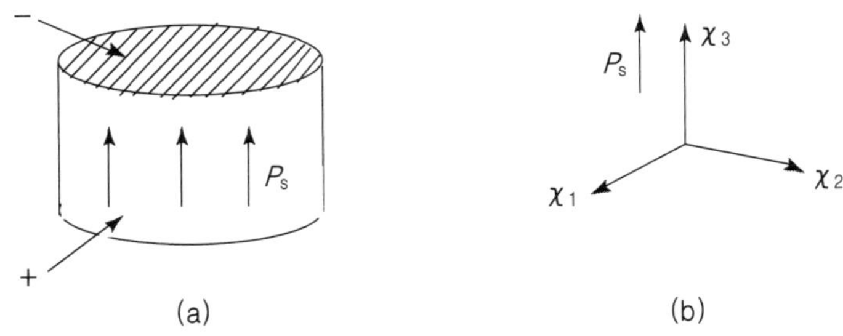

그림 8-16. (a) 분극한 압전 세라믹스는 전계 페크톨에 의해 강제된 P_S와 동일한 대칭성을 가진다.
(b) 압전정수는 좌표축을 기초로 한 업전텐솔의 모양으로 생각할 수가 있다.

4.2 세라믹스의 압전매트릭스

분극한 세라믹스 변환소자는 원추형의 대칭성(점군 ∞m), 즉 분극 베크틀의 대칭성을 가진다. 관습에 의해 x_3축을 분극방향으로 선택하여 직각으로 만나는 x_1, x_2축을 이 x_3축에 수직으로 한다(그림 8-16).

압전정수는 분극과 기계적인 응력이 관계되어 있다. P_1, P_2 및 P_3는 응력에 의해 형성된 축 x_1, x_2 및 x_3 방향의 분극분을 나타낸다. 매트릭스 표현으로는 성분 σ_1, σ_2 및 σ_3는 축 x_1, x_2 및 x_3에 평행으로 더해진 당기는 힘이다.

축 x_1, x_2 및 x_3 방향의 어긋나는 응력은 각각 σ_4, σ_5 및 σ_6로서 나타난다. 분극한 강유전체 세라믹스에서는 그 원추 대칭성 때문에 $d_{31}=d_{32}, d_{33}$ 및 $d_{15}=d_{24}$를 제거한 다른 모든 압전정수는 0이 된다. 따라서 정전효과는 다음의 매트릭스 표현으로 나타날 수가 있다.

$$\begin{pmatrix} P_1 \\ P_2 \\ P_3 \end{pmatrix} = \begin{pmatrix} 0 & 0 & 0 & 0 & d_{15} & 0 \\ 0 & 0 & 0 & d_{15} & 0 & 0 \\ d_{31} & d_{31} & d_{33} & 0 & 0 & 0 \end{pmatrix} \begin{bmatrix} \sigma_1 \\ \sigma_2 \\ \sigma_3 \\ \sigma_4 \\ \sigma_5 \\ \sigma_6 \end{bmatrix} \tag{8.6}$$

이 식을 연산(演算)하면,

$$\left.\begin{aligned} P_1&=d_{15}\sigma_5 \\ P_2&=d_{15}\sigma_4 \\ P_3&=d_{31}(\sigma_1+\sigma_2)+d_{33}\sigma_3 \end{aligned}\right\} \tag{8.7}$$

가 얻어진다. 이렇게 χ_1 축에 흐른 분극은 χ_2 방향의 어긋난 응력에 의해서만 생긴다. 정수압(靜水壓) p에 대해서는 $\sigma_1=\sigma_2=\sigma_3=-p$이며, $\sigma_4=\sigma_5=\sigma_6=0$이다. 그 결과 분극 $p=(2d_{31}+d_{33})(-p)$가 축 χ_3 을 따라 생긴다.

압전정수 d_{33}, d_{31}및 d_{15}인 분자면으로부터 본 메카니즘을 그림 8-17에 나타내었다. 몰포트로 피크의 상경계 부근의 PZT 조성은 $d_{33}\cong$400pC/N, $d_{31}\cong$170 및 $d_{31}\cong$500이다.

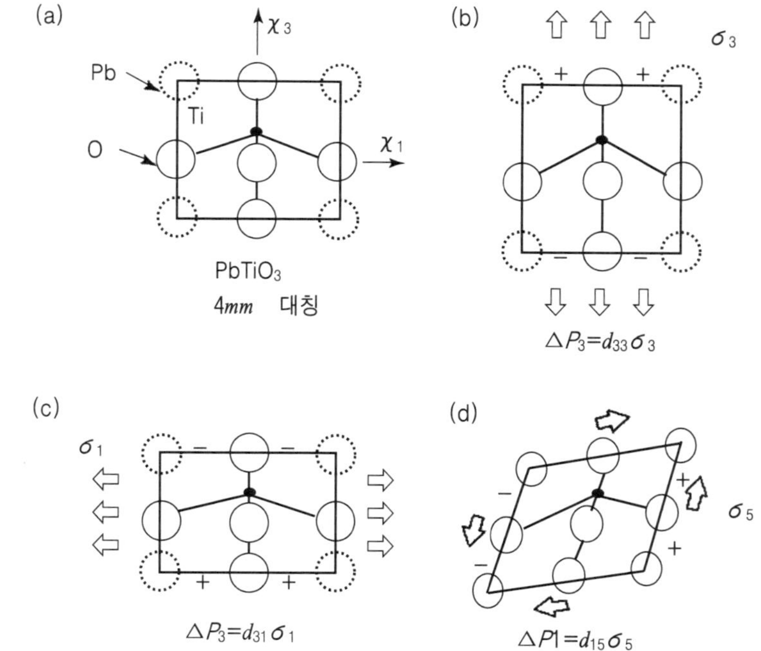

그림 8-17. (a) 정방정계의 $PbTiO_3$는 단위격자의 중심을 벗어난 티탄이온을 가진 대칭 중심을 가지지 않은 구조이다.
(b) χ_3축 방향으로 평행한 당기는 힘이 더해지면 Ti^{4+} 이온은 중심을 훨씬 벗어나 이 방향으로 플러스 분극: $P_3=d_{33}\sigma_3$을 형성한다.
(c) 응력이 χ_1축 방향으로 가해지면 단위 포(胞) 쌍극자 모멘트는 소멸하고, 음분극이 생긴다.
(d) χ_2축 방향을 벗어난 응력에 대해 쌍극자 모멘트는 기울어져 χ_1축 방향으로 $P_1=d_{15}\sigma_5$의 분극을 형성한다.

4.3 이온첨가와 소프트/하드 압전체

압전 정수값은 이온의 도핑과 결합구조에 크게 의존한다. 도너이온은 PZT 구조 중에 Pb공공을 형성한다. 예를 들면 Nb^{5+}가 Ti^{4+}에 대해 치환되면 연(鉛)의 위치에 다음의 식과 같이 공공이 형성된다.

$$(Pb_{1-x/2}Ba_{x/2})(Ti_{1-y-x}Zr_yNb_x)O_3$$

도너주입은 분역벽의 핑스톱에 대해서는 별로 효과적이지 않다. 핑스톱 효과는 분역 내에서 자발분극에 결합쌍극자가 배향(背向)하는 것에 대한 결과라고 생각된다. 이 결합쌍극자는 주입체인 Nb^{5+} 이온과 대칭을 이루는 마이너스에 대전(帶電)한 Pb 공공으로부터 생기는 것이다.

결합쌍극자는 고온에서 형성되어 이 온도에서의 입방상유전체 상태에서 그 자발분극은 0이기 때문에 쌍극자는 초기상태에서는 P_S 방향으로는 향하지 않는다. 확산율이 낮은 큐리온도(PZT에 대해 350도) 이하에서만 이런 배향이 생긴다. 예를 들면 도너를 주입한 PZT 변환소자는 약한 신호에 대해 높은 감도를 요구하는 하이드로폰과 초음파 검출기에 사용된다.

그러나 반대로 소프트 PZT 세라믹스는 분역벽이 고정되어 있지 않기 때문에 손쉽게 그 분역상태가 소멸된다. 그래서 소프트 PZT는 튜너 송신기 또는 TM 파크 발생기로서 이용되는 것이 불가능하다. 하드 PZT를 조제(調製)하기 위해서는 예를 들어 K^+(Ba^{2+}에 대해) 혹은 Fe^{3+}(Ti^{4+}에 대해)과 같은 값의 낮은 이온을 억셉터로서 주입한다. 이 억셉터를 주입함으로 다음 식과 같이 산소의 공공이 형성된다.

$$(Pb_{1-x/2}Ba_{x/2})(Ti_{1-y}Zr_y)(O_{3-x/2}Nb_{x/2})$$

결합쌍극자가 분극구조에 따라 배향하는 것이 가능하기 때문에 하드 PZT에 있어서의 분역벽은 핑스톱 되게 된다. 산소공공과 이 공공을 만들기 위해서의 주입이온과 쌍극자는 하드 PZT에 있어서는 간단히 재 배향될 수 있다. 이것은 산소공공이 온도 Tc 이하에서 간단히 확산되는 것이 가능하는 사실에 의해 설명될 수 있다.

페로스카이트 구조를 조사하면 왜 산소공공이 양이온공공보다도 빨리 확산되는가를 알 수가 있다. 양이온은 산소에 의해 완전히 둘러싸여 있고, 더욱이 가장 가까이 있는 양이온 위치로부터 완전한 1단위격자(～4Å)분만큼 떨어져 있기 때문에 대단히 확산이 어렵다.

한편, 산소 위치는 서로 인접해 있어 2.8Å밖에 떨어져 있지 않다. 그래서 산소는 간단히 가까운 산소공공으로 이동할 수가 있고, 분역벽을 핑스톱 한다.

예제 8-2

전계(電界) 유기(誘起) 변형의 첨가물 효과에 대해 조사하라.

[풀 이]

우치노(內野)팀의 연구가 있다. 기본 조성으로서 $(Pb_{0.73}Ba_{0.27})(Zr_{0.75}Ti_{0.25})O_3$를 이용하여 여러 가수(價數)의 첨가물을 1모르% 더했을 때의 전계-변형 특성을 조사하고 있다. 그림 8-18(a)에는 최대 변형 및 이력도(履歷度)의 정의를 알려 준다. 이력의 크기는 최대 전계의 절반의 전계에 있어서 변형차를 최대 변형량으로 나눈 값으로 정의된다. 그림 8-18(b)로부터 알 수 있듯이 +4 ~ +6과 가수가 크게 B위치의 도너로서 활동하는 첨가물에 대해서는 이력이 대단히 작아지며, +1 ~ +3과 억셉터적으로 움직이는 이온의 첨가에서는 이력은 크게 된다. 이러한 분역의 핑스톱 효과로부터 확실한 설명이 가능하다. 단, 첨가물의 시료자체는 연(鉛)의 증발로 인해 약간 P형의 반도체성을 가지게 되었다는 것을 주의하기 바란다.

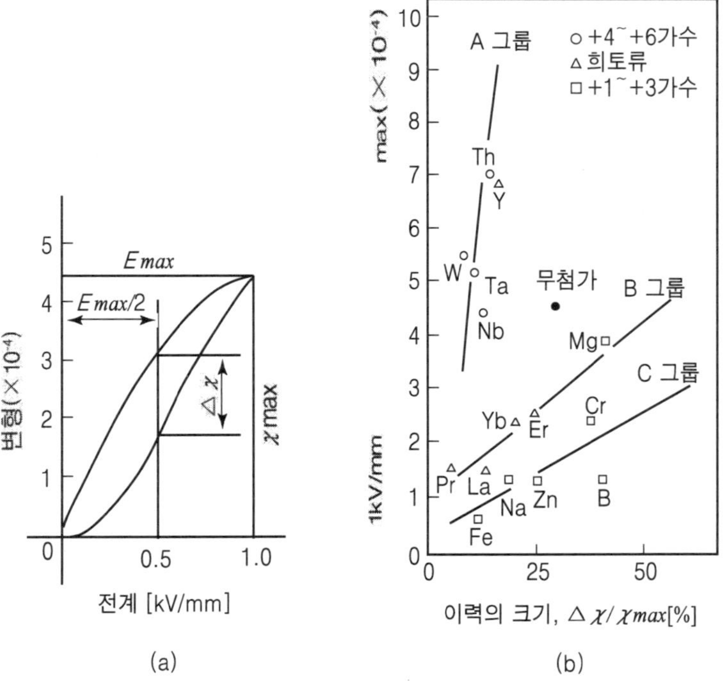

그림 8-18. 전계유기 변형의 첨가물 효과

요 약

전자세라믹스의 개략을 그림 8-19에 나타내었다. 이 그림은 세라믹스 회로소자에 이용되는 각종의 원자적인 메카니즘을 설명하고 있다. 다층콘덴서, 압전변화소자 및 PTC 서미스터는 강유전성 페로스카이트가 높은 유전율과 큰 압전정수 및 높은 전기전도성을 가지고 있다고 하는 특성을 이용한 것이다. 마찬가지로 분역현상이 $NiFe_2O_4$와 같은 훼리자성체 산화물 세라믹스에서도 관찰되었다. 하드 혹은 소프트페라이트는 하드 또는 소프트 PZT와 같은 성질을 가졌다. 자기 테이프 및 자성모터의 분야에서 상당히 시장성이 인정되고 있다. 서미스터/센서로서 이용되는 다른 세라믹스에 대해서 말하자면 몇 가지의 메카니즘이 공존하고 있다. 그 많은 부분은 전기저항의 변화에 의한 것이지만 저항율 변화의 원인은 다르다.

임계온도 서미스터에서는 반도체-금속 간의 상전이가 관련되어 있다. NTC 서미스터에서는 불순물 주입형의 환이금속 산화물의 반도체 특성을 이용하고 있다. 산화센서 및 축전지에서는 이온전도가 이용되고 있다. 안정화된 이산화지르코늄은 우세한 음이온 전도체이며, β-아르미나는 최고의 양이온 전도체 중 하나이다.

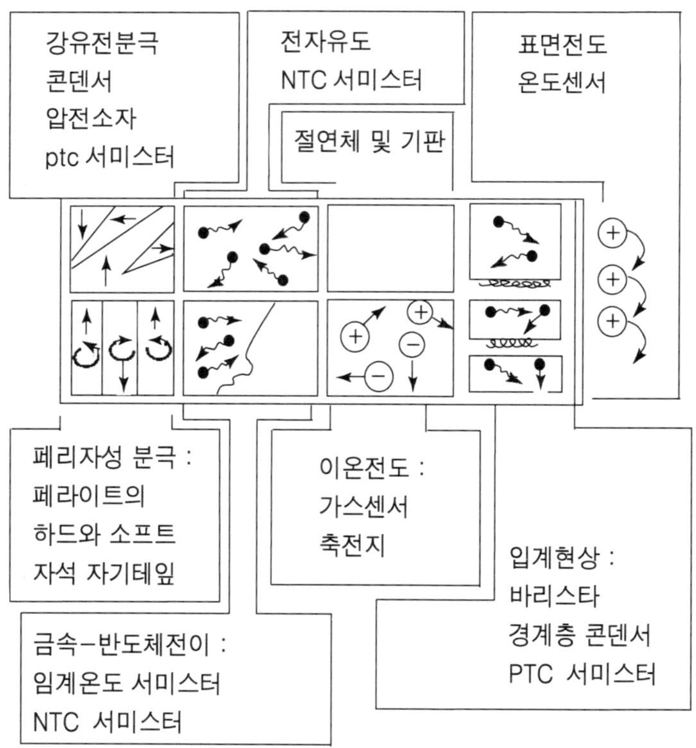

그림 8-19. 전자세라믹스 소자에 포함된 원자적인 면으로 본 각종 메카니즘의 일람(一覽)

습도센서는 표면전도를 이용한다. 흡착된 물분자는 수소이온과 산소이온으로 나뉘어져 전기저항이 변화한다. 경계층 콘덴서, 바리스터 및 PTC 서미스터에서는 입계현상이 관련되어 있다. 전도성의 입자 간에 형성된 얇은 절연층이 이러한 3종류의 전자세라믹 소자의 동작에 크게 관련되어 있다.

마지막으로, 전자세라믹스의 절연체와 기판의 중요성을 놓칠 수는 없다. 기판의 개발에서는 본장에서 설명한 흥미 있는 효과의 대부분을 없애려고 노력하지만[유전율과 도전성을 낮추고, 압전성, 초전성(焦電性)을 없애는], 이것이 간단한 것은 아니다.

부 록 : 단위 및 환산인자

<부록 1. 기본 단위>

물리적 양	CGS 단위	SI 단위
길 이	centimeter (cm)	meter (m)
질 량	gram (g)	kilogram (kg)
시 간	second (s)	second (s)
전 류	Ampere (A)	Amerere (A)
온 도	Kelvin (°K)	Kelvin (°K)
광 도	—	candela (cd)

<부록 2. SI계에서 유도된 단위>

물리적 양	이 름	기 호	단 위
에너지	Joule	J	$kg\ m^2s^{-2}$
힘	Newton	N	$kg\ ms^{-2}$
동 력	Watt	W	$kg\ m^2s^{-3}$
전 하	Coulomb	C	As
전기저항	Ohm	Ω	$kg\ m^2s^{-3}A^{-2}$
전기퍼텐셜차	Volt	V	$kg\ m^2s^{-3}A^{-1}$
전기용량	Farad	F	$A^2s^4kg^{-1}m^{-2}$
주파수	Hertz	Hz	s^{-1}

<부록 3. 기본 상수>

상 수	CGS 단위	SI 단위
Avogadro 수(*No*)	6.02217×10^{23}	6.02217×10^{23}
Boltzmann 상수(*k*)	1.3805×10^{-16}ergK^{-1}	1.3805×10^{-23}JK^{-1}
전자 하전(*e*)	4.803×10^{-10}esu	1.602×10^{-19}C
전자 질량(m_e)	9.1096×10^{-23}g	9.1096×10^{-31}kg
Faraday 상수(*F*)	96,486.7coulombs g equiv^{-1}	96,486.7Cmol^{-1}
기체상수(*R*)	8.314×10^{7}erg s K^{-1}mol^{-1}	8.314JK^{-1}mol^{-1}
Planck 상수(*h*)	6.6256×10^{-27}erg s	6.6256×10^{-34}Js
양자 질량(M_p)	1.6725×10^{-24}g	1.6725×10^{-27}
Rydberg 상수(R_H)	1.09737×10^{5}cm^{-1}	1.09737×10^{7}m^{-1}
진공속에서 빛의 속도(*C*)	2.99795×10^{10}cm s^{-1}	2.99795×10^{8}m s^{-1}

<부록 4. 에너지원별 열량환산표>

석탄	갈탄	원유	중유	천연가스	전력(kWh)
1	1.5217	0.7000	0.7143	0.9091	2.5000
0.6571	1	0.4600	0.4694	0.5974	1.6425
1.4286	2.1739	1	1.0204	1.2987	3.5714
1.4000	2.1304	0.9800	1	1.2727	3.5000
1.1000	1.6739	0.7700	0.7857	1	2.7500
0.4000	0.6087	0.2800	0.2857	0.3636	1

(단위 : kg)

<부록 5. SI 기본 단위>

SI 단위계를 정의하는 7가지 물리량. 다른 단위들은 모두 이 기본 단위로부터 유도하여 정의한다.

기본량	이름	기호	정의
길이	미터	m	1미터는 빛이 진공에서 1/299,792,458초 동안 진행한 경로의 길이이다.
질량	킬로그램	kg	1킬로그램은 질량의 단위이며 국제 킬로그램 원기의 질량과 같다.
시간	초	s	1초는 온도가 0K인 세슘-133 원자의 바닥 상태에 있는 두 초미세 준위 사이의 전이에 대응하는 복사선의 9,192,631,770주기의 지속 시간이다.
전류	암페어	A	1암페어는 무한히 길고 무시할 수 있을 만큼 작은 원형 단면적을 가진 두 개의 평행한 직선 도체가 진공 중에서 1미터의 간격으로 유지될 때, 두 도체 사이에 미터당 2×10-7 뉴턴의 힘을 생기게 하는 일정한 전류이다.
온도	켈빈	K	열역학적 온도의 단위인 켈빈은 물의 삼중점의 열역학적 온도의 1/273.16이다.
물질량	몰	mol	1몰은 바닥상태에서 정지해 있으며 속박되어 있지 않은 탄소-12의 0.012킬로그램에 있는 원자의 개수와 같은 수의 구성요소를 포함한 어떤 계의 물질량이다. 몰을 사용할 때에는 구성요소를 반드시 명시해야 하며 이 구성 요소는 원자, 분자, 이온, 전자, 기타 입자 또는 이 입자들의 특정한 집합체가 될 수 있다.
광도	칸델라	cd	1 칸델라는 진동수 540×10^{12}헤르츠인 단색광을 방출하는 광원의 복사도가 어떤 주어진 방향으로 스테라디안당 1/683와트일 때 이 방향에 대한 광도이다.

분류: SI 단위계

<부록 6. 유용한 환산인자>

1angstom(Å)=10^{-8}cm = 0.1nm = 10^{-10}m

1atm = 760mmHg = 760torr = 1.01325 × 10^{6}dyn cm^{-2}= 101,325Nm^{-2}

1bar = 10^{6}dyn cm^{-2}= 0.987atm = 100,007.8Nm^{-2}

1cal = 4.184J = 4.184 × 10^{7}ergs

1coulomb = 2.9979 × 10^{9}esu

1dyn = 10^{-5}N

1erg = 2.39 × 10^{-8}cal = 10^{-7}J

1eV = 2.39 × 10^{-8}cal = 10^{-7}J

1eV = 23.06kcal mol^{-1}= 1.602 × 10^{-2}erg = 1.602 × 10^{-19}J = 8066cm^{-1}

1F = 96,487 coulombs equiv^{-1}= 23,062cal V^{-1}equiv^{-1}

1R = 8.314 JK^{-1}mol^{-1}= 1.987calK^{-1}mol^{-1}

= 82.06 cm^{3} atm K^{-1}mol^{-1}

= 0.826 liter atm K^{-1}mol^{-1}

1 liter, atm = 24.22 cal = 101.34J

PERIODIC TABLE OF THE ELEMENTS

1A	2A	3A	4A	5A	6A	7A	8	8	8	1B	2B	3B	4B	5B	6B	7B	8B
1 H 1.0079 hydrogen																	2 He 4.0026 helium
3 Li 6.941 lithium	4 Be 9.0122 beryllium		원자 번호 | 원소 기호 원자량 영문이름									5 B 10.811 boron	6 C 12.011 carbon	7 N 14.007 nitrogen	8 O 15.999 oxygen	9 F 18.998 fluorine	10 Ne 20.180 neon
11 Na 22.990 sodium	12 Mg 24.305 magnesium	Transition Metals										13 Al 26.982 aluminum	14 Si 28.086 silicon	15 P 30.974 phosphorus	16 S 32.066 sulfur	17 Cl 35.453 chlorine	18 Ar 39.948 argon
19 K 39.098 potassium	20 Ca 40.078 calcium	21 Sc 44.956 scandium	22 Ti 47.88 titanium	23 V 50.942 vanadium	24 Cr 51.996 chromium	25 Mn 54.938 manganese	26 Fe 55.847 iron	27 Co 58.933 cobalt	28 Ni 58.69 nickel	29 Cu 63.546 copper	30 Zn 65.39 zinc	31 Ga 69.723 galium	32 Ge 72.61 germanium	33 As 74.922 arsenic	34 Se 78.96 selenium	35 Br 79.904 bromine	36 Kr 83.80 krypton
37 Rb 85.468 rubidium	38 Sr 87.62 strontium	39 Y 88.906 yttrium	40 Zr 91.224 zirconium	41 Nb 92.906 niobium	42 Mo 95.94 molybdenum	43 Tc (98) technetium	44 Ru 101.07 ruthenium	45 Rh 102.91 rhodium	46 Pd 105.42 palladium	47 Ag 107.87 silver	48 Cd 112.41 cadmium	49 In 114.82 indium	50 Sn 118.71 tin	51 Sb 121.75 antimony	52 Te 127.60 tellurium	53 I 126.90 iodine	54 Xe 131.29 xenon
55 Cs 132.91 cesium	56 Ba 137.33 barium	57–71 란탄계열	72 Hf 178.49 hafnium	73 Ta 180.95 tantalum	74 W 183.85 tungsten	75 Re 186.21 rhenium	76 Os 190.20 osmium	77 Ir 192.22 iridium	78 Pt 195.08 platinum	79 Au 196.97 gold	80 Hg 200.59 mercury	81 Tl 204.38 thallium	82 Pb 207.20 lead	83 Bi 208.98 bismuth	84 Po (209) polonium	85 At (210) astatine	86 Rn (222) radon
87 Fr (223) francium	88 Ra 226.03 radium	89–103 악티늄 계열	104 Unq (261)	105 Unp (262)	106 Unh (263)												

A : 고체원소　A : 기체원소　A : 액체원소　A : 합성원소

57–71 란탄계열	57 La 138.91 lanthanum	58 Ce 140.12 cerium	59 Pr 140.91 praseodymium	60 Nd 144.24 neodymium	61 Pm (145) promethium	62 Sm 150.36 samarium	63 Eu 151.97 europium	64 Gd 157.25 gadolinium	65 Tb 158.93 terbium	66 Dy 162.50 dysprosium	67 Ho 164.93 holmium	68 Er 167.26 erbium	69 Tm 168.93 thulium	70 Yb 173.04 ytterbium	71 Lu 174.97 lutetium
89–103 악티늄계열	89 Ac 227.03 actinium	90 Th 232.04 thorium	91 Pa 231.04 protactinium	92 U 238.03 uranium	93 Np 23705 neptunium	94 Pu (244) plutonium	95 Am (243) americium	96 Cm (247) curium	97 Bk (247) berkelium	98 Cf (251) californium	99 Es (252) einsteinium	100 Fm (257) fermium	101 Md (258) mendelevium	102 No (259) nobelium	103 Lr (262) lawrencium

본 표의 원자량은 ^{12}C=12의 상대원자질량에 기초하고, 신뢰도는 유효숫자의 5째자리에서 반올림한 1987년 IUPAC 보고치와 일치한다. 특유의 천연동위체 조성을 나타내지 않는 원소에 대해서는 그 원소 중 가장 안정된 방사성동위체의 질량수를 ( )내에 나타낸다.

참고문헌

1) 가또 등, X선 회절분석, 우찌당(1990)
2) 구니오 등, 용접공학에 대해서 「파괴역학 실험법」, 아사구라서점(1984)
3) 니시오 등, 세라믹스 강도 특성에 관해서 「세라믹스 역학 특성 평가」, 일간공업신문사(1986)
4) 볼딴 뫼, 결정화학입문(1999)
5) 볼잘출란, 초급 세라믹스학(1993)
6) 사노 등, 반도체 기술(상), 동경대학출판회(1976)
7) 사사끼 등, 결정화학입문, 아사꾸라(1999)
8) 오오이난 편, 재료의 강도 및 파괴 또는 결렬에 관하여 「재료간도학」, 일본재료학회(1988)
9) 와다나베 편저, 물질과학입문, 화학동인(2006)
10) 요시다 등, 반도체 물성공학, 소광당(1963)
11) 우에마쯔 등, 세라믹스 기초과학, 우찌당(1989)
12) 일본금속학회 편, 금속편람(2000)
13) 일본세라믹스협회, 세라믹스화학(1993)
14) 일본화학회, X선 회절분석(1990)
15) 일본화학회편, 화학편람(1993/1995)
16) 천병수, 세라믹스의 응용과 재료과학, 한국피엔피(2009)
17) 천병수 등, 세라믹스 공학, 북스힐(2006)
18) 천병수 등, 세라믹스 전기물성학, 청문각(2009)
19) 천병수, 재료과학실험, 청문각(2008)
20) 천병수, 초음파, X선, CT, MRI의 응용과 이해, 월드사이언스(2008)
21) 천병수 등, 화학자를 위한 수학, 청문각(2007)
22) 템딘뜰프 외, 세라믹스 기초과학(1989)
23) A. J 데커 저, 전기 물성편 입문, 아르젠(1961)
24) C. R. 버렛 외 저, 이가다 외 역, 재료과학(1979)
25) J. 울프 편, 이마미아 감역, 재료과학입문(1967)
26) W. D. 킹걸리 타 저, 미즈바나 역, 세라믹스 재료과학 입문(1980)

찾 아 보 기

ㄱ

ㄹ

ㅁ

ㅈ

ㅊ

ㅋ

◈ 집 필 진 ◈

천병수 교수(이학박사)

- 경희대학교 의대 교수
- 연세대학교 의대 교수
- 요녕중의약대학 객원교수

유종수 박사(이학박사)

- 서울대학교 박사과정 졸업
- 한국해양대학교 전임연구교수
- 한국해양과학기술진흥원 수석연구원

마사키 다까키 교수(공학박사)

- 한라대학교 교수
- 연세대학교 교수
- 성균관대학교 교수

물질과학의 이해

2010년 4월 25일 초판 인쇄
2010년 5월 1일 초판 발행

저 자 : 천병수 · 유종수 · 마사키 다까키
펴낸이 : 천승배
펴낸곳 : 도서출판 유한문화사

주소 : (157-801) 서울시 강서구 가양동 146-63
전화 : 2668-2055~6
팩스 : 2668-2565
http://www.yuhansa.com
E-mail : yuhansa@paran.com
등록 : 제 5-31호. 1979. 3. 6.

값 15,000 원

ISBN : 978-89-7722-121-5 93420